道路及防护工程立体绿化技术

徐峰　主编

化学工业出版社

·北京·

图书在版编目（CIP）数据

道路及防护工程立体绿化技术/徐峰主编．—北京：化学工业出版社，2014.2
ISBN 978-7-122-19198-4

Ⅰ.①道…　Ⅱ.①徐…　Ⅲ.①道路绿化②道路-防护-绿化　Ⅳ.①S731.8②TU985.18

中国版本图书馆 CIP 数据核字（2013）第 286862 号

责任编辑：张林爽　　　　装帧设计：刘剑宁
责任校对：宋　玮

出版发行：化学工业出版社（北京市东城区青年湖南街 13 号　邮政编码 100011）
印　　刷：北京云浩印刷有限责任公司
装　　订：三河市前程装订厂
787mm×1092mm　1/16　印张 16　字数 395 千字　　2014 年 4 月北京第 1 版第 1 次印刷

购书咨询：010-64518888（传真：010-64519686）　　售后服务：010-64518899
网　　址：http：//www.cip.com.cn
凡购买本书，如有缺损质量问题，本社销售中心负责调换。

定　　价：49.00 元

编写人员名单

主　　编　徐　峰

参编人员　徐　峰　高　旭　徐海韵　郝天娇　何伟强
　　　　　　赵　勍　胡　南　曹　洋　赵　君

前 言

随着人们对城市绿地景观环境的生态价值的深入认识，植物在城市绿化中的作用越显突出，应用程度越来越广泛，立体绿化已日趋成为改善城市生态环境的一个重要手段。 在实际的道路绿地及防护工程设计应用中合理地选择，根据不同的道路绿地及防护工程的环境特点和生态功能上的要求来确定适合栽植的最佳植物种类，能够为城市用路、挡土墙及河流防护带来多种生态效益。

我国的道路及防护工程立体绿化尚处于探索阶段，一些大中型城市立体绿化也是处于自发性的发展实践过程中，都缺乏比较系统的理论指导。 在指导书方面，虽然有关于立体绿化的文献及书籍，但是针对道路及防护工程目前尚无一本适应新形势、比较系统的指导用书。 为了解决这些问题，特编写这本《道路及防护工程立体绿化技术》，以期为城市道路绿化及防护工程提供借鉴和参考。

本书内容包括道路立体绿化技术、立交桥立体绿化技术、挡土墙立体绿化技术、河道堤岸立体绿化技术、花坛立体绿化技术。 每章主要介绍了概述及设计、立体绿化施工技术、立体绿化养护管理、立体绿化实例分析。 本书的插图有自己绘制拍摄的，也有一些是参考已出版的书刊，在此谨向原作者表示感谢。

由于时间比较仓促，加上笔者能力水平有限，书中的错误和纰漏在所难免，敬请各位专家和读者批评指正。

编者

2014 年 1 月

目录

第一章

道路立体绿化技术

第一节　道路立体绿化概述及设计

一、道路立体绿化的概述

（一）概念

城市道路绿地的垂直绿化是指充分利用空间地位采用攀缘植物绿化道路两旁的护坡、围栏、立交桥、高架桥和城市广场、停车场内部休闲园林小品或周边的建筑外墙和实体围墙等，“立体绿化又称垂直绿化”。

（二）道路立体绿化的现状

随着人们对城市绿地景观环境的生态价值的深入认识，植物在城市绿化中的作用越显突出，应用程度越来越广泛，立体绿化已日趋成为增强城市生态环境的一个重要手段。在实际的道路绿地设计应用中合理地选择，根据不同的道路绿地的环境特点和生态功能上的要求来确定适合栽植的最佳植物种类，能够为城市用路者带来多种生态效益。

北京市在《北京市城市园林绿化未来发展趋势》中要求 2008 年奥运会前北京城市绿化的主要工作之一是抓好城市立体绿化工程。对所有道路立交桥进行立体绿化，在一切有条件的建筑墙面实行立体绿化，扩大绿量和绿视率，改善城市绿化景观。以二环、三环、四环路为重点，采取攀缘、垂挂、种植槽、花球等方式，加强立交桥的墙体、桥柱、拉槽的立体绿化力度。

近年来广州的黄埔大道、东风路、环市路等道路绿化进行了全方位的升级改造，绿化面积不断通过立体绿化的形式增加，从而城市道路绿化得到了很大的改善。

（三）道路立体绿化的意义和作用

在实际的道路绿地设计应用中合理地选择，最佳植物种类，能够为城市用路者带来多种生态效益。

1. 恒温减噪，调节空气

裸露的建筑物是热的良好传导者。在夏季，建筑表面繁茂的攀缘植物能遮挡强烈的阳光对建筑物的照射，减少了室内环境的热量吸收；在冬季，附着在建筑物表面的植物又成了墙面的保温层，延缓室内白昼热量对流产生的热量损失，起到了调节室内气温的作用。此外，这种利用立体绿化产生的恒温作用，将大大减少了诸如空调、风扇等电器的使用，是既经济又生态的绿化措施。

道路两旁的立体绿化能有效地减弱城市交通造成的噪声污染，植物的枝叶能阻碍、反射声波的传播，使噪声削弱。同时，绿化植物还能有效吸收空中的浮尘，减弱风力，城市道路两旁的立体绿化能使城市居民享受到安静舒服的人居休息环境。

绿色植物进行光合作用，能吸收二氧化碳，以及对人体有害的一氧化碳、二氧化硫等气体，并释放氧气，保持空气清新；并通过蒸腾作用向空气中释放水分，提高空气湿度，增加空气中的负离子，为城市居民创造一个生态、清新、自然、健康的绿色环境。

2. 增加绿视率，美化环境

立体绿化景观在增加绿量，产生生态效益的同时，增加了绿视率和城市环境的装饰，是一种很好的环境绿饰和视觉引导艺术。立体绿化可以为沿街单调的建筑单体表面披上绿色的外衣，使城市的道路环境景观变得自然清新、赏心悦目；另外，城市立体绿化独特的绿化形式，优美的立面景观造型，也增加了城市道路绿化的景观元素，为城市居民营造出一个良好的环境氛围，满足了人们的生理需求和审美要求。

3. 组织空间，统一街道立面

城市道路的立体绿化是对城市道路生态条件的改善，也是对道路景观的再创造。利用植物形成的遮挡，将道路的空间进行有序生动的分隔。另外，植物统一的造型，或统一的绿化形式将杂乱无序的沿街建筑立面归于统一。

二、城市道路立体绿化规划设计

（一）道路绿化规划与设计基本原则

根据原城乡建设环境保护部（88）城标字第 141 号文的要求，由中国城市规划设计研究院主编，编号为 CJJ75—97 的行业标准——《城市道路绿化规划与设计规范》。道路绿化规划与设计原则如下。

（1）城市道路绿化主要功能是庇荫、滤尘、减弱噪声、改善道路沿线的环境质量和美化城市。以乔木为主，乔木、灌木、地被植物相结合的道路绿化，防护效果最佳，地面覆盖最好，景观层次丰富，能更好地发挥其功能作用。

（2）为保证道路行车安全，对道路绿化提出以下两方面要求。

① 行车视线要求。其一，在道路交叉口视距三角形范围内和弯道内侧的规定范围内种植的树木不影响驾驶员的视线通透，保证行车视距；其二，在弯道外侧的树木沿边缘整齐连续栽植，预告道路线形变化，诱导驾驶员行车视线。

② 行车净空要求。道路设计规定在各种道路的一定宽度和高度范围内为车辆运行的空间，树木不得进入该空间。具体范围应根据道路交通设计部门提供的数据确定。

(3) 城市道路用地范围空间有限，在其范围内除安排机动车道、非机动车道和人行道等必不可少的交通用地外，还需安排许多市政公用设施，如地上架空线和地下各种管道、电缆等。道路绿化也需安排在这个空间里。绿化树木生长需要有一定的地上、地下生存空间，如得不到满足，树木就不能正常生长发育，直接影响其形态和树龄，影响道路绿化所起的作用。因此，应统一规划，合理安排道路绿化与交通、市政等设施的空间位置，使其各得其所，减少矛盾。

(4) 适地适树是指绿化要根据本地区气候、栽植地的小气候和地下环境条件选择适于在该地生长的树木，以利于树木的正常生长发育，抗御自然灾害，保持较稳定的绿化成果。植物伴生是自然界中乔木、灌木、地被等多种植物相伴生长在一起的现象，形成植物群落景观。伴生植物生长分布的相互位置与各自的生态习性相适应。地上部分，植物树冠、茎叶分布的空间与光照、空气温度、湿度要求相一致，各得其所；地下部分，植物根系分布对土壤中营养物质的吸收互不影响。道路绿化为了使有限的绿地发挥最大的生态效益，可以进行人工植物群落配置，形成多层次植物景观，但要符合植物伴生的生态习性要求。

(5) 古树是指树龄在百年以上的大树。名木是指具有特别历史价值或纪念意义的树木及稀有、珍贵的树种。道路沿线的古树名木可依据《城市绿化条例》和地方法规或规定进行保护。

(6) 道路绿化从建设开始到形成较好的绿化效果需十几年的时间。因此，道路绿化规划设计要有长远观点，绿化树木不应经常更换、移植。同时，道路绿化建设的近期效果也应重视，使其尽快发挥功能作用。这就要求道路绿化远近期结合，互不影响。

(二) 城市道路立体绿化的设计模式

城市道路立体绿化的形式多种多样，绿化材料以藤本植物为主，藤本植物依其攀缘的特点分为攀附、攀缘、缠绕、钩刺、悬垂几种类型。相应地主要表现有以下几种形式。

1. 攀附式

利用攀附类藤本茎上长出的吸盘及不定根附着于墙面上生长，攀附式墙面绿化墙面的粗糙程度对绿化植物的选择及成效速度和最终效果影响很大，所以应根据不同的墙面性质选择适当的绿化植物，所选择植物主要是攀缘、钩刺、缠绕藤本，根据所需覆盖的面积和所要攀爬的高度，确定选用木质大藤本还是草质小藤本植物。

主要运用植物的种植设计来表现风格各异的建筑特色，对各类建筑或构筑物进行缠绕或攀附绿化。这种形式主要应用于桥体绿化、墙面绿化、栅栏绿化、边坡绿化及一些房屋的绿化（图 1-1、图 1-2）。

2. 垂吊式

利用藤蔓植物的垂吊特性，将藤蔓植物栽植在花钵或种植槽中，使植物由上而下生长的立体绿化造景方式。通常自立交桥顶、墙顶或平屋檐口处放置种植槽，种植花色艳丽或叶色多彩、飘逸的下垂植物，让枝蔓垂吊于外，既充分利用了空间，又美化了环境（图 1-3）。

3. 悬挂式

在种植槽或其他盆钵中种植相关的植物，利用悬挂的种植槽或盆钵绿化对墙面、桥体等构筑物进行绿化的一种立体绿化形式。悬挂式绿化主要讲究的是艺术构图，尤其是在建筑中，布置简洁、灵活、多样，较富有特色（图 1-4、图 1-5）。

图 1-1 攀爬月季

图 1-2 墙面攀爬绿化

图 1-3 高架路垂吊花卉

图 1-4 花钵悬挂

图 1-5 高架路花箱

4. 塑造修整式

利用对植物的修剪、塑形，营造出形态优美、造型各异的立体绿化造型，比自然生长的植物具有更鲜明的比例与逻辑，更具规律性与统一性。这种形式主要用于立体花坛绿化、棚架绿化及栅栏绿化等（图 1-6）。

图 1-6　路边立体花坛

(三) 道路立体绿化的生态原则

生态是物种与物种之间，物种与环境之间的协调关系，是景观的灵魂。它要求植物的多层次配置，乔、灌、草、花相结合，分隔竖向的空间，创造植物群落的整体美。因此，在各路段的设计中，注重这一生态景观的体现。

植物配置讲求层次美、季相美，从而达到最佳的滞尘、降温、增加湿度、净化空气、吸收噪声、美化环境的作用。

道路的植物配置要考虑季节变化。由于植物随季节变化而具不同的景观效应，因此，充分利用植物种类多样性、植物季节变化多样性进行多层次配置来实现观赏景观的动态变化。在北方，由于常绿阔叶树极少，因此，在道路的配置上应考虑常绿针叶树所占的比重。另外，要达到良好的季节景观效应，还应充分利用各种灌木及花卉草本植物等。另一方面，还要考虑道路景观的长期效应。随着年龄的增长，植物的高度及外部形态都会发生较大的变化，这些变化对交通及景观欣赏会有哪些影响应考虑在内。选择合适的植物，形成良好的配置，可以减少管理的投入，还可以保持景观的持续性和生态效应的累积性。

道路绿化规划设计要有长远观点，绿化树木不应经常更换、移植。

(四) 道路景观效应

道路立体绿化弥补建筑物色彩、质感的单一。绿色作为一种生命色可增加建筑物的活力感，通过园林植物对各种设施的分割，空间的围合，配合园林植物的外部形态，如乔木、灌木、花卉和藤本等所形成的绿化隔离带、行道树、绿篱、草地等，可以使道路景观更加充实、流畅，避免各种混凝土的生硬之感，起到较好的缓冲作用，更适合人们的视觉享受，从而丰富道路景观的观赏性和生命力。

道路景观的季相美。由于植物的外部形态、色彩等随时间而变化，利用植物所形成的道路景观也随时间形成不同的风景，特别是伴随着各种新技术的广泛利用，开花期的延长，多种开花方式，叶色的多变等等，使得不同季节甚至不同时间间隔都会有不同的道路景观表现，人们所能观赏到的各种植物景观也越来越丰富。

同时，园林植物还可以将各种不雅物品进行遮盖，避免人们受到各种视觉污染。

(五) 各类道路立体绿化规划设计

1. 道路相关术语解释

城市用地分类与规划建设用地标准（GBJ 137—90）中确定的道路广场用地范围内的绿

化用地，其中属于广场用地范围内的绿地为广场绿地，属于社会停车场用地范围内的绿地为停车场绿地，位于交通岛上的绿地为交通岛绿地，位于道路用地范围（道路红线以内范围）的绿地多为带状，故称为道路绿带。

道路绿带根据其布设位置又分为中间分车绿带、两侧分车绿带、行道树绿带和路侧绿带。行道树绿带常见有两种，一种是仅种植一排行道树，树下留有树池；另一种是行道树下成带状配置地被植物和灌木，形成复层种植的绿带。路侧绿带常见的有三种，一种是因建筑线与道路红线重合，路侧绿带毗邻建筑布设；第二种是建筑退让红线后留出人行道，路侧绿带位于两条人行道之间。第三种是建筑退让红线后在道路红线外侧留出绿地，路侧绿带与道路红线外侧绿地结合。

道路红线外侧绿地有街旁游园、宅旁绿地、公共建筑前绿地等，这些绿地虽不统计在道路绿化用地范畴内，但能加强道路的绿化效果。

停车场绿地包括停车场周边绿地和在停车间隔带绿化。

道路绿地率的计算采用简化方式，因道路绿地多以绿带分布在道路上，各种绿带宽度之和占道路总宽度的百分比近似道路绿地面积与道路总面积的百分比。计算时，对仅种植乔木的行道树绿带宽度按 1.5m 计；对乔木下成带状配置地被植物，宽度大于 1.5m 的行道树绿带按实际宽度计。

园林景观路位于城市重点路段，对道路沿线的景观环境要求较高，通过提高道路绿化水平，更好地体现城市绿化景观风貌。

道路绿地相关名词术语可参照图 1-7 道路绿地名称示意图。

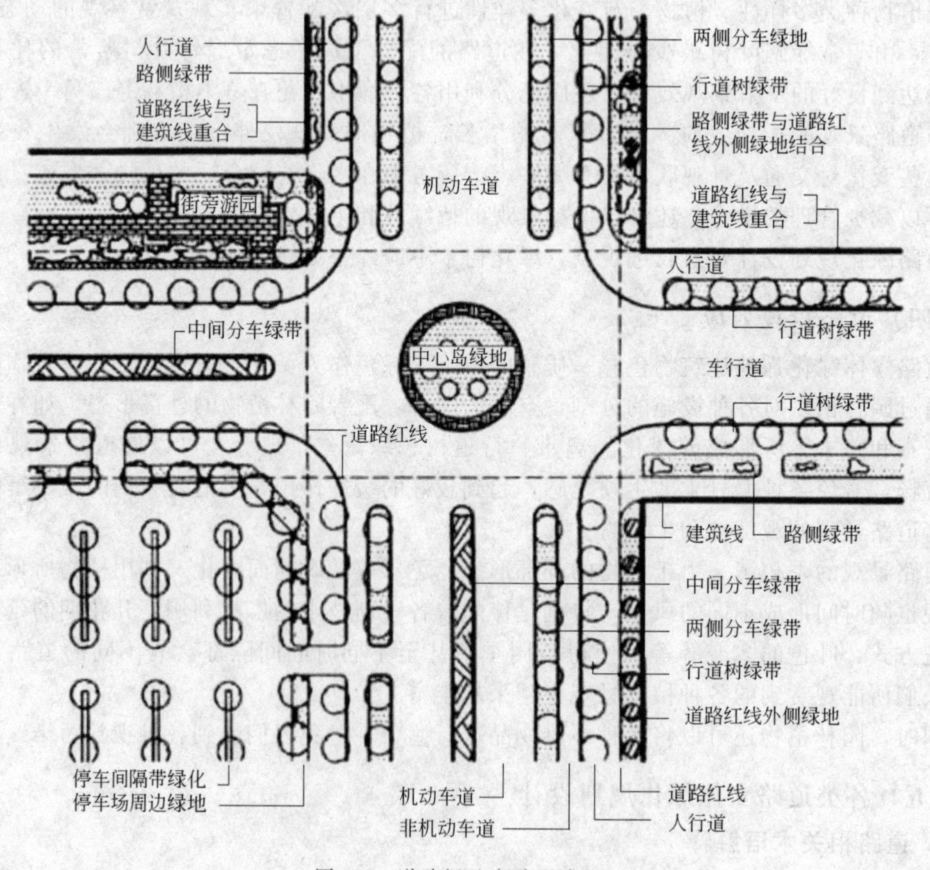

图 1-7　道路绿地名称示意图

2. 道路绿化规划

(1) 道路绿地率指标　《城市道路绿化规划与设计规范》(CJJ75—97) 中规定：

① 园林景观路绿地率不得小于40%；

② 红线宽度大于50m的道路绿地率不得小于30%；

③ 红线宽度在40～50m的道路绿地率不得小于25%；

④ 红线宽度小于40m的道路绿地率不得小于20%。

(2) 道路绿地布局与景观规划　《城市道路绿化规划与设计规范》(CJJ75—97) 中规定：

① 道路景观布局应种植乔木的分车绿带宽度不得小于1.5m，主干路上的分车绿带宽度不宜小于2.5m；

② 行道树绿带宽度不得小于1.5m；

③ 主、次干路中间分车绿带和交通岛绿地不得布置成开放式绿地；

④ 路侧绿带宜与相邻的道路红线外侧其他绿地相结合；

⑤ 人行道毗邻商业建筑的路段，路侧绿带可与行道树绿带合并；

⑥ 道路两侧环境条件差异较大时，宜将路侧绿带集中布置在条件较好的一侧。

《城市道路绿化规划与设计规范》(CJJ75—97) 中还规定：

① 绿化景观规划应确定园林景观路与主干路的绿化景观特色，园林景观路应配置观赏价值高、有地方特色的植物，并与街景结合；

② 主干路应体现城市道路绿化景观风貌；

③ 同一道路的绿化宜有统一的景观风格，不同路段的绿化形式可有所变化；

④ 同一路段上的各类绿带，在植物配置上应相互配合，并应协调空间层次、树形组合、色彩搭配和季相变化的关系；

⑤ 毗邻山、河、湖、海的道路，其绿化应结合自然环境，突出自然景观特色。

(3) 树种和地被植物选择　《城市道路绿化规划与设计规范》(CJJ75—97) 中规定：

① 道路绿化应选择适应道路环境条件、生长稳定、观赏价值高和环境效益好的植物种类；

② 寒冷积雪地区的城市，分车绿带、行道树绿带种植的乔木，应选择落叶树种；

③ 行道树应选择深根性、分枝点高、冠大荫浓、生长健壮、适应城市道路环境条件，且落果对行人不会造成危害的树种；

④ 花灌木应选择花繁叶茂、花期长、生长健壮和便于管理的树种；

⑤ 绿篱植物和观叶灌木应选用萌芽力强、枝繁叶密、耐修剪的树种；

⑥ 地被植物应选择茎叶茂密、生长势强、病虫害少和易管理的木本或草本观叶、观花植物。其中草坪地被植物尚应选择萌蘖力强、覆盖率高、耐修剪和绿色期长的种类。

3. 高速公路立体绿化规划设计

根据中国交通部《公路工程技术标准》规定，高速公路是能适应年平均昼夜小客车交通量为25000辆以上、专供汽车分道高速行驶、并全部控制出入的公路。

(1) 高速公路立体绿化原则

① 高速公路绿化除适地适树外，还要注重美化、生态、防护、导向和防眩等功能；

② 所选树种应树形美观、载叶期长、萌芽力强、花果鲜艳，要生长快、耐修剪，植物

间宜于交错配置，避免形成单一景观，控制病虫害的蔓延；

③ 坚持绿化、美化相结合，乔、灌、草、花合理配置，点线面相结合，自然景观和人工景观相协调，重点绿化与普遍绿化相结合的原则，结合高速公路的不同绿化部位制定相应绿化模式。

(2) 高速公路立体绿化作用　利用生态学、美学等理论对高速公路绿化景观进行合理的设计，不仅能起到一般绿地在改善景观效果和生态环境方面的作用，而且还可以降低公路噪声干扰、防止环境污染、有助于行车安全。具体体现在以下几点：

① 诱导交通，提高行车安全　在高速公路的不同路段和特定区域，如爬坡车道、变速车道、集散车道、辅助车道、进出口岔道以及接近服务区路段，尤其是在竖曲线顶部等路线走向不明了地段，可以利用植物的不同景观效果，辅助各种提示牌，使路线走向变得十分明显，有助于加强公路的轮廓、连续和方向性，从而诱导交通。

② 防对行眩光，防冲撞　中央分隔带植物轮廓线的变化，在白天能形成良好的视觉引导；夜晚，位于中央分隔带上的树木、矮篱等可以有效地防止对向来车所产生的眩光，有助于提高行车的安全性。另外，密植的绿篱还可防止汽车闯过中央分隔带驶入对向车道，保证行车安全。

③ 防止环境污染和降低噪声干扰　高速公路绿地内的植物对改善路域环境起着相当重要的作用，两侧林带及分隔带上的绿色植物可以阻挡和吸收行车所产生的粉尘、强光、有害气体和噪声；降解有机、无机污染物，净化小气候；从而缓解极大的交通流量给环境带来的压力，减小对沿路居民的危害和影响。

④ 保持水土，稳定路基，保护公路　高速公路绿化还可以对公路起到保护作用。树木或草坪通过树冠、根系、地被覆盖等可以固着土壤、涵养水源、阻止或减少地表径流、降低雨水冲刷路基地危害。绿化后的环境比露天地区气温低5～6℃，而且湿度较大，且变化缓慢，可以造成特殊的“小气候”，这样可以调节路面温度与湿度，对防止路面老化起到一定的作用。在高填方路段，这种作用更加明显。例如中央分隔带绿化，由于植物根系的吸水作用，种植的植物会吸收土壤中的水分，并通过植物叶面的蒸发而散发出去，反而会降低地下水含量。据研究者观察，中央分隔带有绿化植物比没有种植植物的地下土壤含水量要低。

⑤ 修复植被，与环境融合　高速公路绿地景观建设的最重要的作用之一，高速公路的建设给沿线的地貌及原有动植物群落带来了很大的破坏，极易发生水土流失和生物多样性减少。应用植物生态学原理开展植物修复，有目的地人工引进和栽培植物，可在较短时间内实现植被群落的恢复和重建，增加公路生态的景观多样性和环境舒适性。

⑥ 改善道路景观　在高速行驶的司机的视野中，除天空和路面之外，侧面的竖向要素即分隔带和两侧路边林带，也占有很大的比重，这些地方的景观质量将对司机产生相当重要的影响。通过植物在种类、色彩、质感、形式等方面的合理变化配置，能使生硬、单调的公路线形变得丰富多彩，创造出优美的景观（祝遵凌等，2005），从而可以起到减轻司机高速行驶的压力、缓解长途驾驶的疲劳的作用。

(3) 高速公路立体绿化特点

① 动态性　高速公路的服务对象是处于高速行驶中的司乘人员，其视点是不断变化的，形成了与其他方式不同的空间移动感，绿化设计不仅仅是改善路容、美化环境，更要满足不断变化中的动态视觉的要求。

② 安全性　高速公路绿化可起到诱导视线、防止眩光、缓解驾驶员疲劳等作用，有利

于行车安全，更好地发挥高速公路的使用功能。

③ 多样性　高速公路是带状构造物，其长度往往为几十、几百甚至上千公里，所经过的区域的地理位置、自然环境、土壤条件、社会环境、人文景观的不同而使绿化设计具有多样性。

(4) 高速公路立体绿化模式

① 中央分隔带的绿化模式　中央分隔带具有防眩、减缓疲劳、丰富路景的作用。要求：防眩光角控制在8°～15°之间，灌木高度不应低于1.2m，一般控制在1.4m以下，栽植间距5～10m。在平原和山区交替穿越的路段，应适当调整中央分隔带植物的高度，以保证防眩效果（图1-8）。

图1-8　中央分隔带的绿化

中央分隔带绿化景观一般以防眩光的常绿灌木规则种植，配以底层地被为主，这是由于高速公路中央分隔带宽度窄、土层浅等特殊的立地条件，不宜种植乔木，且由于乔木投射到路面上的树荫会影响驾驶人员的视觉，其断枝落叶也会影响路面的快速的交通。其绿化基本形式有整形式、图案式、平植式。

a. 整形式　用同一种形式的树木（通常为常绿树种，如蜀桧等）按照相同的株距排列，下层根据景观需要配以不同的灌木及地被（见图1-9）。这是在我国最为普遍的一种形式。这种形式的缺点是：单一形式的树木在较长的路段上容易给人一种单调乏味的感觉，从而不利于缓解驾驶疲劳。可以考虑在相隔一定距离，一般以5～8km为宜，改变树木的高度、树种等进行适当调节。

图1-9　整形式

整形式的基本形式可产生以下演变形式：a）将一排防眩植物靠近中央分隔带的一侧，留出的空间可以选择适当的花灌木或色叶树种在色彩、形式上进行激化、调节。如以单排整形河南桧形成防眩种植，下层以金叶女贞、红花酢浆草等形成色块。每隔一定距离改变防眩树木偏向方向和下层花灌木、色叶灌木的品种和形式（图 1-10）。b）在单排的防眩树木之间，间植树高、冠幅与之相当的花灌木及色叶树种。下层仍然以低矮的花灌木或色叶灌木形浅色块，每隔一定距离变化品种与形式（图 1-11）。

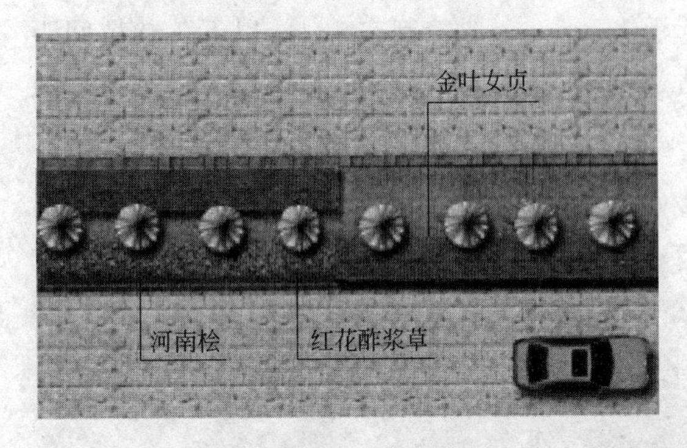

图 1-10 整形式演变形式一

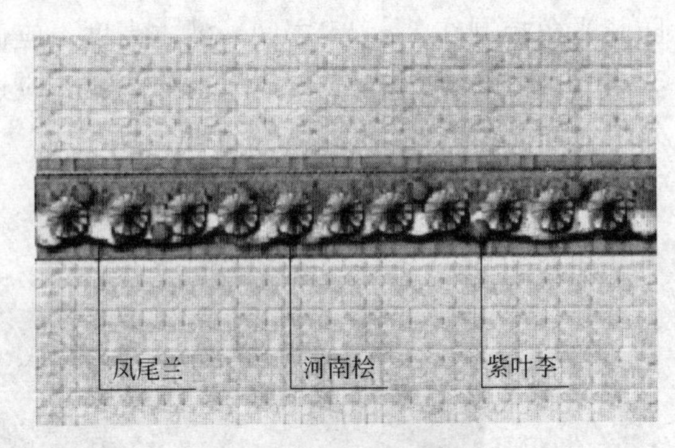

图 1-11 整形式演变形式二

以上两种演变形式又可以演变组合出其他不同的形式，如树篱和品字型种植形式。其中，由同种形式的树木缩短株距种植，以至于形成连续的树篱便是树篱式（见图 1-12）。

b. 图案式 将灌木或绿篱修剪成几何图形，在平面和立面上适当变化，可形成优美的景观绿化效果（见图 1-13）。这种形式多出现在城市道路中央分隔带绿化设计中。缺点是其遮光效果不佳，若处理不当，多变的形式会过于吸引司机的注意力，而且在管理上增加了日常的维护修剪的工作量。

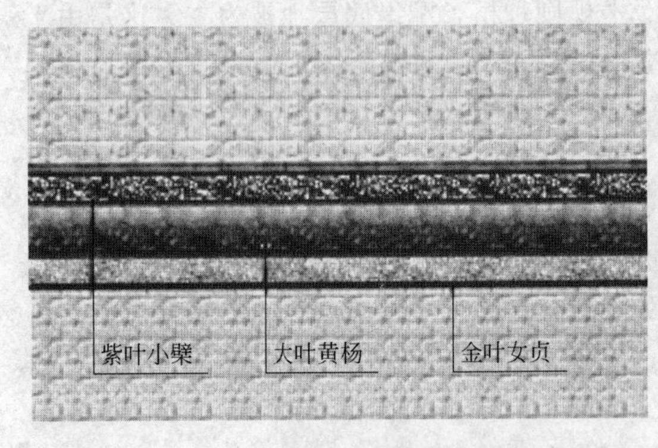

图 1-12 树篱式

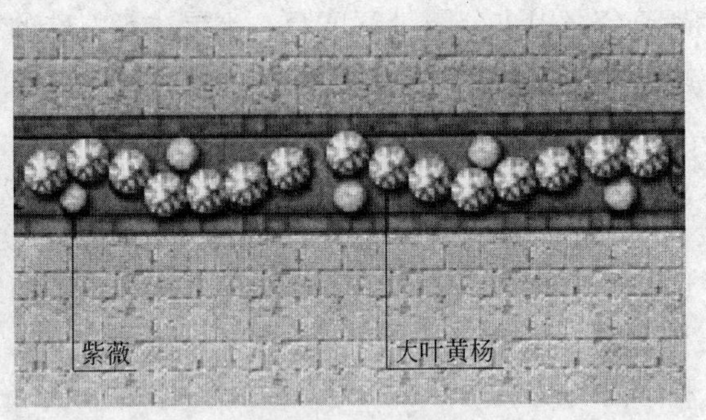

图 1-13 图案式

c. 平植式 当中央分隔带较窄时或在管理受限的路段，可以用植物满铺密植，并修剪成形，这样少生杂草，减少管理工作量，这种形式常见于中央分隔带的开门处，即岛头，由于岛头绿化应具有提示和导向作用，该处的植物在种类、高度、形式上应区别于普通段，并且修剪形成一条坡线，以起到提示司乘人员的作用（见图 1-14）。

常绿灌木、花灌木或常绿灌木与花灌木相结合栽植。植物材料要抗旱、耐污染、耐修剪。每标准段（5～8km）确定一种模式，交替使用，在排列上考虑渐变和韵律感，减缓行车视觉疲劳（图 1-15）。

注意植物体形状和体量上的设计，如柱体、球体、平顶、圆顶、绿篱的平顶或波浪形，

图 1-14 平植式

图 1-15 中央分隔带植物配置

利用高度、形状等变化及形状间的搭配，以形成优美景观。在公路平曲线内侧不宜种植乔、灌木，以种草为主，以免影响视距。在确定好骨干树种后，根据全线建筑、构造物的布设情况进行设计，如在互通式立交区、服务区、地界处设置相应的景观加强段。在气候条件好的地区，尤其是植物种类丰富的南方地区，应适当增加色叶或观花类树种，添加质感突出的植物以及镶边的低矮草花，加强色彩变化，从而起到打破单一线形绿化、改善用路人视觉状况以及诱导提示作用。

常见的栽植树种的选择有 3 种：以常绿灌木为主的栽植，以花灌木为主的栽植，常绿灌木与花灌木相结合的栽植。树木的栽植规格有 3 种：以一定间距种植防眩；每 100m 间隔 10m，密植树木防眩；如果中央分隔带较宽时，可采用自由栽植防眩。

② 路侧绿化模式　路侧绿化是整个绿化设计的重点之一。由于山区高速公路纵横跨度大、地形复杂、气候多样，这就要求设计者具体路段具体分析，按照不同的气候、植被条件进行段落划分，做到适地适树。《城市道路绿化规划与设计规范》(CJJ75—97) 中规定路侧绿带宽度大于 8m 时，可设计成开放式绿地。开放式绿地中，绿化用地面积不得小于该段绿带总面积的 70%。路侧绿带与毗邻的其他绿地一起辟为街旁游园时，其设计应符合现行行业标准《公园设计规范》(CJJ48) 的规定。濒临江、河、湖、海等水体的路侧绿地，应结合水面与岸线地形设计成滨水绿带。滨水绿带的绿化应在道路和水面之间留出透景线。道路护坡绿化应结合工程措施栽植地被植物或攀缘植物。

设计时应依照种植位置的土层条件、种植效用逐一对应布设：在纳入用路人视野范围的种植位置可考虑植物色彩的变化，间植常绿与观花植物；土层较浅的位置选择浅根性、耐瘠薄的小灌木；最靠近外围环境的隔离栅，可选择攀缘植物，如爬山虎、油麻藤、凌霄等，进行过渡，与周围山体融合。

在长直线及曲线半径较大的路段，应注意路侧植物的诱导作用。在此类路段的填方边坡上可选择栽植花灌木和小乔木，利用植物的轮廓形态发挥诱导、美化路容的双重效用。在高填方路段，路侧绿化应选择速生性、树形高大挺拔的树种，如南方某些地区的桉树、北方地区的杨树等，以加速路侧绿色空间的形成。速生树一般价格低廉，有利于节约成本。在自然风光奇特、人文景观突出的路段，可借用园林设计中的“借景”手法。通过取消或拉大种植间距，将路外的水景、怪石、奇山异峰、山林庙宇、拙朴古木纳入用路人的视野；反之，对于令人产生不悦情绪的坟地、垃圾场、残垣断壁等需遮蔽的路段，应加密树木栽植，屏蔽不良景观。

③ 边坡、护网的绿化模式　边坡、护网的绿化主要是为了保护路基边坡，稳定路基。减少水土流失，丰富公路景观，隔离外界干扰。边坡防护主要是固土护坡兼有美化功能。因此，在高速公路的布置和设计层面，要注意把稳定、安全、绿化、经济等要素统筹考虑（图 1-16）。

图 1-16　边坡绿化

上边坡绿化模式：上边坡依坡面宽度分两种类型，小于 2m 的土质边坡一般以植草为主。大于 2m 时，不论土或石质边坡均可在坡底筑池换土，全部以攀缘植物护坡。

下边坡绿化模式：下边坡分有拱形骨架和无拱形骨架两种。边坡小于 4m 时一般用植草及三维植草方式，4m 以上用拱形护坡加植草防护。绿化形式以草本植物护坡为主（以播种为主），适当配置耐旱灌木植物。

坡脚顶绿化模式：根据坡脚宽窄、土壤酸碱度和气候条件来选择不同树种和配置方式。坡脚绿化形式均为行植花灌木和常绿树种。坡脚分排水沟内侧和外侧。依据不同宽度进行栽植，一般株行距 2m×2m，视其宽度确定行数。坡顶均为行植 1 行乔木树种。

护网绿化模式：护网主要采用攀缘植物，如爬墙虎、地锦、蛇葡萄等，一般株距 0.3m。护网绿化整地采用条沟状整地，深和宽均为 3cm。

④ 边沟外绿化模式　目前在我国，高速公路两侧绿化带有以下几种形式：屏障式种植；灌木篱墙种植；防护林式种植；观赏式种植；水生植物种植和特色植物种植。其中，屏障式种植和灌木篱墙种植起封闭隔离作用，可选择带刺灌木，代替铁丝网状的隔离栅，容易更新，防护时间久，从而减低维护成本；防护林式种植，一般在农业为主的区域，即沿路种植 4～6 行大乔木，与当地农田林网相协调；观赏式种植，一般应用于平坦开阔地形区，绿化体现园林化特点，乔灌草立体布局，常绿与落叶有机搭配，充分展示错落的层次和丰富的季相变化；水生植物种植是针对现有水域和取土塘，通过种植水生植物，营造富有水乡特色的

湿地生态景观；特色植物种植，是充分利用不同地区的不同特色植物资源，营造反映当地风情的特色景观。

在国外，高速公路两旁的绿化景观常作为大地景观的体现——绿化景观完全融入到自然环境中，其层次变化，并非是乔木、灌木的简单组合，也并非是各种植物由小到大、由近及远地简单排列在高速公路的两旁，而是更注重自然界大范围内的绿化空间，以体现自然界植物生长特性。避免完全用由乔木、灌木、草组合的方式来展示林木景观，因此作为大的景观层次来讲，这种完全体现植物群落搭配规律的景观可使人备感自然。

⑤ 互通立交区的绿化模式 互通立交区绿化功能主要为诱导视线，减少水土流失，绿化美化环境，丰富道路景观。互通立交区以地被植物为主，在不影响视线并可起引导作用的前提下，可适量配置灌木和乔木。图案的选择和设计应结合当地的人文景观、历史典故、民俗风情、地理位置、服务城镇性质和社会发展等综合考虑，充分表达和体现地方特色。图形设计应简洁明快，线条以流线型为好，以形成层次分明的大色块，充分利用植物的颜色、形态进行组景。条件允许可适当配置寓意深远的雕塑作品。树木、花、草的选择和栽植不得影响立交区涵洞的排水（图 1-17）。

图 1-17 互通立交绿化

⑥ 服务区、收费站等附属设施的绿化模式 服务区、收费站的绿化以美化为主，创造优美、舒适的工作和生活空间，及适宜的游憩休闲环境。

设计时应采用庭院园林式绿化方法，加强美化效果。绿化应与建筑相协调，形成和谐美和时代感。乔、灌、草、花、藤合理配置，可选用冷季型草，延长绿色期，形成春花、夏荫、秋实、冬青的绿化景观。可设置花坛、花境。根据地理位置、文化内涵、历史典故等，可设计园林小品，如亭、廊、台、池及雕塑等，以突出地方文化氛围。

在山区高速公路附属设施的设计中，还应考虑到建筑风格与道路景观、自然环境的协调，注重提取当地民居中的特色和亮点，不宜突兀。绿化布局上要考虑各个区块的功能：停车区绿化选择冠大荫浓、分枝点较高的高大乔木形成荫蔽；加油站区应通透、便于识别，树种上选择抗污染能力强、不易点燃的植物；养护工区、办公区域的绿化应符合工作氛围，简洁大方；服务区广场可凭借乔、灌、草、花的合理布局，营造出轻松活泼的环境。还可利用山区奇石、已被挖出的壮美古木造景。一石、一竹、一塘皆可于方寸间营造出具有古典园林韵味的设计，提升服务区的品位。在日照条件较好的山区，还可利用太阳能照明，节约资源。在适当的位置设置可供休闲、运动的健身器材，体现人文关怀。

4. 城市高架路（桥）的立体绿化规划设计

(1) 高架路（桥）的概念　高架路（桥）就是将道路架空建设。受地面因素影响，无法在原地面修建桥（路）而设计的桥梁，它一般出现在城市道路建设中。它可能同时容纳多层交通干线，分别供汽车、火车、行人、轻轨车辆穿行和安设管道。它跨越的区域非常广阔，在城市中常以“过境旱桥”或“高架走廊”的形式出现，通过城市广场、道路、建筑、绿地等等，并与城郊的高速公路等连接。

(2) 高架路（桥）的组成及类型　高架桥的组成与桥的结构体系有着密切的关联，主要有支撑部分、引导部分（即和其他交通联系的部分）和主体通行部分。而常见的梁式桥通常由以下及部分组成。

① 上部结构　指的是桥梁位于支座以上的部分。它由桥跨结构（也叫承重结构）和桥面构造两部分组成，前者指高架桥中直接承受桥上交通荷载的架空的结构部分，后者则指承重结构以上的各部分（指行车道铺装、排水防水系统、栏杆、照明或电力装置、伸缩缝等)。

② 下部结构　指的是桥梁位于支座以下的部分，也叫支承结构。它包括桥墩、桥台以及墩台的基础，是支承上部结构向下传递荷载的结构物。

高架路（桥）的类型有很多种，通常因不同的划分而有所不同：按用途分有高架铁路桥、高架公路桥、高架轻轨桥等。按结构材料划分有钢桥、钢筋混凝土桥、预应力混凝土桥等。按跨越对象分有道路桥、立交桥等。

(3) 高架路（桥）的立体绿化的作用　高架路（桥）绿化种植不仅对道路小环境起到改善空气质量的作用，而且是整个城市形象和景观的重要载体，也是城市文化的重要体现。它与城市公园、居住区绿地、滨水绿地、建筑绿地等一体构成了城市绿地系统的骨架。高架路（桥）绿化是城市的肺，对改善高架路（桥）环境有着不可替代的作用，它不仅能降低炎热的气温，提高空气的相对湿度，减小噪声，吸纳尘埃，吸收有害气体，净化空气等，还具有着不可取代的心理功能，运用植物的形态、色彩、季相和风韵来创造出美丽的自然景观，与坚固的高架路（桥）一起产生动静的统一，丰富高架路（桥）单调的外形。其重要意义体现在：

① 高架路（桥）的绿化种植优化了城市的空间与环境结构。高架路（桥）的绿化种植不仅在纵深方向加强了城市景观的联系，而且还使得城市绿化整体上呈现出垂直分布姿态。展现了城市完整的、连续的绿色空间美，既保护环境、夏季遮阳、美化市容，也起到了组织交通、疏缓行车和行人的疲劳，愉悦路人心情的作用。

② 绿化栽植可随着四季改变而变化，有效地体现了高架路（桥）的地域特征。植物不仅仅在调节气温、洗尘防燥、净化空气等方面有着很好作用，而且它们对高架路的景观构成上意义更大。适当组织有季相变化的栽植可为高架路（桥）带来更多的生气。同时，绿化栽植相对于其他构成元素，更能够有效地体现高架路（桥）的地域特征。

③ 绿化栽植弥补高架路（桥）自身的缺点，提高了高架路（桥）的生态环境质量。城市高架路（桥）因为形体庞大而引人注目，如不经过绿化，不仅自身丧失了生机，而且显得比较突兀，与周围环境不易协调。同时，对于地面观众来讲，绿化可以缓解高架路带来的压抑感，弱化它的巨大体量。同时，高架路（桥）的绿化空间有助于人们身心健康和脚步停留，帮助城市人文气息的增长。

(4) 目前高架路（桥）植物造景的问题　高架路（桥）进行绿化的主要目的是为了美化城市环境、改善人们的生活环境，同时也可以减轻司机开车所引起的视觉疲劳。但是国内目前高架路（桥）的绿化存在以下几个难点。

① 高架桥建设与绿化没有同步进行，造成严重浪费。高架桥的绿化往往花费很大的工夫，虽然绿化能让人们赏心悦目，但花费的工程和人工都是巨大的，建设和护理的费用也非常大。高架桥建设应与绿化建设同时进行，在高架桥的设计和建设阶段，就要同步加入绿化的设计和技术。在设计时，要把绿化用地、市政管线、浇灌等绿化所需的元素加入进去。这样节约了造价，效果也很好。

而目前的高架桥绿化往往是在桥建好以后才进行，一方面没有留下足够的绿化用地，另一方面市政管线不到位。由于没有绿地，只好使用挂篮和种植攀沿植物，由于没有市政管线的铺设，在浇灌方面也遭到很大困难，往往只能用人工浇灌技术，很耗费人力和物力。

② 另外，高架桥绿化的养护管理难度非常大，技术要求也非常高，养护队伍的选择和制定都有专门的要求。不应一刀切，将此项管理交给某一个区域来管理和护理。如果没有专业的人员进行护理，常出现一些植物干死或者土壤不够的情况。因此，立交桥的养护选择也非常关键。

③ 在专业人员进行绿化和养护的同时，还应该提高市民的觉悟。目前一些市民对立交桥的绿化认识不足，不爱护花木，随意采摘。因此，要加强对市民的教育，特别是有人行功能的立交桥，更应该得到市民的支持。

（5）高架路（桥）的立体绿化方法　立体绿化是高架桥空间的重要景观元素，它相对于建筑材料构成的硬质景观而言，属于一种软材料，可以人为进行修整。在整个高架桥环境景观营造中，它有着其他物体所无法替代的作用。但要注意的是，绿化栽植作为高架桥空间环境的重要视觉因素，不应单纯考虑功能上的要求，还必须注意到现代交通条件下的视觉特点，综合多方面的因素进行协调，选择最合适高架桥的栽植，力求创造更优美的绿地景观。

在高架桥的植物造景中，根据高架桥空间的特征采用不同的绿化方式，会起到很出色的效果。绿化的树种、大小和布局都要经过充分的研究，考虑当地的气候条件，选用适合本地生长的乔、灌木和地被植物，并与整个城市绿化景观遥相呼应，在花卉选择上以夏、秋、冬三季开花植物为主，做到淡季有景可观。还可利用高架桥周边环境和自身的形体组织立体绿化，以达到改善环境的目的。

此外，为了充分发挥栽植的特性，有必要掌握植物的生态特性，因地制宜，因地适树，植物的生长与水分、温度、光照及环境息息相关。植物种植时以能使它自由自在地生长作为出发点来进行栽植的设计。不仅仅只注重绿化的视觉效果，而应真正从生态保护角度出发，沿用城市原有物种。高架桥景观是由多种景观元素所组成，各种景观元素的作用、地位都应恰如其分。一般情况下，绿化应与高架桥环境中的其他景观元素协调，单纯地为其功能服务而栽植的树木往往收不到好的效果。高架桥绿化种植注意不能成为遮挡其他良好景观视线的障碍。对树木的形态进行一定的修饰来形成框景，可以获得令人愉快的空间围合感。

① 人行道、两侧分隔带绿化　人行道、两侧分车带绿化树种的选择，应该尽量多样化和地方化，选择树木注意与地段周围建筑物、高架等环境特征相结合，注重体现植物在色彩、季节变化的规律性和树种配置方面的整体景观效果，并方便行人和非机动车的通行（图1-18、图1-19）。如在高架桥沿线两侧分车带上种植分支点高的高大阔叶乔木如悬铃木、国槐、毛白杨、白榆等树种，注意修剪，在不影响行车的同时，遮蔽了高架桥巨大体量带来的压抑感，使高大树种与高架线路达到完美的结合；在人行道上种植常绿树种如香樟、广玉兰、女贞、桂花、冬青等，体验季节变化的同时，又回味着绿色生命的蔓延。

图 1-18 分隔带绿化

图 1-19 人行道绿化

② 高架桥底层空间的绿化 由于高架桥自身形体高大、结实，它底层的光线完全被挡住，给人以压抑感，加上各方面的局限性，通常这个空间很容易被忽视。通常，有的地方把它当作存放车辆的场地，也有利用它作为活动场所、交流场所等。而这些场所肯定会有绿化的装扮，或者直接处理成绿化空间。处理成绿化空间需要注意综合分析桥下阴地的光照，通常光照最低的是桥柱区域，桥始末两端与地面的衔接处，然后是桥中区域，而靠近路面的两侧相比之下光照较好，时常有雨水冲刷，有利于植物生长。这种特殊的环境布局应在绿化配置中充分考虑，“因地制宜”地选择适合的植物进行绿化，而在无法达到理想效果的局部区域可以采用硬质铺装，来获得整洁的景观效果。采用绿化时通常选用植被、灌木等比较耐阴的植物，通过形、叶、花、果实等综合设计，得到各种季节有景可赏的景观效果；此外，还有通过修剪植物，来获得另一种规整、整洁的视觉效果。如高架路的下面，在草地上种植了修剪得整整齐齐的黄杨，黄杨中选用了比较耐阴的红花檵木，红花檵木的叶子全年是红色，这样就获得不同色相的搭配，同时在高架路底下最阴暗的部分，则种上十分喜阴、叶形好看的八角金盘。还有地方的高架路考虑到植物对采光和降雨的要求，将高架路的中间隔离带设计为通透式，为下面植物的生长提供了有利条件（图 1-20）。

图 1-20 高架桥底层空间绿化

除此之外，高架桥的侧面空间若能适度栽植一些乔木，将高架隐藏起来，不仅可以弱化高架桥的巨大体量带给行人的压抑感，还能给高架桥上的驾驶者及乘客带来愉快的视觉享受。

③ 高架桥体绿化 高架桥体可绿化的部分根据自身的形体结构有立柱绿化、护栏绿化和桥面中央隔离带的绿化。立柱是构成高架桥的承重部分，有以混凝土本色示人的，也有利

用涂料、漆类等进行色彩和质感上的装饰，运用绿化则采用藤本植物进行包裹，形成整个绿色廊道。护栏是高架桥的防护部分，属于高架桥整体。通常，我们也会采用绿化来减弱它对视觉生硬的冲击，形成一片绿意昂然的景象。中央隔离带和隔离栅绿化主要是隔离保护、丰富路域景观功能，可以选择适应强的藤本植物来进行垂直绿化。

高架桥的立柱是支撑高架桥的主要结构，自身的体量和与地面的接触造成人们较多的关注，柱形有圆形也有方形，有单柱也有双柱。装饰形式主要也是表面涂饰或是绿化装饰。由于立柱位于高架桥底层，采光不足，降水稀缺，一般使用吸附类的攀缘植物和部分缠绕类植物（图 1-21）。比如上海的高架桥立柱主要选用五叶地锦、常青油麻藤、常春藤等。

图 1-21　高架桥桥体绿化

高架桥护栏绿化植物可以改变其生硬的混凝土外表，改变让人感到冷漠、讨厌的现状。路面上的栽植以能够栽入栽培箱中的灌木和草坪、鲜花之类为宜。在高架桥两侧护栏上设置小型种植槽，约深 30cm、宽 30cm 左右，里面放上人工合成的培养土，主要栽植木本或草本（如蔷薇、牵牛花、金银花等）攀缘藤蔓沿栅栏缠绕生长。花木长大成形的时候，高架桥的两边就会出现一条空中的花带（图 1-22）。像迎春花之类的植物开花时花枝倒挂下来。可以把种植箱遮挡起来，有的甚至生长得可使整个高架桥侧面都成为绿色屏障，长长的高架桥宛如绿色长廊，舒展流畅，不仅给城市增加了无限绿意，还把绿色引向高空，形成竖向空间的垂直绿化。当然要注意的是，由于铁栏杆要定期维护，这种绿化方式更适合于钢筋混凝

图 1-22　高架桥护栏绿化

土、石材及其他用水泥建造的高架路护栏；再则，植物材料的选择要考虑种植环境的好坏，采用植物的抗性要强，另外在路面配开黄花植物，要避免花色与交通标志的颜色相混淆。应以浅色为好，缓解路上行驶车辆司机的视觉疲劳。

高架桥的中央隔离带绿化可以诱导视线以及美化道路环境、提高车辆行驶安全性和舒适性。有的高架桥上隔离带部位建造长条形的花坛或花槽，可在上面栽种如黄杨球等植物，中间采用美人蕉、藤本月季等做点缀；也有在中央隔离带上设置栏杆，采用藤本植物任其攀缘，既可防止绿化布局呆板，又可起到隔离带的作用（图 1-23）。

图 1-23　高架桥中央分隔带绿化

④ 立体交叉口绿化　互通式立体交叉一般由主、次干道和匝道组成，匝道是供车辆左、右转弯，把车流导向主、次干道的。为了保证车辆安全和保持规定的转弯半径，在匝道和主，次干道之间，往往形成几块面积较大的空地。这个空间的绿化设计要与周围建筑物、道路、路灯、地下设施和各种管线等密切配合。此外，从立体交叉的外围到建筑红线的整个地段，除根据城市规划安排市政设施外，都应该充分绿化起来，这些绿地可成为外围绿地。立体交叉外围绿化的树种选择和种植方式，要和道路伸展方向结合起来考虑，可根据附近建筑物的不同性质进行布置。

立体交叉口的大片绿地称为绿岛，面积较大，也很容易成为高速行驶上的视觉聚焦点。这些绿岛要纳入城市整体绿化系统，进行合理、系统地考虑和确定其功能定位和植物配置。它可作为城市休闲场所的一块，也可作为城市生态林地的一部分。具体做法上，可以大树、密林为主，结合草皮、花灌木。用不同品种的乔木林块状混交，通过植物的季相、花和叶的色相变化形成图案和富有生态效应的植物群落，并进行地形改造，铺设小路和照明设施等，来创造园林景观（图 1-24）。

5. 城市道路立体绿化设计

城市公路既是城市的主要干道，又承担着重要的过境交通任务，而且交通流量大，通常路幅较宽（双向 4～6 车道），是一种较典型的城市开放空间。

（1）栅栏绿化　主要应用于拆围透绿的沿街绿化，通常用作篱架、栏杆、铁丝网、栅栏、花格等的绿化。由于这类设施多高度有限，对植物材料攀缘能力的要求不太严格，几乎

图 1-24　高架桥立体交叉口绿化

所有的攀缘植物均可用于此类造景方式，一般选用开花、常绿的攀缘植物最好。

不同的栅栏绿化，应选择不同的适宜材料。以钢架混凝土廊柱式为主的围栏，大多比较粗糙，色彩暗淡，应当选择生长迅速、色彩斑斓的种类，可栽植藤本月季、凌霄、五叶地锦等枝叶茂盛的植物，使原本略显浑厚的外围栏，在绿色的包围下更显得厚实，又能起到分割空间和遮挡视线的作用。而在轻巧半透绿的栅栏中，主要是以竹篱、木篱、小型栏杆等轻型构件为主，故应多以茎柔、花色好的植物种类为宜，如牵牛、金银花、中华常春藤、蔓长春花等，也可配以种植一些小灌木，平立面相结合的街道绿化能使城市的绿化更具艺术性（图 1-25～图 1-27）。

图 1-25　道路栅栏绿化

图 1-26　栅栏绿化攀爬月季

（2）墙面绿化　城市道路的墙面绿化主要为阶地的挡土墙、建筑院落、城市广场建筑外墙与停车场周边实体围墙的绿化。应用藤本植物攀附在辅助设施支架及辅助网上对墙面进行绿化。墙面绿化的绿化形式分为攀爬式、上垂下爬式和内栽外露式三种（图 1-28、图 1-29）。

城市广场建筑外墙与停车场周边实体围墙的绿化的设计要注意墙面的颜色与植物的颜色形成对比，一般用浅色墙面效果较好。墙面的结构应该适宜植物攀爬。另外，所选植物的质感应与墙面的质感协调，细致的墙面，宜用枝叶细小的植物，结构粗糙的墙面应选择叶形较大的植物。

图 1-27　栅栏绿化

图 1-28　墙面绿化（一）

图 1-29　墙面绿化（二）

此外，利用乔灌木的墙面贴植技术进行墙面绿化，开辟了垂直绿化新途径，丰富了墙面绿化的形式和内容。墙面贴植技术要求所选择的树木以株高 1.5m 以上，枝叶丰满，不脱节，向两侧扁平生长为佳。从幼树开始整形培养，修剪纵向生长枝条，或用铅丝拉绑定形，树形确定后便可进行枝条的墙面固定，可采用金属或塑料质固定脚，用铅丝或塑料线绑扎固定。固定后的树木要经常修剪，去除内向重叠生长或脱离墙面外向生长的枝条，留下沿墙面生长的枝条并适当控制顶端优势，以促进下部侧枝萌发，两年后形成稳定的树形，以后可以逐步拆除固定脚，并通过修剪以控制其贴墙生长。不论是利用藤本植物和蔓性灌木进行墙面的垂直绿化，还是采用墙面贴植技术进行墙面绿化，现在向一种新的创新方向发展，即墙面垂直绿化的艺术造型，如利用爬山虎进行大型壁画的创作或利用乔灌木墙面贴植技术进行艺术构型设计。

墙面绿化在克服城市绿化面积不足、改善居住环境等方面有独特的作用。$1m^2$ 收装盘单元内的植物比种植在 $1m^2$ 地面上的植物可获得更好的绿化效果。墙面绿化对于所依附的建筑物客观上还起着保护作用，原本裸露的建筑物墙体在繁枝密叶的覆盖下，犹如笼上一层绿色的墙罩。受日晒雨淋、风霜冰雪侵袭的机会被极大地削减，防止了建筑材料的龟裂渗漏。城市墙面、路面的反射甚为强烈，进行墙面的垂直绿化，墙面温度可降低 2～7℃。特别是朝西的墙面经绿化覆盖后降温效果更为显著。同时，墙面、棚面绿化覆盖后，空气湿度还可提高 10%～20%，这在炎热夏季有利于人们消除疲劳，增加舒适感。冬季落叶后，既不影响墙面得到太阳的辐射热，其附着在墙面上的枝茎又成了一层保温层，起到调节室内气温的作用。垂直绿化还可以减低墙面对噪声的反射，并在一定程度上吸附烟尘。

(3) 分车带绿化　分车带绿化首先要满足交通安全的要求，不能妨碍司机及行人的视线，一般窄的分车带绿地仅种低矮的灌木及草皮，或枝下高较高的乔木。《城市道路绿化规划与设计规范》(CJJ75—97) 中规定：①中间分车绿带应阻挡相向行驶车辆的眩光，在距相邻机动车道路面高度 0.6～1.5m 之间的范围内，配置植物的树冠应常年枝叶茂密，其株距不得大于冠幅的 5 倍。②分车绿带的植物配置应形式简洁，树形整齐，排列一致。乔木树干中心至机动车道路缘石外侧距离不宜小于 0.75m。③两侧分车绿带宽度大于或等于 1.5m 的，应以种植乔木为主，并宜乔木、灌木、地被植物相结合。其两侧乔木树冠不宜在机动车道上方搭接。分车绿带宽度小于 1.5m 的，应以种植灌木为主，并应灌木、地被植物相结合。④被人行横道或道路出入口断开的分车绿带，其端部应采取通透式配置。

分车带配置植物要考虑增加景观特色，可以采用规则式的简单配置为等距离的一层乔木，也可在乔木下配置耐阴的灌木及草坪；或采用自然式配置，利用植物不同的姿态、线条、色彩，将常绿、落叶的乔、灌木、花卉及草坪地被配置成高低错落、层次参差的树丛、树冠饱满或色彩艳丽的孤立树、花地、岩石小品等各种植物景观，以达到四季有景，富于变化（图 1-30)。《城市道路绿化规划与设计规范》(CJJ75—97) 有关行道树绿带设计中规定：①行道树绿带种植应以行道树为主，并宜乔木、灌木、地被植物相结合，形成连续的绿带。在行人多的路段，行道树绿带不能连续种植时，行道树之间宜采用透气性路面铺装。树池上宜覆盖池箅子。②行道树定植株距，应以其树种壮年期冠幅为准，最小种植株距应为 4m。行道树树干中心至路缘石外侧最小距离宜为 0.75m。③种植行道树其苗木的胸径，快长树不得小于 5cm，慢长树不宜小于 8cm。④在道路交叉口视距三角形范围内，行道树绿带应采用通透式配置。

冬天寒冷，为增添街景色彩，可多选用些常绿乔木，如油松、樟子松、红皮云杉、杜松，地面可用砂地柏及耐阴的藤本地被植物地锦、五叶地锦等；为增加层次，耐阴的丁香、珍珠梅、连翘、天目琼花等作为下木。

图 1-30　分车带绿化

北方宿根花卉资源丰富，鸢尾类、百合类、地被菊、荷包牡丹、野棉花等可点缀草地。许多双色叶树种如银白杨以及秋色叶树种如紫叶小檗、五角枫、红瑞木等都可配置在分车带绿地上，更能增加其景观特色。

(4) 边坡绿化

① 边坡绿化概念　边坡绿化是指以环境保护和工程建设为目的，利用各种植物材料来保护具有一定落差的坡面的绿化形式，就是在边坡上营造人工植被，作为控制雨水侵蚀的途径与手段，是城市立体绿化的一个重要方面。

② 边坡绿化分类　护坡立体绿化根据护坡的地点不同，一般分为道路坡面绿化、河道两侧坡面绿化。道路坡面绿化主要是在道路两侧有高差的地方进行立体绿化。河道两侧坡面绿化是在河道的两侧进行绿化设计。护坡绿化的意义是增加城市绿化覆盖率、保持水土、改良土壤结构和水文地质条件、改善城市景观的整体效果等。这里重点介绍道路坡面绿化。

③ 边坡绿化防护　边坡的绿化能保护路基面边坡表面免受雨水冲刷，减缓温差及温度变化的影响，保护路基边坡的整体稳定性。通过选择生长快、耐贫瘠、水土保持效果好的优良草种，并应用合理的种植方式，使坡面能在当年得到有效保护。

边坡绿化以选择生长快、适应性强、病虫害少、植株低矮、四季常绿的植物种类为主。对于岩石型挖方区可以采用人工牵引，在岩石上设置一些草绳及铁丝网，然后在边坡上种植攀缘植物，如地锦、常春藤等。在一般的斜坡上，采用挂网喷浆的方式，在边坡上种植常春藤、花叶蔓长春花、迎春等植物；或者对边坡的地形进行改造，修建成分阶台地的形式，再种植常春藤或迎春等植物，形成层次感丰富的阶地绿化，通过以上措施使防护植物不仅起到固土护坡的功能，还大大改善了道路的景观。

公路路基边坡的植物防护，就是在边坡上植草或植树或两者兼有，以减缓边坡上的水流速度，利用植物根系固着边坡表层土壤以减轻冲刷，从而达到保护边坡的目的（图 1-31）。

立地条件对边坡景观绿化的影响如下。

a. 边坡岩层和土壤的影响　高速公路施工造成路堑边坡形成新土剖面或岩层剖面。土壤中有机质含量少，含水率低，植物生长困难；路堤边坡是泥土堆积碾压而成，虽无表土层、而且石块多，但质地较为疏松，常有种子和残根萌发生长。

b. 坡度的影响　高速公路边坡坡度与坡面安全性和工程量均成反比。一般在 45°～70°，上边坡比下边坡坡度大，大于 45°的坡面易引发水土流失和光、水的再分配，坡度越大边坡绿化越困难。

图 1-31 边坡绿化

（5）道路绿化与有关设施 《城市道路绿化规划与设计规范》（CJJ75—97）有关设施中规定：

① 道路绿化与架空线 在分车绿带和行道树绿带上方不宜设置架空线。必须设置时，应保证架空线下有不小于 9m 的树木生长空间。架空线下配置的乔木应选择开放形树冠或耐修剪的树种。树木与架空电力线路导线的最小垂直距离应符合表 1-1 的规定。

表 1-1 树木与架空电力线路导线的最小垂直距离

电压/kV	1～10	35～110	154～220	330
最小垂直距离/m	1.5	3.0	3.5	4.5

② 道路绿化与地下管线 新建道路或经改建后达到规划红线宽度的道路，其绿化树木与地下管线外缘的最小水平距离宜符合表 1-2 的规定；行道树绿带下方不得敷设管线。

表 1-2 树木与地下管线外缘最小水平距离

管线名称	距乔木中心距离/m	距灌木中心距离/m
电力电缆	1.0	1.0
电信电缆(直埋)	1.0	1.0
电信电缆(管道)	1.5	1.0
给水管道	1.5	—
雨水管道	1.5	—
污水管道	1.5	—
燃气管道	1.2	1.2
热力管道	1.5	1.5
排水盲沟	1.0	—

当遇到特殊情况不能达到表 1-2 中规定的标准时，其绿化树木根颈中心至地下管线外缘的最小距离可采用表 1-3 的规定。

表 1-3 树木根颈中心至地下管线外缘的最小距离

管线名称	距乔木根颈中心距离/m	距灌木根颈中心距离/m
电力电缆	1.0	1.0
电信电缆(直埋)	1.0	1.0
电信电缆(管道)	1.5	1.0
给水管道	1.5	1.0
雨水管道	1.5	1.0
污水管道	1.5	1.0

③ 道路绿化与其他设施　树木与其他设施的最小水平距离应符合表1-4的规定。

表1-4　树木与其他设施的最小水平距离

设施名称	至乔木中心距离/m	至灌木中心距离/m
低于2m的围墙	1.0	—
挡土墙	1.0	—
路灯杆柱	2.0	—
电力、电信杆柱	1.5	—
消防龙头	1.5	2.0
测量水准点	2.0	2.0

6. 居民生活交通道路立体绿化规划设计

城市居民生活交通道路主要指以居民生活交通为主要功能的道路，一般车行速度比较慢，自行车与步行交通量较大，在满足景观外形的审美要求基础上，需要增加景观的文化内涵。

（1）栅栏绿化　城区居民生活交通道路的栅栏绿化较之环城路的栅栏绿化应更注重其美观性，所以在这些路段的栅栏绿化一般应以通透性绿化为主。作为透景之用的栅栏绿化，应是透空的，能够内外相望，种植攀缘植物时应以疏透为宜，并选择枝叶细小、观赏价值高的种类，如牵牛、铁线莲等，并且种植应稀疏，不应过密而封闭。一道色彩斑斓或绿意浓浓充满生气的篱垣能增添道路与周围环境的融洽度，同时这个过渡景观能让它们更好地连为一体，又有观赏和功能及空间分割的作用（图1-32、图1-33）。

图1-32　栅栏绿化五叶地锦

图1-33　栅栏绿化矮牵牛

（2）沿街墙面　主要有两种方法：一是直接进行墙面绿化，利用攀缘植物的攀附能力，使绿色的植物覆盖在墙面上；二是拆围透绿，也就是拆除围墙，然后修建成栅栏形式，进行栅栏绿化，这样不仅能形成里外景致呼应的通透景观，还有扩大空间的效果（图1-34～图1-36）。

（3）花坛式绿化　在城区道路中，可以用立体花坛式绿化来分隔车行和人行道，通常

图 1-34　墙面绿化五叶地锦

图 1-35　墙面绿化攀爬造型

图 1-36　沿街墙面绿化

利用立体花钵栽植草本类的藤蔓植物如花叶蔓长春花、常春藤等，作为沿街的立体绿化景观（图 1-37）。

图 1-37　道路花坛式绿化

（4）灯柱或其他柱体绿化　随着城市的发展，城市灯柱或其他小品柱体也不断增加，它们的绿化也慢慢成为了立体绿化的重要内容之一。它是利用攀缘植物的缠绕特性或悬挂垂吊的绿化方式，选用吊兰或倒挂金钟这类小巧垂吊性花草，使其枝叶四垂，悬于空中，对一些较现代的小品或柱形物体进行美化，形成琳琅满目的意境。这种形式主要应用于商业气息较浓重或游览性较强的路段（图 1-38）。

图 1-38　灯柱绿化

（5）城市广场内部和道路两旁休闲园林小品绿化　城市广场内部和道路两旁休闲园林小品绿化是指用一定的植物材料栽植于地下、花盆中或攀爬悬挂于棚架之类构筑物上，充分利用休闲园林小品本身的空间，如棚架、绿廊、拱门、凉亭甚至篱笆、栅栏和透空围墙等，进行立体绿化的一种绿化形式。常用的植物材料主要是一些缠绕攀缘类的藤本植物和一些蔓性灌木，这些植物通过自身的卷须、茎蔓、变态的叶片、枝条及各种类型的钩刺，沿支架和杆栏向上生长，逐渐覆盖整个休闲小品，以达到遮阴抵挡夏天的烈日，晚上休息乘凉效果的同时也形成独特的景点。

由于各类休闲园林小品的结构多为小体量构建物，无大面积立面，故其植物选择多为缠绕，攀缘类及钩刺类藤本，而借吸盘不定根攀附的藤本类则不多见。城市广场内部和道路两旁休闲园林小品绿化在选择植物时要做到协调统一，形式古朴，体量较大者宜选用粗壮的藤本植物。

休闲小品设立的不同地点及环境特点所选择的植物也相应地有所变化，如停车场的车棚、堆货场等处的棚架有遮挡隐蔽的作用，所选择的植物一般枝叶较茂密，且为常绿种；广场的花架、廊架的小品主要用来遮挡夏季的烈日，冬天不能影响采光，故宜选择耐修剪的落叶攀缘植物；篱笆、栅栏、透空矮花墙多数具有精美的栏杆装饰，绿化的植物选择对景观影响较大，多选些观花类茎叶细柔的种类，叶丛不宜过密，栽植时适当增大间距，以不影响墙内外的透视。

城市广场内部和道路两旁休闲园林小品绿化的设计与营造主要是为使用者提供既可观赏又可给人纳凉、休息的理想环境。休闲小品大小可根据具体环境空间大小而定，所用材料较多。植物材料选择要与其材质、色彩、形式、体量相协调。绿化的种植形式一般有地栽和容器栽植两种，地栽是将藤本植物直接栽植在架旁地下，间距1～2m或每个立柱旁栽植1～2株，根据小品宽度、空间和植物材料大小决定一面栽植或两面栽植，小型的一般一面栽植即可，有些花架虽较大，但如果是栽植木香、紫藤、油麻藤等大型木质藤本也一侧栽植即可，而且也不必每根支柱旁都栽植，可适当增大间距，随生长而在不影响覆盖的情况下间株移植。对于要求侧方同顶部同样覆盖的绿廊类，其绿化植物一般都采用两侧栽植，且在幼时要注意促进侧下方分枝生长而不能过于向上牵引，以免侧方空虚（图1-39）。大部分篱栏还起着防护的作用，故在结构上要坚固不易破坏且不易攀爬，所以选用些带刺的藤本植物进行绿化，不仅具观赏价值而且加强其防护作用。对于墙外道路噪声较大的围篱，其植物要选择叶丛厚密者，以便更好地起到隔阻噪声的作用，在篱栏、围墙旁栽植藤本植物要留50～100cm宽的种植地。

图1-39　紫藤花架

7. 街景立体绿化规划设计

街景立体绿化分类：大致可分为立体花坛绿化、路灯绿化、指示牌绿化、小品绿化、棚架绿化等，其中以棚架绿化为主。

棚架绿化是利用攀缘植物借助各种构件在多种造型形式的棚架上攀缘生长，形成形式各异的立体绿化景观。棚架或花架等，一般用于小型休闲环境景观的边缘，在环境中起点缀作用，也可以用于提供休息、遮阴、纳凉场所。用棚架联系空间进行空间的变化。棚架绿化可选用钢铁结构或木质结构做成简单的花架、廊架形式，利用藤蔓植物的攀缘特性，使藤蔓植物攀爬在架上，茂盛的植物遮蔽下的棚架就可以成为具遮阴、纳凉甚至休憩的良好场所（图1-40、图1-41）。

图1-40　花架绿化

图1-41　棚架绿化

设计棚架时应注意：①棚架在绿荫掩映下要好看、好用，在落叶之后也要好看、好用，因而要将花架作为一件艺术品，而不单是作为构筑物来设计，应注意比例尺寸、选材和必要的装修；②棚架体型不宜太大，体型太大不易做得轻巧，太高不易荫蔽而显空旷，应尽量接近自然；③棚架的四周一般较为通透开敞，除了作支承的墙、柱，没有围墙或门窗，棚架的上下两个平面（铺地和檐口）也不一定要对称或相似，可以自由伸缩交叉、相互引伸，使棚架置身于园林之内，融汇于自然之中，不受阻隔；④要根据攀缘植物的特点、环境来构思棚架的形体；根据攀缘植物的生物学特性来设计棚架的构造、材料等。

立体花坛绿化是把一年生或者多年生的低矮的小灌木和草本植物集中或者经过图案设计后放到一定造型的花架上，用于装饰、美化街景、公园等。立体花坛是花盆的有机组合体，所以它的造型更多变，可以经过设计，做成宣传字体、造型等，所以比固定的绿化更容易出效果，是很简单的快速美化街景的一种形式。

灯柱、电线杆绿化是植物与路灯结合的一种绿化形式。一般是把植物编织起来固定在灯柱、电线杆上，起到美化路灯和街景的作用。

路灯、指示牌绿化，现在随着绿化范围的越来越广，人们注意到了路灯和电线杆也是可以用植物来美化的。这样路灯和指示牌不仅有自己照明、指示的功能，同样它还可以成为街景绿化的一部分。现在路灯绿化主要是包裹式和悬挂式，包裹式绿化采用了储水绿化箱（图 1-42）。

图 1-42 包裹式路灯绿化

8. 园林绿地内道路的立体绿化

园林道路是全园的骨架，具有发挥组织游览路线、连接景观区等重要功能。道路植物配置无论从植物品种的选择上还是搭配形式（包括色彩、层次高低、大小面积比例等）都要比城市道路配置更加丰富多样，更加自由生动。

第二节　道路立体绿化施工技术

一、道路立体绿化植物选择

选择攀缘植物进行生态恢复与防护时，应坚持以本土植物为主，景观与防护功能相结合的原则。在道路及防护工程这个特定的环境下，选择具有吸尘、吸收有毒气体的植物；选择具有丰富季相变化的攀缘植物；选择抗逆性强的植物；选择绿期长，景观效果好，价格低廉的植物。道路立体绿化应选择既抗污染，又要求不得影响行人及车辆安全，并且要姿态优美的植物。还要注意色彩与高度要适当。较常见的道路植物有金叶薯、紫叶薯、沙地柏、地锦、波斯菊等（图 1-43）。

适用品种种类繁多的攀缘植物可用于绿化建设，能最大限度地增加植被面积、绿化的空间层次结构、植物的垂直生态位，避免景观的生硬呆板。将攀缘植物用于道路及防护工程、岩石边坡的绿化工程中，可起到其他植物不能替代的作用。根据选取原则及攀缘植物的生理特性，以下品种比较适用于柔性垂直绿化。另外攀爬或垂吊植物可用于高速公路岩石边坡垂直绿化的有：爬山虎、鸡屎藤、蟛蜞菊等。

图 1-43　街边绿化

（一）植物种植设计原则

北京市垂直绿化技术规范（DBJ/T13-124—2010）有关植物种植设计原则如下：

（1）垂直绿化植物材料的选择，必须考虑不同习性的攀缘植物对环境条件的不同需要；并根据攀缘植物的观赏效果和功能要求进行设计。应根据不同种类攀缘植物本身特有的习性，选择与创造满足其生长的条件。

① 缠绕类　适用于栏杆、棚架等。如：紫藤、金银花、菜豆、牵牛等。

② 攀缘类　适用于篱墙、棚架和垂挂等。如：葡萄、铁线莲、丝瓜、葫芦等。

③ 钩刺类　适用于栏杆、篱墙和棚架等。如：蔷薇、爬蔓月季、木香等。

④ 攀附类 适用于墙面等。如：爬山虎、扶芳藤、常春藤等。

（2）应根据种植地的朝向选择攀缘植物。东南向的墙面或构筑物前应种植以喜阳的攀缘植物为主；北向墙面或构筑物前，应栽植耐阴或半耐阴的攀缘植物；在高大建筑物北面或高大乔木下面，遮阳程度较大的地方种植攀缘植物，也应在耐阴种类中选择。

（3）应根据墙面或构筑物的高度来选择攀缘植物。

① 高度在2m以上，可种植：爬蔓月季、扶芳藤、铁线莲、常春藤、牵牛、茑萝、菜豆、猕猴桃等。

② 高度在5m左右，可种植：葡萄、杠柳、葫芦、紫藤、丝瓜、瓜篓、金银花、木香等。

③ 高度在5m以上，可种植：中国地锦、美国地锦、美国凌霄、山葡萄等。

应尽量采用地栽形式。种植带宽度50～100cm，土层厚50cm，根系距墙15cm，株距50～100cm为宜。容器（种植槽或盆）栽植时，高度应为60cm，宽度为50cm，株距为2m。容器底部应有排水孔。

（二）植物配置原则

（1）应用攀缘植物造景，要考虑其周围的环境进行合理配置，在色彩和空间大小、形式上协调一致，并努力实现品种丰富、形式多样的综合景观效果。

（2）应丰富观赏效果（包括叶、花、果、植株形态等）合理搭配。草、木本混合播种，如：地锦与牵牛、紫藤与茑萝。丰富季相变化、远近期结合。开花品种与常绿品种相结合。

（3）应依照品种丰富、形式多样的原则配置。可考虑以下几种形式。

① 点缀式 以观叶植物为主，点缀观花植物，实现色彩丰富。如：地锦中点缀凌霄、紫藤中点缀牵牛等。

② 花境式 几种植物错落配置，观花植物中穿插观叶植物，呈现植物株形、姿态、叶色、花期各异的观赏景致。如：大片地锦中有几块爬蔓月季，杠柳中有茑萝、牵牛等。

③ 整齐式 体现有规则的重复韵律和同一的整体美。成线成片，但花期和花色不同。如：红色与白色的爬蔓月季、紫牵牛与红花菜豆、铁线莲与蔷薇等。应力求在花色的布局上达到艺术化，创造美的效果。

④ 悬挂式 在攀缘植物覆盖的墙体上悬挂应季花木，丰富色彩，增加立体美的效果。需用钢筋焊铸花盆套架，用螺栓固定，托架形式应讲究艺术构图，花盆套圈负荷不宜过重，应选择适应性强、管理粗放、见效快、浅根性的观花、观叶品种（如早小菊、紫叶草、红鸡冠、石竹等）。布置要简洁、灵活、多样，富有特色。

⑤ 垂吊式 自立交桥顶、墙顶或平屋檐口处，放置种植槽（盆），种植花色艳丽或叶色多彩、飘逸的下垂植物，让枝蔓垂吊于外，既充分利用了空间，又美化了环境。材料可用单一品种，也可用季相不同的多种植物混栽。如：凌霄、木香、蔷薇、紫藤、地锦、菜豆、牵牛等。容器底部应有排水孔，式样轻巧、牢固、不怕风雨侵袭。

（4）攀缘植物的室外布置

① 墙面绿化是泛指用攀缘植物装饰建筑物外墙和各种围墙的一种立体绿化形式。适于作墙面绿化的植物一般是茎节有气生根或吸盘的攀缘植物，其品种很多。如：爬山虎、五叶地锦、扶芳藤、凌霄等。

a. 墙面绿化的植物配置受墙面材料、朝向和墙面色彩等因素制约。粗糙墙面，如水泥混合砂浆和水刷石墙面，则攀附效果最好；墙面光滑的，如石灰粉墙和油漆涂料，攀附比较困难；墙面朝向不同，选择生长习性不同的攀缘植物。

b. 墙面绿化植物配置形式有两种，一是规则式；二是自然式。

c. 墙面绿化种植形式大体分两种。一是地栽：一般沿墙面种植，带宽 50～100cm，土层厚 50cm，植物根系距墙体 15cm 左右，苗稍向外倾斜。二是种植槽或容器栽植：一般种植槽或容器高度为 50～60cm，宽 50cm，长度视地点而定。

② 棚架绿化是攀缘植物在一定空间范围内，借助于各种形式、各种构件，如花门、绿亭、花榭等生长，并组成景观的一种垂直绿化形式。棚架绿化的植物布置与棚架的功能和结构有关。

a. 棚架从功能上可分为经济型、生产类和观赏型。经济型选择植物种类如葫芦、茑萝等；生产类可选择葡萄、丝瓜等；而观赏型的棚架则选用开花观叶、观果的植物。

b. 棚架的结构不同，选用的植物也应不同。砖石或混凝土结构的棚架，可种植大型藤本植物，如紫藤、凌霄等；竹、绳结构的棚架，可种植草本的攀缘植物，如牵牛花、啤酒花等；混合结构的棚架，可使用草、木本攀缘植物结合种植。

③ 绿篱和栅栏的绿化，都是攀缘植物借助于各种构件生长，用以划分空间地域的绿化形式。主要是起到分隔庭院和防护的作用。一般选用开花、常绿的攀缘植物最好，如爬蔓月季、蔷薇类等。栽植的间距以 1～2m 为宜。若是临于做围墙栏杆，栽植距离可适当加大。一般装饰性栏杆，高度在 50cm 以下，不用种攀缘植物。而保护性栏杆一般在 80～90cm 以上，可选用常绿或观花的攀缘植物，如藤本月季、金银花等，也可以选用一年生藤本植物，如牵牛花、茑萝等。

④ 护坡绿化是用各种植物材料，对具有一定落差坡面起到保护作用的一种绿化形式。包括大自然的悬崖峭壁、土坡岩面以及城市道路两旁的坡地、堤岸、桥梁护坡和公园中的假山等。护坡绿化要注意色彩与高度要适当，花期要错开，要有丰富的季相变化。因坡地的种类不同而要求不同。

a. 河、湖护坡要考虑一面临水空间开阔的特点，选择耐湿、抗风的植物。

b. 道路、桥梁两侧坡地绿化应选择吸尘、防噪、抗污染的植物。而且要求不得影响行人及车辆安全，并且要选姿态优美的植物。

⑤ 阳台绿化是利用各种植物材料，包括攀缘植物，把阳台装饰起来。在绿化美化建筑物的同时，美化城市。阳台绿化是建筑和街景绿化的组成部分，也是居住空间的扩大部分。既有绿化建筑、美化城市的效果，又有居住者的个体爱好，还有阳台结构特点。因此，阳台的植物选择要注意三个特点。

a. 要选择抗旱性强、管理粗放、水平根系发达的浅根性植物以及一些中小型草木本攀缘植物或花木。

b. 要根据建筑墙面和周围环境相协调的原则来布置阳台。除攀缘植物外，可选择居住者爱好的各种花木。

c. 适于阳台栽植的植物材料有：地锦、爬蔓月季、十姐妹、金银花等木本植物；牵牛花、丝瓜等草本植物。

（三）高速公路边坡景观绿化植物材料的选择

（1）选择原则如下。

① 以本地乡土植物材料为主，引进外来优良材料为辅；

② 以草本植物为主，藤本、灌木为辅，种源材料丰富多样，因地制宜，适地适树，为多种不同的植物组合方式创造条件；

③ 以抗旱耐贫瘠为主要评价指标，性状和生长特性为次要指标；

④ 以播种繁育为主，无性繁育为辅。

(2) 常见边坡景观绿化植物材料（南方共18种）如下：

禾草植物7种：①狗芽根播种或茎段播植；②假俭草播种；③双穗雀稗播种；④钝叶草分株栽植；⑤马尼拉草播种或茎段栽植；⑥中花结缕草播种或茎段栽植；⑦百喜草（选引）播种。

灌木植物3种：①山毛豆播种；②胡枝子播种；③勒子树播种或营养袋苗。

藤本植物4种：①地瓜榕攀缘，埋茎；②爬墙虎攀缘，植苗；③迎春花匍匐，植苗；④金樱子匍匐，植苗。

非禾草植物4种：①蟛蜞菊茎段栽植；②吉祥草分株栽植；③白三叶（选引）播种；④草决明播种。

(四) 华北地区可用于道路立体绿化的植物

1. 植物选择

见表1-5。

城市立交桥、高架路（桥）桥体绿化内容大体可以分为桥体墙面绿化、桥体下方绿化、桥柱绿化、桥体防护栏绿化、中央隔离带绿化、桥体周围绿化、边坡绿化等。

2. 典型植物配置模式

(1) 毛白杨、油松、小叶榆—山桃、西府海棠—丝兰、金银木—草皮地被；

(2) 毛白杨、火炬树、刺槐—油松、山桃—连翘、大叶黄杨、铺地柏—草皮地被；

(3) 法桐、银杏、龙爪桑—月季、丝兰、大叶黄杨—地被；

(4) 毛白杨、圆柏、金枝刺槐—大叶黄杨、五叶地锦、月季—地被；

(5) 法桐、龙爪桑、山桃—胶东卫矛球、剑麻—地被；

(6) 毛白杨、雪松—连翘、剑麻、月季—地被。

(五) 华中地区可用于道路立体绿化的植物

1. 植物选择

见表1-6。

2. 典型植物配置模式

背景：毛白杨、水杉、悬铃木、乌桕、白蜡、合欢、雪松；

中景：紫叶李、鸡爪槭树、西府海棠、木槿、樱花、碧桃、紫薇等小乔木或花灌木；

过渡层：红瑞木、连翘、迎春、迎夏、棣棠、榆叶梅等低矮灌木；

地被：麦冬、白三叶、葱兰、红花酢浆草、石竹、二月兰。

(六) 华东地区可用于道路立体绿化的植物

1. 植物选择

见表1-7。

表 1-5 华北地区可用于道路立体绿化的植物

植物名称	拉丁名	生长类型	植物名称	拉丁名	生长类型
绒毛白蜡	*Fraxinus velutina* Torr	乔木	大叶黄杨	*Buxus megistophylla* Lévl	灌木
国槐	*Sophora japonica* Linn.	乔木	紫叶小檗	*Berberis thunbergii* cv. atropurpurea	灌木
臭椿	*Ailanthus altissima*	乔木	金叶女贞	*Ligustrum vicaryi*	灌木
毛白杨	*Populus tomentosa* Carr	乔木	丝兰	*Yucca filamentosa* L.	灌木
悬铃木	*Platanus* × *acerifolia* (Ait.) Willd.	乔木	紫薇	*Lagerstroemia indica*	灌木
千头椿	*Ailanthus altissima*	乔木	木槿	*Hibiscus syriacus*	灌木
垂柳	*Salix babylonica*	乔木	金银木	*Lonicera maackii* (Rupr.) Maxim.	灌木
合欢	*Albizia julibrissin* Durazz. f. *julibrissin*	乔木	连翘	*Forsythia suspensa*	灌木
刺槐	*Robinia pseudoacacia* L.	乔木	黄刺玫	*Rosa xanthina*	灌木
火炬树	*Rhus typhina* Nutt	乔木	紫荆	*Cercis chinensis* Bunge	灌木
龙爪槐	*Sophora japonica* Linn. var. *japonica* f. *pendula* Hort	乔木	红瑞木	*Swida alba* Opiz	灌木
垂枝榆	*Ulmus pumila* Linn. cv. Tenue S. Y. Wang	乔木	丁香	*Syzygium aromaticum*	灌木
龙爪桑	*Morus alba* cv. Tortuosa	乔木	月季	*Rosa chinensis*	灌木
西府海棠	*Malus micromalus* Makino	乔木	紫叶桃	*Prums persica* Alropurpurea	灌木
碧桃	*Amygdalus persica* Linn. var. *persica* f. *duplex* Rehd	乔木	榆叶梅	*A. triloba* (Lindl.) Ricker	灌木
红叶李	*Prunus ceraifera* cv. Pissardii	乔木	多花栒子	*Cotoneaster multiflorus*	灌木
桧柏	*Sabina chinensis*	乔木	郁李	*Prunus japonica*	灌木
龙柏	*Juniperus chinensis* cv. Kaizuka	乔木	卫矛	*Euonymus alatus*	灌木
侧柏	*Platycladus orientalis* (Linn.) Franco	乔木	鸡树条荚迷	*Viburnum sargentii*	灌木
三叶地锦	*Parthenocissus himalayana* (royle) Planch.	藤本	沙地柏	*Sabina vulgatis* Ant.	地被
五叶地锦	*Parthenocissus quinpuefolia* (L.) planch.	藤本	早熟禾	*Poa annua* L.	地被
常春藤	*Hedera nepalensis* K, Koch var. *sinensis* (Tobl.) Rehd	藤本	高羊茅	*Festuca arundinacea*	地被
凌霄	*Campsis grandiflora*	藤本	野牛草	*Buchloe dactyloides*	地被
扶芳藤	*Euonymus fortunei* Hand.-Mazz.	藤本	玉簪	*Hosta plantaginea* Aschers	地被
南蛇藤	*Celastrus orbiculatus* Thunb	藤本	牵牛花	*Pharbitis nil* (Linn.) Choisy	垂挂类草花
木香	*Radix Aucklandiae*	藤本	旱金莲	*Tropaeolum majus*.	垂挂类草花
爬山虎	*Parthenocissus tricuspidata*	藤本	天竺葵	*Pelargonium hortorum*	垂挂类草花

表 1-6 华中地区可用于道路立体绿化的植物

植物名称	拉丁名	生长类型	植物名称	拉丁名	生长类型
小叶女贞	*Purpus Priver*	灌木	香樟	*Cinnamomum camphora*	乔木
金叶女贞	*Ligustrum lucidum* Ait.	灌木	悬铃木	*Platanus occidentalis*	乔木
红檵木	*Loropetalum chinense* (R. Br.) Oliver	灌木	猴樟	*Cinammoun bodinieri*	乔木
海桐	*Pittosporum tobira*	灌木	乐昌含笑	*Michelia chapensis*	乔木
杜鹃	*Rhododendron*	灌木	大叶樟	*Cinnamomum porrectim*	乔木
大叶黄杨	*Buxus megistophylla* Lévl	灌木	深山含笑	*Michclia maudiae*	乔木
蚊母	*Distylium racemosum*	灌木	泡桐	*Paulownia fortunei*	乔木
水栀子	*Gardenia jasminoides* Var. *radicana*	灌木	桂花	*Osmanthus fragrans*	乔木
桂花	*Osmanthus fragrans*	灌木	榆树	*Ulmus pumila* L.	乔木
金边黄杨	*Euonymus japonicus*	灌木	响叶杨	*Populus adenopoda*	乔木
贴梗海棠	*Chaenomeles lagenaria*	灌木	喜树	*Camptotheca acuminata*	乔木
垂丝海棠	*Malus halliana*	灌木	构树	*Broussonetia papyifera*	乔木
金丝桃	*Hypericum chinense*	灌木	银桦	*Grevillea robusta*	乔木
大叶黄杨	*Buxus megistophylla* Lévl	灌木	银杏	*Ginkgo biloba*	乔木
龟甲冬青	*Ilex rotunda*	灌木	水杉	*Metasequoia glyptostroboides*	乔木
红檵木	*Loropetalim Chinese*	灌木	刺槐	*Robinia pseudoacacia* L.	乔木
紫叶小檗	*Berberi thunbergii* var. *atropurpurea*	灌木	垂柳	*Salix babylonica*	乔木

表 1-7 华东地区可用于道路立体绿化的植物

科	属	乔木种名	拉丁名
樟	樟	樟树	*Cinnamom umcamphora* (Linn.) Presl.
杜英	杜英	杜英	*Elaeocarpus decipiens*
悬铃木	悬铃木	悬铃木	*Platanus occidentalis*
银杏	银杏	银杏	*Ginkgo biloba* Linn.
木兰	木兰	玉兰	*Magnolia denudata* Desr.
无患子	无患子	无患子	*Sapindus mukorossi*
木兰	含笑	乐昌含笑	*Michelia chapensis*
松	雪松	雪松	*Cedrus deodara*
杉	水杉	水杉	*Metasequoia glyptostroboides*
木兰	木兰	广玉兰	*Magnolia grandiflora*
科	**属**	**灌木种名**	**拉丁名**
蔷薇	石楠	红叶石楠	*Photinia serrulata*
金缕梅	檵木	红花檵木	*Loropetalum chinensis*
卫矛	卫矛	金边大叶黄杨	*Euonymus japonicus*
海桐花	海桐花	海桐	*Pittosporum tobira* ‘Aurus’
木樨	女贞	金森女贞	*Ligustrum japonicum* ‘Howardii’
杜鹃花	杜鹃花	杜鹃	*Rhododendron simsii* Planch.
柏	圆柏	龙柏	*Sabina chinensis* ‘Kaizuca’
木樨	女贞	小蜡	*Ligustrum sinense*
忍冬	六道木	大花六道木	*Abelia grandiflora* (Andre) Rehd.
罗汉松	罗汉松	罗汉松	*Podocarpus macrophyllus*

2. 典型植物配置模式

（1）青桐＋河柳＋香樟＋银杏＋白玉兰＋广玉兰—石榴＋鸡爪槭＋樱花＋桂花＋紫荆＋红枫—蜡梅＋孝顺竹＋南天竹＋海桐＋毛鹃＋铺地柏＋云南黄馨＋月季—麦冬＋红花酢浆草；

（2）垂柳＋香樟＋银杏＋雪松—樱花＋梨＋鸡爪槭＋垂丝海棠＋紫叶桃＋桂花＋石榴＋杨梅—蜡梅＋篌竹＋金边黄杨＋云南黄馨＋桃叶洒金珊瑚＋毛鹃—土麦冬；

（3）雪松＋鸡爪槭＋桃＋樱花＋西府海棠＋枇杷＋梅—山麻杆＋金钟＋孝顺竹＋枸骨＋海桐＋云南黄馨—土麦冬＋沿阶草；

（4）银杏＋雪松＋水杉—紫叶李＋鸡爪槭＋桂花＋红枫—夹竹桃＋蜡梅＋孝顺竹＋栀子＋大叶黄杨＋金叶女贞—麦冬＋葱兰＋红花酢浆草；

（5）垂柳＋合欢—紫叶李＋桂花＋石榴＋垂丝海棠＋紫叶桃＋龙柏＋枇杷＋红枫—紫荆＋夹竹桃＋凤尾兰＋八角金盘＋海桐＋毛鹃—土麦冬；

（6）垂柳＋白玉兰＋朴树—紫叶李＋三角枫＋樱花＋桂花＋垂丝海棠—木芙蓉＋海桐＋十大功劳＋六月雪＋龟甲冬青＋金叶女贞＋金焰绣线菊—麦冬＋毛羊茅；

（7）香樟＋银杏—樱花＋桂花＋红枫＋鸡爪槭＋紫叶李—紫薇＋木芙蓉＋石楠＋粉花绣线菊＋毛鹃＋金丝桃＋毛鹃—花菖蒲＋麦冬＋狗牙根；

（8）垂柳＋女贞—桂花＋桃＋紫叶桃＋垂丝海棠＋红枫＋羽毛枫—结香＋枸骨＋金钟＋云南黄馨＋珊瑚树＋桃叶洒金珊瑚—土麦冬。

（七）东北地区可用于道路立体绿化的植物

1. 植物选择

见表1-8。

表 1-8　东北地区可用于道路立体绿化的植物

序号	种类	植物名称	拉丁名
1	常绿针叶树	红皮云杉	*Picea koraiensis* Nakai
		樟子松	*P. sylvestris* L. var. *mongolica* Litv.
		黑皮油松	*P. tabulaeformis* Carr var. *mukdensis* Uyeki.
		沙松	*Abies holophylla* Maxim
		青杆云杉	*P. wilsonii* Mast.
		臭松	*Abies nophrolepis* Maxim
		桧柏	*J. chinensis* L.
		红松	*P. koraiensis* Sieb. et Zucc.
2	落叶乔木	垂柳	*Salix babylonica*
		糖槭	*A. negundo* L.
		蒙古栎	*Q. mongolica* Fisch.
		新疆杨	*P. bolleana* Lauche
		山荆子	*M. baccata*(L.)Borkh.
		元宝槭	*Acer truncatum* Bunge
		小叶杨	*Populus simonii* Carr
		京桃	*A. persica* L. var. *persica* f. *rubro-plena* Schneid.
		梓树	*C. ovata* G. Don
		白桦	*B. platyphylla* Suk
		紫椴	*T. amurensis* Rupr
		稠李	*P. racemosa*(Lam.)Gilib.
		刺槐	*Robinia pseudoacacia* L.
		银中杨	*P. alba*×*P. berolinensis*

续表

序号	种类	植物名称	拉丁名
2	落叶乔木	花曲柳 拧筋槭 山杨 核桃楸	*F. rhynochophylla* Hance. *A. triflorum* Kom. *P. davidiana* Dode *Juglans mandshurica* Maxim.
3	落叶亚乔木	垂榆 金叶榆 火炬树 文冠果 紫叶李 金丝垂柳 茶条槭 桃叶卫矛	*Ulmus pumila* var. pendul *Ulmus glodensun* Jacq *Rhus typhina* *X. sorbifolia* Bunge *Prunus cerasifera* f. atropurpurea *Salix alba* var. *tristis* *A. ginnala* Maxim. *Euonymus bungeanus* Maxim
4	果树	东北杏 苹果 樱桃 山梨	*Prunus mandshurica* Maxim *Malus pumila* *Prunus pseudocerasus* Lindl *Pyrus ussuriensis* Maxim
5	花灌木	黄刺玫 榆叶梅 木绣球 东北接骨木 女贞 东北连翘 珍珠绣线菊 金银忍冬 红瑞木 暴马丁香 鸡树条荚迷 金山绣线菊	*R. xanthina* Lindl. *A. triloba* (Lindl.)Ricker *Viburnum macrocephalum* Fort *Sambucus mandshurica* Kitag *Ligustrum lucidum* *Forsythia mandshurica* Uyeki *Spiraca thunbergii* Sieb *Loniccra maackii* Maxim *Swida alba* *S. reticulata*(Blume) Hara var. *mandshurica* (Maxim.)Hara *V. opulus* L. var. *calvescens*(Rehder)H. Hara *Spiraea bumalda* 'Gold Mound'
6	一年生草花及宿根花卉	凤仙花 四季海棠 鼠尾草 孔雀草 万寿菊 一串红 矮牵牛 八宝景天 金娃娃萱草 玉簪 千屈菜 宿根福禄考 黑心菊 荷兰菊	*Impatiens balsamina* *Bedding begonia* Wax *Salvia farinacea* *Tagetespatula* L. *Tagetes erecta* L. *Salvia splendens* Ker-Gawler *Petunia hybrida* Vilm *Sedum spectabile* Boreau *Hemerocallis fuava* *Hosta plantaginea* *Lythrum salicaria* Linn *Phlox paniculata* *Rudbeckia hirta* *Aster novi-belgii*
7	草坪植物	多年生黑麦草 紫羊茅 白三叶	*Lolium perenne* L. *Festuca rubra* L. *Trifolium repens*

2. 典型植物配置模式

（1）一级道路：结构为三板四带式。

① 分车带植物配置模式：乔木＋花灌木＋草坪（地被）。

第一层乔木：垂柳、油松、小叶杨。

第二层花灌木：女贞、榆叶梅、连翘、丁香。

底层：冷季型草坪、珍珠绣线菊、小叶丁香、茶条槭。

② 行道树：新疆杨、垂柳、樟子松。

③ 两侧景观带植物配置模式：乔木＋亚乔木（果树）＋花灌木＋地被植物＋草坪。

第一层乔木：槭树、山槐、蒙古栎、稠李、云杉。

第二层亚乔木（果树）：金叶榆、紫叶李、京桃、杏树、李子。

第三层花灌木：榆叶梅、连翘、丁香、红瑞木、四季玫瑰、黄刺玫、金雀锦鸡儿、木绣球、鸡树条荚迷、锦带、暴马丁香、茶条槭。

第四层地被：小叶丁香、珍珠绣线菊、金山绣线菊、金焰绣线菊、金叶榆、八宝景天、金娃娃萱草

（2）二级道路：结构为两板三带式。

① 分车带植物配置模式：亚乔木＋花灌木＋地被植物。

第一层亚乔木：金叶榆、紫叶李、山楂、杏树、梨树。

第二层花灌木：榆叶梅、连翘、小叶丁香、紫丁香、女贞。

底层：冷季型草坪、珍珠绣线菊、小叶丁香、茶条槭。

② 行道树：新疆杨、银中杨、小叶杨。

③ 两侧景观带植物配置模式：乔木＋亚乔木（果树）＋花灌木＋地被。

第一层乔木：白桦、云杉、樟子松、色木槭、拧筋槭、假色槭、蒙古栎、山槐、稠李。

第二层亚乔木：李子、山杏、山楂。

第三层花灌木：榆叶梅、连翘、丁香、红瑞木、四季玫瑰、黄刺玫、金雀锦鸡儿、木绣球、鸡树条荚迷、锦带、暴马丁香、茶条槭。

第四层地被：小叶丁香、珍珠绣线菊、金山绣线菊、金焰绣线菊、金叶榆、八宝景天、金娃娃萱草。

（3）三级道路：结构为一板两带式。

配置模式：行道树＋花灌木＋地被植物。

行道树：垂柳、京桃、樟子松、垂榆。

花灌木：榆叶梅、连翘、小叶丁香、紫丁香、女贞。

地被：珍珠绣线菊、女贞、小叶丁香。

（八）西北地区可用于道路立体绿化的植物

1. 植物选择

见表 1-9。

表 1-9　西北地区可用于道路立体绿化的植物

生活型	种数	植物名称	拉丁名
乔木	28	欧洲大叶榆	*Ulmus laevis* Pall.
		圆冠榆	*Ulmus densa* Litw.
		垂榆	*Ulmus pumila* var. *pendula*(Kirchn)Rend.
		裂叶榆	*Ulmus pumila* L.
		黄榆	*Ulmus macrocarpa* Hance
		白榆	*Ulmus laciniata*(Trautv.)Mayr.

续表

生活型	种数	植物名称	拉丁名
乔木	28	大叶白蜡	*Fraximus chinensis* Roxb.
		复叶槭	*Acer negundo* Linn.
		茶条槭	*Acer ginnala* Maxim.
		小叶白蜡	*Fraxinus sogdiana* Bge.
		新疆杨	*Populus alba* L. var. *pyramidalis*
		黄果山楂	*Crataegus Chlorocarpa* Lenne. et C. koch
		白桑	*Morus alba* L.
		黑桑	*Morus nigra* L.
		樟子松	*Pinus sulvestris* Linn. var. *mongolica* Litv.
		红皮云杉	*Picea koraiensis* Nakai
		西伯利亚云杉	*Picea obovata* Ledeb.
		黄金树	*Catalpa Speciosa* Ward.
		海棠果	*Malus prunifolia* (Willd.) Borkh.
		夏橡	*Quercus robur* L.
		疣枝桦	*Betula pendula* Roth.
		梓树	*Catalpa ovata*
		胡杨	*Populus euphratica* Oliv.
		黄菠萝	*Phellodedron amurense* Rupr.
		银白杨	*Populus alba*
		白柳	*Salix alba* L.
		垂柳	*Salix babylonica*
		旱柳	*S. matsudana* Koidz
灌木(花灌木及木本花卉)	25	紫丁香	*S. oblata* Lindl.
		暴马丁香	*S. reticulata* (Blume) Hara var. *mandshurica* (Maxim.) Hara
		红丁香	*Syringa villosa* vahl.
		榆叶梅	*A. triloba* (Lindl.) Ricker
		重瓣榆叶梅	*Amygdalus triloba* f. *Multiples* (Bge.) Rehd.
		红玫瑰	*Rosa rugosa* f. *rosea* Rehd.
		白玫瑰	*Rosa rugosa* Thunb. Var. alba Wara.
		月季	*Rosa chinensis*
		山桃	*Amygdalus davidiana*
		黄刺玫	*Rosa davurica*
		重瓣黄刺玫	*Rosa* sp.
		珍珠梅	*Sorbaria sorbi-folia*
		金山绣线菊	*Spiraea×bumalda* Golden Mound
		桃叶卫矛	*Euonymus bungeanas* Maxim.
		多花柽柳	*Tramosisissma Idb.*
		多枝柽柳	*Tamarix hohenackeri* Bge.
		红瑞木	*Swida alba*
		鞑靼忍冬	*Lonicera tatarica* L.
		小花忍冬	*Lonicera tatarica* L. var. *micrantha* trautv.
		金银木	*Lonicera maackii*
		紫叶小檗	*Berberis thunbergii* 'Atropurpurea'
		小叶女贞	*Purpus Priver*
		五叶地锦	*Parthenocissus quinpuefolia* (L.) planch.
		火炬树	*Rhus typhina* Nutt
		红王子锦带	*Weigela florida* cv. Red Prince

2. 典型植物配置模式

见表1-10。

表1-10　西北地区典型植物配置模式

层片	类型	树　种
上层	落叶乔木	大叶白蜡、白榆、欧洲大叶榆、垂榆、复叶槭、胡杨、沙枣
	常绿乔木	侧柏、樟子松、雪岭云杉
中层	耐阴花灌木和小乔木	珍珠梅、榆叶梅、柽柳、紫丁香、疏花蔷薇、山桃、深碧连翘、紫穗槐、石楠
下层	绿篱	小叶女贞、白榆、紫叶小檗、侧柏
	宿根花卉和草本	地被菊、大花萱草、芍药、五叶地锦

(九) 西南地区可用于道路立体绿化的植物

1. 植物选择

见表1-11。

表1-11　西南地区可用于道路立体绿化的植物

生活型	种数	植物名称	拉丁名
乔木	27	大叶女贞	*Ligustrum compactum*
		小叶榕	*Ficus concinna*
		天竺桂	*Cinnamomum pedunculatum*
		法国梧桐	*Platanus* × *qcerifolia*
		银杏	*Ginkgo biloba*
		栾树	*Koelreuteria bipinnata*
		银木	*Cinnamomum septentrionale*
		黄葛树	*Ficus virens*
		国槐	*Sophora japonica* Linn.
		三叶木	*Akebia trifoliata*
		垂柳	*Salix babylonica*
		杜英	*Elaeocarpus sylvestris*
		四季杨	*P. Canadensis*
		合欢	*Albizia julibrissin*
		白玉兰	*Magnolia denudata*
		臭椿	*Ailanthus altissima*
		青桐	*Firmiana simplex*
		刺桐	*Erythrina indica* Lam
		皂角	*Gleditsia sinensis* Lam
		广玉兰	*magnolia grandiflora*
		龙爪槐	*Sophora japonica*
		黄金间碧竹	*Bambusa vulgaris* Schrader
		蒲葵	*Livistona chinensis*
		樱花	*Prunus serrulata*
		粉单竹	*Bambusa chungii* McClure
		雪松	*Cedrus*
		水杉	*Metasequoia glyptostroboides*

续表

生活型	种数	植物名称	拉丁名
灌木	27	小叶女贞	*Ligustrum quihoui*
		海桐	*Pittosporum tobira*
		金叶女贞	*Ligustrum*×*vicaryi*
		紫叶小檗	*Berberis thunbergii* cv. Atropurpured
		南天竺	*Nandina domestica* Thunb
		贴梗海棠	*chaenomeles speciosa*
		四季桂	*Osmanthus fragrans*
		三棵针	*Radix Berberidis*
		红花檵木	*Loropetalum chinense* var. *rubrum*
		八角金盘	*Fatsia japonica*
		栀子	*Gardenia jasminoides* Ellis
		十大功劳	*Mahonia bealei*(Fort.)Carr.
		月季	*rosa chinensis*
		凤尾竹	*Bambusa multiplex*
		苏铁	*Cycas revoluta* Thunb.
		杜鹃	*Rhododendron simsii* Planch.
		鹅掌柴	*Schefflera octophylla*(Lour.)Harms
		红千层	*Callistemon rigidus* R. Brown
		木槿	*Althaea syriaca*
		六月雪	*serissa japonika*
		荚迷绣球	*Viburnummacrocephalum* f. *keteleeri*
		千层金	*Melaleuca bracteata*
		金边大叶黄杨	*Ovatus Aureus*
		石楠	*Photinia serrulata* Lindl.
		迎春	*Jasminum nudiflorum*
		小叶黄杨	*Buxus microphylla*.
		棕竹	*Rhapis excelsa*(Thunb.)Henry ex Rehd

2. 典型植物配置模式

(1) 紫薇+银杏+三叶木+木槿+海桐+金叶女贞+紫叶小檗；

(2) 黄花槐+栾树+三叶木+木槿+小叶女贞+金叶女贞+紫叶小檗；

(3) 紫薇+银杏+三叶木+栾树+海桐+金叶女贞+紫叶小檗；

(4) 大叶女贞+海桐+小叶女贞球；

(5) 银杏+大叶女贞+小叶女贞+南天竺；

(6) 银杏+鸡爪槭+天竺桂+南天竺+紫叶小檗+三棵针+小叶女贞+麦冬；

(7) 栾树+黄花槐+紫叶李+银木+海桐+金叶女贞+紫叶小檗+麦冬。

(十) 华南地区可用于道路立体绿化的植物

1. 植物选择

见表1-12。

表1-12 华南地区可用于道路立体绿化的植物

树种性质	种名	拉丁名
骨干树种(7种)	大叶榕	*Ficus lacor* Buch. Ham
	细叶榕	*F. retusa* Linn.
	石栗	*Aleurites moluccana*(L.) Wild.
	红花羊蹄甲	*Bauhinia blakeana* Dunn
	木棉	*Gossampinus malabarica*(DC.)Merr.
	麻楝	*Chukrasia tabularis* A. Juss.
	木麻黄	*Casuarina fquisetifolia* L. ex Forst

续表

树种性质	种名	拉丁名
常见树种（7种）	洋紫荆	*Bauhinia variegate* Linn.
	白玉兰	*Michelia alba* DC.
	白千层	*Melaleuca leucadendra* L.
	高山榕	*Ficus altissima* BI.
	黄槐	*Cassia surattensis Burm*. f.
	芒果	*Mangifera indica* Linn.
	桃花心木	*Swietenia mahagoni* Jacq.
较常见树种（10种）	蒲葵	*Livistona chinensis*（Jacq.）R. Br.
	大王椰子	*Roystonea regia*（H. B. K）O. F. Cook.
	鱼尾葵	*Caryota ochlandra* Hance.
	海南蒲桃	*Syzygium cumini*（L.）Skeels.
	台湾相思	*Acacia confuse* A. Gray.
	大叶相思	A. *auriculiformis* A. C. ex. B.
	樟树	*Cinnamom umcamphora*（Linn.）Presl.
	人面子	*Dracontomelon duperreanum* Pierre.
	蝴蝶果	*Cleidiocarpon cavaleriei*（Levl.）Airy-Shaw.
	大叶紫薇	*Lagerstroemia speciosa*（L.）

2. 典型植物配置模式

见表1-13。

表1-13　华南地区典型植物配置模式

生活习性	代表植物
乔木层	南洋杉（*Araucaria heterophylla*）、大叶紫薇（*Lagetstroemia speciosa*）
灌木层	鹅掌柴（*Schefflera arboricola*）、红背桂（*Excoecaria cochinchinensis*）
地被	大叶油草（*Axonopus compressus*）
乔木层	台湾相思（*Acacia confusa*）、木麻黄（*Casuarina equisetifolia*）
灌木层	海桐（*Pittosporum tobira*）、鸳鸯茉莉（*Brunfelsia latifolia*）、鹅掌柴（*Schefflera arboricola*）
地被	大叶油草（*Axonopus compressus*）

（十一）立体绿化植物分类

1. 缠绕类植物

（1）五爪金龙

【拉丁学名】 *Ipomoea cairica*

【科属名称】 旋花科番薯属

【别　　称】 槭叶牵牛，番仔藤，台湾牵牛花，掌叶牵牛，五爪龙

【分布地区】 原产非洲、亚洲热带和亚热带地区，我国长江流域和华南地区以及福建、云南常见栽培或野生。

【形态特征】 多年生缠绕生长草质藤本，茎枝灰绿色，长达1.8m，常长有小瘤状突起，老茎半木质化，全株光滑无毛，叶互生，具3～4cm的长叶柄，掌状5深裂，裂片卵状披针形，全缘，花单生或数朵排成腋生或簇生的聚伞花序，萼片5裂，花冠漏斗状淡紫色，长5～6cm，雄蕊5枚，柱头2分裂。蒴果近球形，直径约1cm，种子表面密被褐色毛。全年开花，果期也可达全年（图1-44）。

【识别特征】 多年生缠绕草质藤本；叶掌状5深裂；花冠漏斗状，淡紫色。

图 1-44 五爪金龙

【生物性状】 喜欢在阳光充足的环境下生长，可耐半阴；喜温暖的气候条件，对寒冷环境的耐受性差，在 18～28℃温度范围之间生长良好；喜微潮偏干的条件，稍耐干旱；对土壤的要求不严，但在湿润、肥沃、疏松的土壤中生长旺盛。

【繁殖方法】 通常采用播种的方法繁殖，适宜在每年的 3～5 月进行繁殖；亦可通过扦插和压条的方法，一般在春季或雨季取 1～2 年生的成熟枝条进行。

【栽培管理】 栽培土质以疏松、肥沃的砂质壤土为宜，排水、光照条件需良好，生长旺盛阶段应保证水分的充足；对肥料的需求较高，定植时需施基肥，此后可每隔 2～3 周追加施肥 1 次；较怕寒冷，越冬温度要高于 5℃；生长期间要注意白粉病的危害和蚜虫的侵袭，应及早防治。

【景观应用】 株型缠绕生长，枝蔓轻柔，叶片繁茂，草绿色，花朵大而秀美，单生或簇生，花与叶互相衬托，给人以优雅、趣味之感。覆盖性较强，又是多年生，在南方地区为大受欢迎，推广应用较广的一种植物。可用于河道堤岸装饰；亦可用于公路护栏、公园或小区的廊柱、花窗、走道、绿廊、树木的绿化。

(2) 非洲凌霄

【拉丁学名】 *Podranea ticasoliana*

【科属名称】 紫葳科

【分布地区】 原产非洲南部，我国南方地区有少量引种。

【形态特征】 常绿木质藤本。缠绕茎长度可以达到 3.5m，叶对生，奇数 1 回羽状复叶。小羽片 11 片，深绿色，叶缘具细锯齿，卵状披针形，基部圆形。总状花序生于小枝顶端，花朵较大，直径 3～5cm；花萼钟状，浅粉色，5 裂，裂片短小；花冠 5 裂，裂片向外翻卷，粉红色，花冠颈部区域紫红色（图 1-45）。

【识别特征】 常绿木质藤本；叶对生，奇数 1 回羽状复叶；总状花序顶生，花萼钟状，花冠 5 裂，裂片翻卷，粉红色。

【生物性状】 对温度要求较高，喜温暖无霜环境；栽培土壤要求土壤肥沃，排水良好，湿润；对水分要求高，需要充足水肥供应；喜光，耐半阴。

【繁殖方法】 一般采用扦插繁殖，在夏季扦插为宜，取成熟饱满枝条作插穗，剪成适当枝段，1 月内可生根。也可播种繁殖，适宜春季播种。

图 1-45 非洲凌霄

【栽培管理】 植株需要借助支撑物攀缘，幼苗生长到一定高度时，及时设立棚架，牵引其攀缘上架；春至夏季是开花盛期，每月追施复合肥 1 次，并保证充足的水分条件；每年早春应修剪 1 次，植株老化枯萎时应进行强剪。枝叶过密时也需要修剪。

【景观应用】 叶色翠绿，花繁叶茂，盛花时节繁花似锦，一片盎然的气象，视觉冲击力强。适宜种于阳台、凉棚，既给人阴凉的感觉，又带来美的冲击，是一种良好的藤蔓攀缘花卉。园林中适合营造道路景观以及立交桥的美化，墙垣、花架、绿篱种植，由于其花繁叶茂，景观优良，色彩鲜艳，常作为园林中的主景植物配置。还可盆栽观赏，可装饰窗台、阳台。

(3) 牵牛

【拉丁学名】 *Pharbitis nil*

【科属名称】 旋花科牵牛属

【别　　称】 朝颜、碗公花、牵牛、喇叭花

【分布地区】 原产美洲或亚洲热带地区，现我国各地均有观赏栽培。

【形态特征】 一年生缠绕草质藤本，全株披粗糙毛，枝茎长度可达 10m，向左旋转缠绕生长。叶互生椭圆状心形，长 10～15cm，呈 3 裂，形状近似戟状，底部心形，中间裂片又长又大，单花腋生，花大而美丽，直径可达 5cm 以上，花冠喇叭状，边缘常呈起伏波浪形，颜色多样，常见的有白、粉、红、蓝、蓝紫、紫红等色。蒴果球形，种子黄黑色，花期 6～9 月，果期一般在 7～10 月（图 1-46）。

【识别特征】 一年生缠绕草质藤本；全株被糙毛；叶互生，椭圆状心形，呈 3 裂；单花腋生，花冠筒状喇叭形；结蒴果。

【生物性状】 喜欢在充足的阳光直射环境下生长，稍耐半阴环境；喜温暖的气候，可耐一定程度的高温，但对寒冷条件的耐受性差，不耐霜冻，生长适温在 16～30℃之间，当温度低于 0℃时，植株开始枯萎凋谢；喜微潮偏干的土壤条件，对干旱环境有较强的耐受性，不耐湿涝；有耐瘠薄的特性，还可耐一定程度盐碱，但在湿润、肥沃的土壤中生长旺盛；种子自播繁衍能力强。

【繁殖方法】 一般通过播种的方法繁殖，可在每年的 4～5 月之间进行，由于幼苗不耐移植，因此通常采用直播的方法。

【栽培管理】 对土壤适应性较强，但最适宜富含腐殖质的砂质壤土生长环境，排水、日

图 1-46　牵牛

照条件需良好；生长前期应适当控制土壤中的含水量，以粗根系发育为主；为保证植株生长健康，应使植株每天接受多于 4 小时的日照；定植时可少施基肥，春、夏两季可每隔 2～3 周追加施肥 1 次；容易受到褐斑病的危害，需及早防治。

【景观应用】　植物株型呈蔓生状，整株繁花似锦，一朵朵小喇叭似的美艳花朵，清雅秀丽，从春夏至金秋，在晨曦的时候开放，招展枝头，日日守时开放，其卷曲的花蕾与枝藤的缠绕，又总是沿着逆时针方向。适应性强，栽培容易，是城乡街头常见的观赏植物，可用于挡土墙、河道护坡的美化；或用于公园、游乐园等处廊柱、矮墙、铁丝网、假山石的修饰；若以绳线牵引装点阳台、窗台，效果亦佳；也可盆栽为丛状株型，或植为地被；还可扎制各种人工造型，任其缠绕攀缘。

（4）茑萝

【拉丁学名】　*Ipomoea quamoclit*

【科属名称】　旋花科茑萝属

【别　　称】　新娘花、游龙草、五角星花

【分布地区】　原产南美洲，现我国各地均有观赏栽培。

【形态特征】　一年生缠绕草质藤本，全株光滑无毛，枝条蔓性生长达 6～7m。枝茎细长，光滑，呈向左旋缠绕，单叶互生，深绿色，羽状深裂，基部 2 裂片。腋生聚伞花序，单株开花一至数朵，花冠高脚碟状，边缘呈 5 浅裂，形似五角星，直径约 2cm，花瓣深红色。蒴果卵圆形，有棱，种子黑褐色长圆形。花期 8～10 月，果期 8～11 月（图 1-47）。

【识别特征】　一年生草质藤本；茎枝细长，光滑，呈左旋缠绕，单叶互生，羽状深裂，聚伞花序腋生，花冠呈五角星形。

【生物性状】　喜欢在日照充足的环境下生长，稍耐半阴；喜温暖的条件，不耐寒，怕霜冻，生长适温在 16～28℃之间；喜湿润的气候条件，对干旱环境有一定的耐性，怕湿涝；对土壤的要求不严，在疏松、肥沃的土壤上生长茂盛，即使在含有石灰质的碱性土壤中也能很好地生长。

【繁殖方法】　一般采用种子繁殖，可在每年的春夏季节进行，发芽适温为 22～25℃，直根性，地栽盆栽均可，要设立支架，以供攀缘。

【栽培管理】　栽培土质以富含腐殖质、疏松的砂质壤土为宜；排水需良好、不适应过度

图 1-47 茑萝

干燥；需良好光照条件，日照不足会影响生育，开花减少。对肥料要求不高，应注意多施磷、钾肥，促进开花和使花色鲜艳；夏天是其多花季节，进入冬季后长势变差，慢慢枯萎死亡。

【景观应用】 株型蓬松，枝条轻柔，清逸脱俗，叶片纤细，羽毛状，犹如绿色祥云，聚伞花序，花瓣五角星形，深红色，花叶繁茂，玲珑秀美，翠绿的羽状叶衬托色彩鲜红的小花，给人以文静可爱之感，观赏效果极佳。攀缘性强，是很受地方欢迎的垂直绿化材料；春夏两季开花不绝，花期较长，花色娇艳，最适合布置于立交桥的桥体立柱绿化；亦可布置在阳台、窗台之上；又可适于公园、游乐园的篱墙、垣、花墙、道路的垂直绿化；还可用于花架、花窗、花门、花篱的配置或盆栽观赏。

2. 攀缘类植物

(1) 铁线莲

【拉丁学名】 *clematis hybridas*

【科　　属】 毛茛科铁线莲属

【别　　称】 番莲、大花铁线莲

【适应地区】 分布于中国各地，现广泛用作园林绿化植物。

【形态特征】 草质或木质藤本，茎棕色或紫红色，长 1～4m，具 6 条纵纹，节部膨大，2 回 3 出复叶，对生，小叶狭卵形至披针形，全缘、脉纹不显。花单生于叶腋，具长花梗，中下部有一对叶状苞，花冠开展，径约 5cm，有些园艺品种可达 8cm；萼片 4～8 片，白色，花瓣状，倒卵圆形至匙形；雄蕊多数，花丝宽线性，紫红色；雌蕊多数，结实较少，花期 6～9 月（图 1-48）。

【识别要点】 藤本；羽状复叶对生；萼片通常 4 片，有时 6～8 片，花瓣缺；雄蕊与心皮多数；瘦果，具宿存羽毛状花柱。

【生物特性】 性喜凉爽环境，生长适温 22～30℃，一般可耐－20℃低温，某些种可耐－30℃。喜光，可耐阴，喜肥沃、排水良好的立地条件，忌积水或夏季极干而不能持水的土壤。

【繁殖要点】 主要用扦插、压条和播种繁殖。扦插，6～7 月选取半成熟枝条 10～15cm

图 1-48　铁线莲

长，插于沙床，插后15～20天生根。压条，早春取上年成熟枝条，稍刻伤，埋土3～4cm，保持湿润。播种，秋季采种，冬季沙藏，第二年春播，播后3～4周发芽。

【栽培养护】　春季栽植，施足基肥，排水要好。枝条较脆，易折断，定植后应设支架诱引，注意修剪。常发生粉霉病和病毒病，虫害有红蜘蛛、刺蛾，注意防治。

【景观特征】　高洁而美丽，花色丰富，主要有玫瑰红、粉红、紫色和白色等，夏季时节开放，绚丽的花果总能吸引人的目光，白色的清纯，紫色的端庄，玫瑰红的奔放，粉色的羞涩，素有花神之称。

【园林应用】　可用于道路绿化和河道护坡绿化，攀缘墙篱、凉亭、花架、花柱、拱门等园林建筑，盆栽用来装饰阳台、窗台，能显示一派繁花似锦和高贵的景象，可作切花和地被。

（2）绿萝

【拉丁学名】　*Scindapsus aureus*

【科　　属】　天南星科绿萝属

【别　　称】　黄金葛

【适应地区】　原产美洲热带，现广泛栽培。

【形态特征】　多年生草质攀缘藤本。茎上具较多气生根。叶互生，具长柄，叶片长圆形，基部心形，幼叶较小，长6～10cm，宽6～8cm，老叶大型，长60cm，宽50cm，深绿，革质，光亮，叶面有黄色斑块，佛焰苞白色（图1-49）。

【识别要点】　藤本；茎上具较多气生根；叶互生，具长柄，叶片长圆形，基部心形，叶面有黄色斑块。

【生物特性】　热带起源，喜高温多湿环境，15℃以下生长停止，华南及西南冬季温暖地区可露地栽培，耐阴性强，喜散射光，需遮阳。

【主要品种】　白金葛，黄金葛。

【繁殖要点】　扦插繁殖，温度稳定在15℃以上时，用10～15cm长的顶芽作插穗，最容易成活而且长势快。

【栽培养护】　生性强健，极易栽培，植株多分枝。老枝枯叶应适当修剪。若氮肥过多，黄斑不明显，应注意避免。干燥季节多向叶面喷水。

图 1-49　绿萝

【景观特征】 叶片金绿相间。叶色艳丽悦目，枝条悬挂下垂，富于生机，可作柱式或挂壁式栽培。攀缘于园林中古木大树，既具有山野气息，又具有热带风光，是林下和荫蔽环境垂直绿化、美化的良好材料。

【园林应用】 园林中常用于荫蔽环境垂直绿化，装饰假山、石壁和矮墙。攀爬大树是热带地区常见的绿化方式，效果良好。可作阴地地被。

3. 钩刺类植物

(1) 木香

【拉丁学名】 *Rosa banksiae*

【科　　属】 蔷薇科蔷薇属

【别　　称】 木香藤

【适应地区】 原产中国西南（四川、重庆、贵州、云南、西藏）部。

【形态特征】 为半常绿攀缘灌木。树皮浅褐色，薄条状脱落。茎多数蔓生，可长到10m以上，小枝绿色，无刺或少刺。因其体表着生少量向下弯曲的镰刀状逆刺，钩附在其他物体上向上生长，故又称钩刺植物。奇数羽状复叶，小叶3～5枚，椭圆状卵形，缘有细锯齿。伞形花序，花白或黄色，单瓣或重瓣，具浓香。花期5～6月（图1-50）。

【识别要点】 灌木，具皮刺；奇数羽状复叶；伞房花序。

【生物特性】 喜阳光，较耐寒，畏水湿，忌积水，要求土壤肥沃，排水良好的砂质壤土。萌芽力强，耐修剪。

【繁殖要点】 以扦插法为主，也可压条和嫁接，硬枝扦插和软枝扦插均可。休眠期可裸根移栽，移栽时应对枝蔓进行强剪。生长季节若叶面暗淡，则是缺肥的表现，入冬应进行适度修剪，去除过密枝、细弱枝。

【栽培养护】 管理较为粗放，入冬前应进行修剪，剪除过密枝和枯枝。主要虫害有蔷薇叶蜂。

【景观特征】 木香花晚春至初夏开放，园林中广泛用于花架、格墙、篱垣和崖壁的垂直绿化。根入药。

【园林应用】 木香是道路美化、香化的重要木本爬藤植物。因其花叶并茂，花香馥郁，

图 1-50　木香

常用作花篱、花架、花廊、花墙、花门的材料，也是熏茶、制糕点的香料来源，更是繁殖乔化月季的最理想的砧木材料。

（2）毛叶云实

【拉丁学名】 *Caesalpinia deeapetala*

【科　　属】 苏木科苏木属

【别　　称】 倒钩刺、乌不落、倒挂牛。

【适应地区】 分布于秦岭。产于甘肃、陕西、江西、湖南、贵州、云南等地。

【形态特征】 树皮暗红色，散生倒钩刺，二回羽状复叶，长 20～30cm；总叶柄与叶轴具钩刺；羽片 6～10 对，对生，有柄；小叶 6～12 对，狭长圆形，长 9～20mm，宽 6～11mm，先端钝圆、微凹，基部圆，微偏斜，上面深绿色，下面淡绿色；小叶柄很短。总状花序顶生，长 15～35cm，花梗长 2～4cm，顶端具关节，花易落；花瓣黄色，最下一片有红色条纹，所以远远看去，黄花丛中点点红斑。果长椭圆形，长 6～10.5cm，肿胀，脆革质，具喙尖，含 6～9 粒种子，沿背缝线裂开。种子长圆形，有花纹。植株各部密被柔毛（图 1-51）。

【识别要点】 灌木，具皮刺；二回羽状复叶；总状花序顶生。

【生物特性】 喜阳光，适应性强，生于平原、丘陵、溪边、山岩石缝中。

【景观特征】 除作藤架观赏、遮阳外，它还可作道路绿篱。

4. 攀附类植物

（1）异叶爬山虎

【拉丁学名】 *Parthenocissus heterophylla*

【科　　属】 葡萄科爬山虎属

【别　　称】 大叶爬墙虎、异叶地锦

【适应地区】 原产中国中部及台湾地区，日本、韩国也有分布，现世界各地及我国南北广泛作绿化栽培。

【形态特征】 落叶大藤本，全体无毛，枝蔓上有纵棱，皮孔明显，卷须多分枝，顶端有吸盘，异形叶，营养枝上的叶常为单叶，心形，较小，缘有稀疏小齿，果枝上的叶具长柄，3 出复叶，顶端小叶长卵形至长卵状披针形，侧生小叶斜卵形，厚纸质，缘有不明显的小齿或近于全缘，表面深绿、背面淡绿或带苍白色，幼叶及秋叶均为紫红色，非常美丽。聚伞花

图 1-51 毛叶云实

序排成圆锥状，顶生或与叶对生，较叶柄短。浆果球形，直径 6～8mm。熟时紫黑色，被白粉。花期 6 月，果熟期 10 月（图 1-52）。

图 1-52 异叶爬山虎

【识别要点】 藤本；卷须短而分枝，顶端有吸盘；叶异形，营养枝上的叶为单叶，老枝或花枝上的叶为 3 出复叶；聚伞花序。

【生物特性】 生于山坡或岩石缝中，攀缘于岩石上。耐旱、耐寒，亦耐高温，对土壤、气候适应性强，喜阴，也耐阳光直射，生长快，在湿润、深厚、肥沃的土壤中生长最佳。抗二氧化硫及氯气污染。

【主要品种】 无。

【繁殖要点】 主要用扦插和压条法，在生长季节均可进行，生根容易，生长迅速。也可用种子繁殖，种子需砂藏至来年春播。

【栽培养护】 生性强健，抗性强，耐粗放管理，沿攀附处种植后，初期可人工辅助将其主茎导向攀附物，适当浇水、施肥即可。病虫害少，后期可任其生长，无需特别护理。

【景观特征】 枝蔓纵横，叶密色翠，春季幼叶、秋季霜叶或红或橙红，观赏效果佳，是极好的墙面绿化植物。

【园林应用】 生长快，病虫害少，具气生根、卷须，卷须上有吸盘，适用于立交桥和道路等恶劣环境，挡土墙面绿化，适用于护坡、假山、阳台、长廊、栅栏、石壁等处立体绿化。

(2) 炮仗花

【拉丁学名】 *Pyrostegia venusta*

【科　　属】 紫葳科炮仗花属

【别　　称】 炮仗藤、吉祥花

【适应地区】 原产巴西。我国广东、广西、海南、云南、福建有露地栽培，其余地区多作温室花卉。

【形态特征】 常绿木质藤本。茎长达8m以上，茎枝纤细，多分枝，小枝有纵纹。3出复叶对生，小叶卵圆形至长椭圆形，先端渐尖，表面无毛，长4～10cm，顶生小叶常特化为2～3分叉的叶卷须，常借以攀附他物。圆锥状聚伞花序、顶生，下垂，有花5～6朵，花萼钟状；花冠长筒形，反卷，橘红色，长5～7cm，先端略唇状，雄蕊4枚，伸出花冠外；子房圆柱形。蒴果线形，长10～30cm，种子具翅。花期1～2月，果期夏季（图1-53）。

图1-53　炮仗花

【识别要点】 常绿木质藤本；3出复叶对生，顶生小叶常特化为叶卷须；圆锥状聚伞花序，花冠橘红色。

【生物特性】 性喜阳光充足的环境，对半阴环境亦有较强的耐受性；喜温暖气候，生长适温18～28℃，对寒冷的耐受性差，短期可耐2～3℃的低温，叶片稍有萎缩或部分脱落；喜湿润的条件，对干旱条件耐受性不强，但不耐湿涝；在肥沃的酸性土壤中生长良好。

【主要品种】 无。

【繁殖要点】 扦插、压条或分株法繁殖。扦插在春季进行，60～80天可生根；压条宜在春、夏季进行，约1个月开始生根，定植后一年开花；分株四季均可进行。

【栽培养护】 栽培土质宜选用疏松、肥沃、微酸性的砂质壤土；排水需良好，忌湿涝；光照亦需充足；需肥量大、除定植时要施基肥外，生长阶段每隔2～3周追肥1次；栽培初期需立结实的支架，使枝蔓攀附，生长期切忌翻蔓，以免造成开花不良，并注意剪除干枯枝叶；不易患病，亦较少受虫害。

【景观特征】 株形攀缘，枝蔓细长，覆盖面积大，顶生小叶常特化成须状结构，花序圆锥状，小花橙红色，鲜艳美观，因花密集成串，形似鞭炮而得名；开花时，花序在绿叶的衬托下，给人以鲜亮、喜气之感。

【园林应用】 华南及西南冬季温暖少霜地区优良的绿化材料，可用在立交桥护栏、栅栏等的装饰；亦可用于公园或游园的花架、花廊、假山、叠石的美化和装点；还可用在低层建筑物的屋顶或墙面作攀缘或披垂绿化的材料。

（3）葡萄

【拉丁学名】 *Vitis hybrids*

【科　　属】 葡萄科

【形态特征】 葡萄是经济果树，具卷须；叶互生，心形或掌状裂叶，叶缘有不规则锯齿。春季开花结果，若采用促成栽培，秋季便能开花结果，核果椭圆形，果色紫黑或绿色，成熟可食用，成株蔓延力强，是优良的阴棚植物（图1-54）。

图1-54　葡萄

【识别要点】 落叶蔓性藤本；叶互生，心形或掌状裂叶。

【繁殖要点】 可用扦插法，冬季落叶后，春末萌芽前，剪中熟枝条扦插极易成活。

【栽培养护】 栽培以表土深厚的肥沃壤土为佳，排水、日照需良好。成株每年冬季大寒前后修剪1次。全年约施肥3次，春季萌芽期、果实未熟前、采果后各施1次。性喜温暖至高温，生育适温18～28℃。

5. 主要乔木树种

（1）杜松类

【科属名称】 柏科刺柏属

杜松分布于中国、韩国、日本。在中国分布于东北、华北各地，西至陕西、甘肃、宁夏。东北地区，生长于海拔500m以下，华北、西北生于海拔1400～2200m地带，性喜冷凉。杜松类善分枝，叶针形，绿色，表面有一凹入，淡白线状；雌雄异株，球果卵形或球形。华南地区适合在中海拔冷凉山区栽培，平地高温，秋末至春季低温期生育尚佳，夏季高温多湿则生育转劣；适合盆栽、盆景或庭园美化。

图1-55　垂枝杜松

① 垂枝杜松

【拉丁学名】 *Juniperus rigida* ‘Pendula’

【形态特征】 常绿灌木，树皮深褐色，枝条细长，具下垂性；叶针形，弯曲状，深绿色；球果卵形，树姿风格别致，可整形成高贵盆景（图1-55）。

② 密叶杜松

【拉丁学名】 *Juniperus rigida* ‘Hornibrookii’

【形态特征】 常绿灌木，匍匐状；善分枝，叶针形，细长，翠绿色；球果球形肉质状（图1-56）。

【繁殖方法】 可用播种、扦插或高压法，华南地区以在中海拔冷凉山区育苗为佳，春、秋季为适期；扦插、高压法成长速度快，插穗未扦插前，使用发根剂处理，能提高发根率。

【栽培管理】 栽培土质以富含有机质的壤土或砂质壤土为佳，排水需良好，日照需充足；平地栽培秋末至春季为生育期，每1～2个月施肥1次；夏季高温或梅雨季节，应尽量保持通风凉爽，使其顺利越夏，尤其根部切忌滞水不退。入秋天气转凉后应修剪整枝1次，促使枝叶新生。性喜冷凉，忌高温多湿，生育适温为13～23℃。

图1-56　密叶杜松

(2) 圆柏类

【科属名称】 柏科圆柏属

圆柏类分布于中国、日本及朝鲜。有常绿灌木、乔木或匍匐性者；其生性强健，树姿优美，枝叶碧绿青翠，是庭园美化、绿化的重要树种。分布于北半球，自北极圈附近至亚热带和热带高山地区，中国产15种，主产西北、西部和西南高山地区，少数种产东北、东部、中部和南部，适应性强，耐干旱与寒冷。

① 圆柏

【拉丁学名】 *Sabina chinensis*

【形态特征】 常绿小乔木，株高可达10m，树冠圆锥形，枝叶密生。叶有2型，鳞片叶呈覆瓦状排列，针形叶对生或轮生，全株大多为鳞片叶，枝下部仅有少数为针形叶。雌雄异株，球果浆质，成熟紫黑色，被有蜡粉。各地庭园普遍栽培（图1-57）。

② 球柏

【拉丁学名】 *Sabina chinensis* ‘Globosa’

【形态特征】 常绿灌木，树冠圆形或圆锥形，善分枝，顶部锐形，新枝朝天生长。叶有2型，有鳞片叶及少数针形叶，叶色淡绿（图1-58）。

图1-57　圆柏

图1-58　球柏

③ 龙柏

【拉丁学名】 *Sabina chinensis* ‘Kaizuka’

【形态特征】 常绿小乔木，株高1～4m，树冠狭尖塔形或圆筒形，枝条略具旋卷性，向上盘曲，全株深绿色。叶有2型，大多数为鳞片叶，极少数为针形叶；球果浆质，被有蜡粉。各地庭园普遍栽培。

④ 银柏

【拉丁学名】 *Sabina chinensis* ‘Pfitzeriana Glauca’

【形态特征】 常绿小乔木，株高1～4m，树冠狭尖塔形，鳞片叶，银绿色，极少数针形叶呈黄绿色，树形高雅。

⑤ 三光柏

【拉丁学名】 *Sabina chinensis* ‘Old Gold’

【形态特征】 常绿灌木或小乔木状，顶部锐形。叶有鳞片叶及针形叶，叶色有绿、粉绿、乳黄等色，甚为优雅，各地有零星栽培。

⑥ 铺地柏

【拉丁学名】 *Sabina procumbens*

【形态特征】 匍匐性矮灌木，枝条红褐色，枝端向上；叶针形，粉绿色；适合石组、假山、池畔美化栽培，各地有零星栽培（图1-59）。

⑦ 堰柏

【拉丁学名】 *Sabina chinensis* var. *sargentii*

【形态特征】 俗称海瑞，匍匐性矮灌木，枝干红褐色，显著斜生弯曲；叶鳞片形，少数呈针形，粉绿色。本种为古老植物，堪称活化石。适合假山、水池、石组簇植美化（图1-60）。

图1-59 铺地柏

图1-60 堰柏

⑧ 真柏

【拉丁学名】 *Sabina chinensis* ‘Shimpaku’

【形态特征】 匍匐性矮灌木，枝条常弯曲；叶鳞片形，极少数针形，深绿色；可栽培成高贵盆景，观赏价值极高。

【繁殖方法】 可用播种、扦插或高压法，但以扦插或高压法为主，秋末至早春为适期。圆柏、球柏、龙柏、三光柏、堰柏等，以中海拔冷凉山区育苗为佳；银柏、铺地柏、真柏等较耐高温，在中、北部平地即能繁殖育苗。扦插的插穗先使用发根剂进行处理，斜插于砂床中，约经2～4个月能发根，待根群生长旺盛后，再行假植肥培。

【栽培管理】 栽培土质以壤土或砂质壤土为佳，排水需良好，日照需充足。圆柏、龙柏的幼株每2年应移植1次，如果超过4年未移植，移植之前应先行断根1年以上，促使萌发细根，否则不易成活；因此选购苗木应选近1～2年假植者为佳；每年11月～翌年2月是移植适期，夏季高温，移植成活率最低。

圆柏类具浅根性，移植时应尽量保护完整的土团，定植时挖穴宜大，底部预埋基肥。生育期间每2～3个月追肥1次，氮、磷、钾或有机肥料如豆饼、油粕、干鸡粪等极佳，按比例增加氮肥，能促进枝叶繁茂。

幼株需水较多，勿放任干旱。植株老化，可作局部修剪，促使萌发新枝叶，唯生长缓慢，恢复需时两年以上。性喜温暖，耐高温，生育适温为15～26℃；银柏、真柏等较耐高温，生育适温约18～28℃。

(3) 雪松

【科属名称】 松科雪松属

【拉丁学名】 *Cedrus deodara*

【形态特征】 雪松株高20m以上，小枝下垂，叶丛生于小枝，针形，质硬，浅绿色；球果卵形，直立性；成株树冠尖塔形，下垂的枝桠形似披雪，甚飒爽，适于庭植美化或大型盆栽（图1-61）。

图1-61　雪松

【繁殖方法】 可用播种法，春季为适期。

【栽培管理】 栽培土质以砂质壤土为佳，排水、日照需良好。冬至春季生育期间，每1～2个月追肥1次。枝条生长不均衡，可适时加以修剪。夏季高温应尽量保持凉爽。性喜冷凉，耐高温，生育适温约12～25℃。

(4) 松树类

【科属名称】 松科松属

松树类分布于北半球温带、寒带或热带低至高海拔冷凉山区，有80余种；我国有22种，分布极广，几乎遍及全国。叶针形，雌雄同株，树姿冈峦苍劲，生长缓慢，寿命长，是景观美化的重要针叶树；除观赏之外，木材可供建筑、造纸之用，松脂可制松香。

① 琉球松

【拉丁学名】 *Pinus Iuchuensis* Mayr

【形态特征】 常绿大乔木，株高20m以上，树皮粗糙，黑褐色，针形叶2枚1束，长12～18cm，横断面近半圆形；球果卵圆形，鳞脐无尖突。为造林主要树种，观赏零星栽培。

② 湿地松

【拉丁学名】 *Pinus elliottii*

【形态特征】 常绿大乔木，株高20m以上，主干通直，小枝、针叶均较坚硬，2～3枚1束，长20～30cm，每侧均具白色气孔带（图1-62）。

③ 日本黑松

【拉丁学名】 *Pinus thunbergii*

【形态特征】 常绿乔木，株高10m以上，树皮灰黑色，幼树的树冠呈圆锥形，成树呈伞形；针叶2枚1束，长7～15cm，横断面半圆形；球果卵状圆锥形。幼株可盆栽，成树为高贵的庭园树（图1-63）。

图1-62 湿地松

图1-63 日本黑松

④ 马尾松

【拉丁学名】 *Pinus massoniana*

【形态特征】 常绿大乔木，树皮红褐色，叶2针或3针1束；球果果鳞的鳞脐微凹，无刺（图1-64）。

⑤ 台湾五针松

【拉丁学名】 *Pinus morrisonicola*

【形态特征】 常绿大乔木，株高20m以上，树皮暗灰色，树冠圆锥形；针叶5枚1束，长4～9cm，具细齿；球果长卵形。

⑥ 黄山松

【拉丁学名】 *Pinus taiwanensis*

【形态特征】 常绿大乔木，株高20m以上，树皮黑褐色；针叶2枚1束，球果卵圆形，几乎无梗，宿存多年不落（图1-65）。

图1-64 马尾松

图1-65 黄山松

⑦ 银松

【拉丁学名】 *Pinus halepensis*

【形态特征】 常绿乔木，株高12m以上，树皮灰至褐色，针叶2～3枚1束，长6～15cm，银绿色，幼株枝叶翠雅，为盆栽上品。

【繁殖方法】 以播种法为主，春、秋季为适期，发芽适温为20～25℃，种子播种前先浸水1～2日，然后用22～28℃温水浸泡15～20分钟后再播种，接受40%～60%日照，经2～3周能发芽，幼苗经1年之后，假植于苗盆中，加以肥培1～2次，待苗高30cm以上再移植于苗圃中。

【栽培管理】 栽培土质以土层深厚的砂质壤土或砂砾土为佳，排水、日照需良好。生育期间每2～3个月施肥1次，氮、钾肥比例高些，能促进枝叶旺盛。成株不耐移植，移值前应做断根处理，幼株在苗圃培育每1～2年假植1次。生长缓慢是正常现象，尽量不修剪；若树冠不良，仅作局部小剪，不可强剪。性喜冷凉至温暖，耐高温，生育适温为13～28℃。

（5）水杉·白芽柳杉·落羽杉

① 水杉

【科属名称】 杉科水杉属

【拉丁学名】 *Metasequoia glyptostroboides*

【形态特征】 落叶大乔木，株高可达30m，树皮纵裂；羽状复叶，对生，小叶线形，呈2列状；球果的果鳞呈十字形对生。木材可供建筑、制器具之用。栽培地极耐潮湿。本种为我国特有孑遗种，堪称为植物的活化石。

② 白芽柳杉

【科属名称】 杉科柳杉属

【拉丁学名】 *Cryptomeria japonica* ‘Albospica’

【形态特征】 常绿小乔木，株高1～3m，叶钻形，新叶白或乳黄色，老叶黄绿色，叶色优雅美观，可作盆栽或庭园美化。

③ 落羽杉

【科属名称】 杉科落羽杉属

【拉丁学名】 *Taxodium distichum*（L.）Rich

【形态特征】 落叶大乔木，株高可达30m，老树干基有板根；羽状复叶，互生，小叶狭线形，2列状；球果卵圆形，果鳞粗皱。枝叶轻盈飘逸，为优美的庭园树。

【繁殖方法】 播种法，春、秋季为适期，发芽适温15～20℃，成苗后经假植1～2次，肥培至苗高30cm以上，再移植到苗圃培养。

【栽培管理】 此类植物性喜冷凉耐高温，以在华南地区中、北部生育为佳，南部高温生育较差，生长迟缓。栽培土质以肥沃的砂质壤土或腐殖质土为佳，排水、日照需良好，幼株夏日宜稍遮阴。生育期间每2～3个月施肥1次。自然树冠美观，尽量不修剪，若侧枝生长不均衡，冬至春季应作整枝。生育适温为13～26℃，夏季应避免高温潮湿。

（6）银杏

【科属名称】 银杏科银杏属

【拉丁学名】 *Ginkgo biloba*

【形态特征】 银杏是裸子植物，株高可达20m。叶互生或簇生，扇形，叶端处深凹，秋季转金黄色，雌雄异株，雄花柔荑花序，雌花具长梗，花期在春季。果实椭圆形，熟果金黄色，种子白色，为有名的中药“白果”。其叶形奇致，树冠优美（图1-66）。在中国银杏主要分布温带和亚热带气候区内，边缘分布“北达辽宁省沈阳，南至广东省的广州，东南至台湾地区的南投，西抵西藏自治区的昌都，东到浙江省的舟山普陀岛”。

图 1-66 银杏

【繁殖方法】 以播种法为主，春、秋季皆宜。

【栽培管理】 栽培土质以富含有机质的砂质壤土为佳。喜阳光充足，排水良好。生长缓慢，切勿过多施肥或过度修剪。性喜冷凉，忌高温多湿，生育适温为13～25℃。

（7）枫香

【科属名称】 金缕梅科枫香树属

【拉丁学名】 *Liquidambar formosana* Hance

【形态特征】 枫香分布在我国黄河以南，株高可达 20m 以上。叶片互生或丛生枝端，掌状裂叶，多为 3 裂，幼时偶呈 5 裂，叶缘锯齿状（图 1-67）。新叶紫红色，秋冬季寒流来袭，叶由绿转黄或红，落叶缤纷，诗情画意，常是骚人墨客的灵感泉源。花单性，雄花序总状丛生，雌花序为球形头状花，春季开花。

蒴果圆球形，具星芒状刺，如一刺球，内有 1～2 枚具扁平狭翅的种子，果实掉落地上常裂开，种子飞散无踪。枫树株形挺拔优雅，叶色变化璀璨，是优美的园景树、行道树，也可养成高贵盆景，木材可供建筑或作香菇的段木栽培之用等。枫香与槭树类外形很相似，其分辨法是：枫香叶片互生或丛生枝端，蒴果圆球形，表面密生星芒状刺；槭树类叶片对生，果实为翅果，好像长了两只翅膀。

【繁殖方法】 以播种法为主，春季为适期。播种成苗后假植于苗圃肥培。

【栽培管理】 栽培土质不择，只要土层深厚、排水良好之地即可栽植，但以湿润的腐殖质壤土或砂质壤土为佳。日照需充足。肥料使用有机肥或氮、磷、钾肥，春、夏季各施 1 次。庭园树自然树冠端正，仅局部修剪侧枝即可，顶部可任其伸展。盆栽必须修剪徒长枝，并减少氮肥比例，促其分枝。生性强健，粗放，性喜温暖至高温，生育适温为 18～28℃。

（8）紫玉兰

【科属名称】 木兰科木兰属

【拉丁学名】 *Magnolia liliflora*

【形态特征】 木兰科落叶小乔木

紫玉兰株高 3～5m。叶互生，阔倒卵形，先端微尖，波状缘。花腋生，花瓣 6 枚，瓣外深紫红色，瓣内乳白带淡桃红色，花姿柔丽幽雅，花期在春季 3～4 月间（图 1-68）。适合庭园栽植、大型盆栽。性喜冷凉，产于中国中部；适宜嫁接南洋含笑，平地生育极佳。

图 1-67　枫香

图 1-68　紫玉兰

【繁殖方法】 用扦插、高压、嫁接法。早春适合行扦插、嫁接法，花期过后则适合高压法。

【栽培管理】 栽培土质以肥沃壤土为佳。日照宜充足。每季施肥 1 次。5 月花芽已开始分化，应避免修剪。成株移植宜在半年前作断根处理。生育适温为 15～25℃。

(9) 桑树

【科属名称】 桑科桑属

【拉丁学名】 *Morus alba*

【形态特征】 桑科落叶灌木或乔木。桑树株高 2～4m，叶互生，阔卵形，叶缘锯齿状。花细小，雌雄异花各成花序，授粉后整个雌花序发育成 1 个复合果；花期在春季，果期则在春到夏季。适于庭植或大型盆栽（图 1-69）。

【繁殖方法】 可用扦插或高压法。春、秋两季均可进行，尤以早春插枝成活率最高。

【栽培管理】 桑树生性强健，栽培土质要求不高，只要土层深厚，富含有机质，生长即可旺盛。全日照或半日照均理想。肥料用有机肥或无机复合肥均佳，春、夏、秋季各施 1 次。桑果采收后及冬季落叶后应各修剪 1 次，但落叶后仅能修剪枯枝、病虫害枝，不可强剪或重剪；植株老化再施以强剪。性喜高温高湿，生长适温约 23～30℃。

(10) 流苏树

【科属名称】 木樨科流苏树属

【拉丁学名】 *Chionanthus retusus*

【形态特征】 木樨科落叶小乔木。流苏树原生于我国辽宁省及华北、华中地区，株高 4～8m。叶对生，卵形或椭圆形。春季开花，聚伞花序，顶生，花白色，4 瓣，盛开时全株如披被雪花，洁白素雅，极具观赏价值，为高级园景树（图 1-70）。

【繁殖方法】 可用播种、扦插或高压法。春、秋为播种适期，行扦插法以早春萌芽前最佳。

【栽培管理】 栽培土质以富含腐殖质的壤土最佳。性耐阴，半日照或全日照均理想。春至秋季每 2～3 个月施肥 1 次。花后应整枝修剪。性喜温暖，生长适温为 20～27℃。

(11) 垂丝海棠

【科属名称】 蔷薇科苹果属

【拉丁学名】 *Malus halliana*

图 1-69　桑树

图 1-70　流苏树

【形态特征】 蔷薇科落叶乔木。垂丝海棠株高 5～7m，叶互生，倒卵形或椭圆形，先端钝或尖。春季开花，花单瓣或重瓣，4～7 朵簇生于短枝上，粉红色，花梗下垂，花姿清丽典雅。适合作庭植美化或大型盆栽。性喜冷凉至温暖，原产我国西南、中南、华东等地，尤以四川、浙江、江苏、安徽最多（图 1-71）。

【繁殖方法】 可用播种或嫁接法，早春嫁接，砧木可用播种实生苗或圆叶海棠。

【栽培管理】 栽培土质以排水良好的肥沃壤土最佳，日照需良好，生长期间每 2～3 个月施肥 1 次。春末花期过后应作整枝修剪。性喜温暖，忌高温，生长适温为 15～22℃。

（12）大叶合欢

【科属名称】 含羞草科

【拉丁学名】 *Albizia lebbek*

【形态特征】 含羞草科落叶乔木。大叶合欢株高可达 6m，二回偶数羽状复叶，小叶对生，刀状长方形，略弯曲（图 1-72）。春至夏季开花，头状花序，腋出，淡黄色，具芳香，形似粉扑。荚果扁线形，常吊挂树梢。树性强健，生长快，耐旱耐瘠、抗风，木材可用于建筑、制作家具、火柴杆、木屐等。枝叶飒爽，花姿清雅，适合作行道树、园景树。

图 1-71　垂丝海棠

图 1-72　大叶合欢

【繁殖方法】 用播种法，春季为适期。新鲜种子浸水 6～12 小时后再播种，能提高发芽率。

【栽培管理】 不拘土质，土层深厚而肥沃湿润最佳。排水、日照需良好。冬季落叶后应整枝。性喜高温，生长适温为22～30℃。

(13) 一球悬铃木·三球悬铃木

【科属名称】 悬铃木科悬铃木属

① 一球悬铃木

【拉丁学名】 *Platanus occidentalis*

【形态特征】 落叶大乔木，株高可达20m，树皮乳白色。叶互生，近心形或掌状3～5角状浅裂，其裂片宽度比长度大，叶背、叶柄、中肋具短茸毛、纸质。头状花序，果实球形。树冠洁净优美，叶姿如枫，为高级的行道树、园景树（图1-73）。

② 三球悬铃木

【拉丁学名】 *Platanus orientalis*

【形态特征】 落叶大乔木，株高可达18m。叶互生，近心形或掌状3～5角状浅裂至深裂，其裂片宽度比长度小，幼叶具短茸毛，革质。头状花序，果实球形。树形优美，风姿如槭似枫，适合作行道树、园景树（图1-74）。

图1-73　一球悬铃木

图1-74　三球悬铃木

【繁殖方法】 可用播种、扦插、高压或嫁接法，春、秋季为适期。嫁接可用美国梧桐、法国梧桐作砧木。

【栽培管理】 栽培土质选择不严，但以肥沃湿润的壤土或砂质壤上最佳，排水需良好，日照要充足。每季施肥1次，定植前宜施基肥。每年冬季落叶后应整枝修剪1次，剪除主干下部的侧枝，能促进长高；若分枝疏少，应修剪枝顶或加以摘心，以促使萌发分枝，使枝叶更茂密。性喜温暖，耐高温，生长适温约15～25℃，悬铃木引入我国栽培已有一百多年历史，从北至南均有栽培，以上海、杭州、南京、徐州、青岛、九江、武汉、郑州、西安等城市栽培的数量较多，生长较好。

(14) 柳树类

【科属名称】 杨柳科柳属

① 垂柳

【拉丁学名】 *Salix babylonica*

【形态特征】 落叶乔木，树高可达6m，小枝细长下垂，红褐色。叶互生，线状披针形，细锯齿缘，叶背粉绿色。树形优美，耐旱耐湿，生长快，适合作行道树、园景树、河川水池边缘美化（图 1-75）。

② 青皮垂柳

【拉丁学名】 *Salix ohsidare*

【形态特征】 落叶乔木，树高可达 6m，枝条细长，柔软下垂，小枝绿色。叶互生，线状披针形。树冠婀娜多姿，耐旱耐湿，生长快，为行道树、园景树高级树种，极适合河川、水池边缘美化，值得推广。

③ 龙爪柳

【拉丁学名】 *Salix matsudana* ‘Tortuosa’

【形态特征】 落叶灌木或小乔木，株高可达 3m，小枝绿色或绿褐色，不规则扭曲。叶互生，线状披针形，细锯齿缘，叶背粉绿，全叶呈波状弯曲；枝条优雅美观，为高级插花素材，也适合作园景树或河川水池边缘栽培（图 1-76）。

图 1-75　垂柳

图 1-76　龙爪柳

④ 银芽柳

【拉丁学名】 *Salix gracilistyla*

【形态特征】 落叶灌木，株高可达 2m。叶互生，长椭圆形，先端尖，细锯齿缘，厚纸质，叶背粉绿。雌雄异株，春季开花，花蕾被覆红色芽鳞，脱落后露出绒毛花穗，雌蕊银白色，具光泽，为高级插花素材。适合作庭园美化或水池边缘栽培。

⑤ 水柳

【拉丁学名】 *Salix warburgii*

【形态特征】 落叶乔木，株高可达 5m，叶卵状披针形，细锯齿缘，叶背粉绿色。雌雄异株，柔荑花序。树性强健，生长快，耐旱耐湿，适合作园景树、护岸防堤树。

【繁殖方法】 水柳可用播种或扦插法繁殖，其他 4 种可用扦插法。生长快，春至夏季为适期。垂柳、青皮垂柳高约 2m 即可定植。

【栽培管理】 喜好潮湿，栽培土质以湿润的壤土最佳，砂质壤土次之。日照要充足。幼株春至夏季为生长旺盛期，每 1～2 个月施肥 1 次，并充分补给水分。

每年冬季落叶后应修剪、整枝，维护树形美观；若植株过于老化，可施行强剪，促使萌发新枝叶。乔木类主干下部长出的侧枝，应随时剪去，以促使快速长高。性喜温暖至高温，生长适温约 15～28℃。

（15）梧桐

【科属名称】 梧桐科梧桐属

【拉丁学名】 *Firmiana simplex*

【形态特征】 梧桐科落叶中乔木。梧桐原产中国，自河北至华南地区栽培甚广。树高可达15m，侧枝轮生，树皮绿色。叶丛生枝端，心形，呈3～5掌状分裂（图1-77）。夏季开花，圆锥花序，顶生，花冠白色。蒴果成熟后完全开裂，果片呈杓形。风姿怡人，常为骚人墨客吟咏作画的题材，适合作行道树、庭园树。木材可制乐器，树皮可造纸。

图1-77　梧桐

【繁殖方法】 用播种法，春、秋季为适期。

【栽培管理】 栽培土质以砂质壤土为佳，排水、日照需良好。每季施肥1次。冬季落叶后应整枝修剪，促使树冠生长均衡美观。性喜温暖至高温，生长适温约15～28℃。

（16）柽柳类

【科属名称】 柽柳科柽柳属

为常绿、落叶灌木或小乔木。

① 无叶柽柳

【拉丁学名】 *Tamarix aphylla*

【形态特征】 常绿灌木或小乔木，株高可达4m，树形呈针叶树状，外形酷似木麻黄。小枝圆筒形，接合状，纤细，展开性，叶已退化呈鞘状，具一齿。春夏开花，总状圆锥花序，顶生，白至淡粉红色。成株枝叶柔细，灰绿色，风格独特（图1-78）。耐风、耐旱、耐贫瘠，适合作园景树、海滨防风林或药用，具发汗、解热、利尿之药效。

② 柽柳

【拉丁学名】 *Tamarix chinensis*

【形态特征】 落叶灌木或小乔木，株高可达4m。枝条纤细密致成膨松团状，易下垂，叶披针形细鳞片状，极细致（图1-79）。春至夏季开花，总状花序顶生，花色淡红。耐风、耐旱，适合作防风林、园景树或药用，具疏风、解热、利尿、解毒之功效。

【繁殖方法】 可用扦插或高压法，但以扦插法为主，春季为适期。

【栽培管理】 栽培土质要求不高，但以排水良好的壤土或砂质壤土最佳。日照要充足。幼株生长期间需水较多，应注意水分补给，成年树极耐旱。每1～2个月施肥1次，各种有机肥料或无机复合肥均理想。无叶柽柳春季整枝修剪，华北柽柳则在冬季落叶后整枝，若植株老化可施行强剪，能促使萌发新枝。无叶柽柳性喜高温，生长适温为22～32℃；柽柳性喜温暖至高温，生长适温约18～30℃。

（17）榆树类

【科属名称】 榆科榆属

为落叶乔木。

① 榔榆

【拉丁学名】 *Ulmus parvifolia*

图 1-78　无叶柽柳

图 1-79　柽柳

【形态特征】 落叶中乔木，分布于华北、华东、中南及西南地区，生于海拔 300～1000m 的山区，株高可达 15m。叶互生，卵形或椭圆形，基歪，钝锯齿缘，革质或厚纸质。秋季开花，淡黄绿色（图 1-80）。翅果膜质，卵形，簇生于叶腋。树性强健，耐旱耐瘠，叶片纤细，萌芽力强，适作园景树、修剪造型、行道树，亦可养成高贵盆景，风格独特。材质坚硬，可作制器具、车船用材。

② 曙榆、锦榆、白榆

【拉丁学名】 *Ulmus parvifolia* 'Golden Sun'

【形态特征】 此 3 种均是榔榆的变异种。曙榆新叶呈金黄色，锦榆幼叶具白色、乳黄色、桃红色等斑纹，白榆叶面有白色斑纹（图 1-81）。叶色优雅美观，可庭植或盆栽，颇受欢迎。

图 1-80　榔榆

图 1-81　白榆

③ 黄金美国榆

【拉丁学名】 *Ulmus americana* Linn

【形态特征】 落叶乔木，株高可达 5m。叶互生，椭圆形或倒卵形，先端锐或尖，粗锯齿缘，纸质。叶色金黄，甚为逸雅，适合盆栽或庭植美化。

【繁殖方法】 可用播种、扦插或嫁接法。榔榆以播种法为主，曙榆、锦榆、白榆、黄金美国榆等 4 种以榔榆实生苗作砧木行嫁接，早春为嫁接适期。

【栽培管理】 不拘土质，但以肥沃的壤土或砂质壤土为佳，日照需良好，过分阴暗会落叶。

幼树春至中秋每1～2个月施肥1次。园景树每年冬季落叶后应整枝修剪，已修剪成各种造型的，必须随时留意整形和修剪徒长枝。性喜温暖至高温，生长适温为15～28℃。

(18) 加杨

【科属名称】 杨柳科杨属

【拉丁学名】 *Populus canadensis* Moench

【形态特征】 杨柳科落叶乔木

加杨株高可达30m，树冠圆锥形。叶互生，阔卵形或三角形，先端尖，叶缘具细锯齿，叶面富光泽。雌雄异株，早春开花，柔荑花序，雄花红色，雌花绿色。蒴果绿色，种子被毛。生长快速，树形优美，在低温下冬季落叶前，叶片会转黄，适作园景树、行道树（图1-82）。

【繁殖方法】 用播种法，春季为适期。

【栽培管理】 栽培土质以砂质壤土为佳。排水、光照需良好。春至夏季施肥2～3次。冬季落叶后修剪整枝。性喜冷凉至温暖，忌高温，生长适温为12～25℃。

(19) 杜仲

【科属名称】 杜仲科杜仲属

【拉丁学名】 *Eucommia ulmoides*

【形态特征】 杜仲科落叶乔木

杜仲株高可达10m，叶互生，长椭圆形，先端渐尖，边缘有锯齿。叶片及皮具有银白色丝质韧皮纤维，此为辨识杜仲的主要特征。春季开花，花单性，雌雄异株，腋生。翅状小坚果长椭圆形，扁平。树皮为名中药，价格高昂。适作园景树，幼树可盆栽（图1-83）。

图1-82 加杨

图1-83 杜仲

【繁殖方法】 用播种法，播种前需将种子的银丝韧皮拉断，才能顺利发芽。

【栽培管理】 土质以壤土、砂质壤土为佳。排水、光照需良好。施肥每1～2个月1次。冬季落叶后应修剪整枝。性喜温暖，耐高温，生长适温为17～27℃，夏季需通风凉爽。

(20) 龙爪槐

【科属名称】 蝶形花科槐属

【拉丁学名】 *Sophora Japonica* 'Pendula'

【形态特征】 蝶形花科落叶小乔木。龙爪槐株高可达4m，主干通直，小枝下垂。奇数羽状复叶，小叶长卵形，先端急尖，全缘。夏、秋季开花，花顶生，花冠蝶形。乳白或乳黄色。树形奇特，风姿独具，为高级的园景树（图1-84）。

【繁殖方法】 用嫁接法，春季为适期；砧木可用槐树，株高2m以上再作嫁接。

图1-84 龙爪槐

【栽培管理】 栽培土质以湿润的壤土或砂质壤土为佳。排水、光照需良好。春至夏季为生长盛期，施肥每1～2个月1次，冬季落叶后修剪整枝，能促使树形均衡美观。性喜温暖，耐高温，生长适温为15～28℃。

(21) 池杉

【科属名称】 杉科落羽杉属

【拉丁学名】 *Taxodium disticum* var.

【形态特征】 杉科落叶乔木。池杉株高可达20m，主干笔直，树干基部膨大，侧根会长出隆起的膝状根，叶为线状披针形，呈螺旋状排列，偶有羽状二列，质柔软，黄绿色，球果近圆形，熟果深褐色，种鳞盾形。树形优美、叶色苍翠，极耐湿，为高级的园景树、行道树，尤其适于低湿地绿化美化（图1-85）。

【繁殖方法】 用播种法，春、秋季为适期。

【栽培管理】 栽培土质以酸性壤土为佳，沼泽地、潮湿地均能生长，光照要充足。春、夏季施肥每1～2个月1次。冬季落叶后需整枝。性喜高温高湿，生长适温为18～28℃。

(22) 鹅掌楸

【科属名称】 木兰科鹅掌楸属

【拉丁学名】 *Liriodendron chinensis*

【形态特征】 木兰科落叶大乔木。鹅掌楸株高可达18m，叶互生，掌状裂叶，叶端凹入或截形，长8～20cm，俗称“马褂”形，尾端好像剪掉一截，纸质，极优雅。夏季开花，花顶生，花冠黄绿色，果实具翅。树形优美，适作园景树、行道树（图1-86）。性喜光及温和湿润气候，有一定的耐寒性，可经受－15℃低温而完全不受伤害。在北京地区小气候良好的条件下可露地过冬。喜深厚肥沃、适湿而排水良好的酸性或微酸性土壤（pH 4.5～6.5），在干旱土地上生长不良，也忌低湿水涝。本树种对空气中的SO_2气体有中等的抗性。

图 1-85　池杉

图 1-86　鹅掌楸

【繁殖方法】 用播种或高压法，春季为适期。

【栽培管理】 栽培土质宜用砂质壤土。排水、光照需良好。每年施肥 2～3 次。幼树常修剪主干下部侧枝，能促其长高。性喜冷凉，忌高温高湿，生长适温为 14～24℃。

6. 小灌木及草本

（1）硬骨凌霄

【拉丁学名】 *Tecomaria capensis*

【科属名称】 紫葳科硬骨凌霄属

【别称】 四季凌霄、常绿凌霄、得克马树

【分布地区】 原产非洲南部好望角地区。现广泛于温暖地区栽培。

【形态特征】 常绿蔓性灌木。直立茎枝先端常缠绕物体攀缘，枝条蔓延可生长长达 4～6m。奇数羽状复叶，具小叶 5～9 片；小叶卵状椭圆形，长 2～5cm，叶缘具细锯齿。总状花序顶生，花冠弯曲漏斗状，长 5～8cm，先端 5 裂，唇状，橙红色，表面上具深红色纵向条纹，雄蕊向外伸出花冠之外（图 1-87）。蒴果狭窄线形，种子扁平，长有冠毛。花期在 7～9 月之间，果期在 9～11 月之间。

图 1-87　硬骨凌霄

【识别特征】 常绿蔓性灌木，直立或缠绕攀缘向上生长；奇数羽状复叶；总状花序，花冠5裂。二唇状，橙红色。

【生物性状】植株萌芽能力强，是阳性树种，在阳光充足的环境下生长良好，略耐阴，但若在荫蔽处，会影响开花。性喜温暖的温度条件，对寒冷的环境耐受性差，稍耐高温。喜湿润的环境，对于旱有一定的耐受性。喜肥料充足，对土壤的要求不严，在排水良好、疏松的土壤中生长良好。

【主要品种】有黄花硬骨凌霄，花冠黄色。

【繁殖方法】以扦插方法繁殖为主，亦可采用分株、压条等方式进行。扦插多在每年的春夏季节间进行，插穗可选用当年生的生长健壮的嫩枝，剪成每段8～12cm即可。

【栽培管理】栽培土质宜选用疏松、肥沃、透气的壤土，排水需良好，阳光需充足，每天接受的光照时间应多于4小时，最好是全日有光照；生长旺盛阶段可以每隔2～3周追肥1次；植株秋季自然落叶后，要对其进行修剪，以除去患病枝、交叉枝、枯死枝、瘦弱枝等。越冬温度最好高于4℃。

【景观应用】攀缘灌木，花枝悬挂，枝条柔软，开花时节一簇簇红艳的花朵，凌空抖擞，在翠绿叶片的衬托下，鲜艳夺目，姿态婀娜，在微风吹拂下，则随风飘舞，备觉动人。可用于路灯、高架桥等处的攀缘装饰，以达到绿叶和街景相映成趣的效果；亦可用于树木园中枯木、棚架的美化；也可用于公共设施的美化，如建筑立面、门廊等的绿化；由于其花期长、花生枝端的特点，又可应用为盆栽花木。

(2) 茉莉花

【拉丁学名】*Jasminum sambac*

【科属名称】木犀科

【分布地区】原产印度

【形态特征】茉莉花幼嫩枝条上长有短柔毛，叶阔卵形对生，全缘。花期在春至秋季，但以夏至秋季开花较多；白色花顶生，聚伞花序，花冠裂片呈长椭圆形，凋谢前转变为紫红色，芬香四溢，可作香料熏茶。适合用作绿篱、盆栽或庭园丛植美化。重瓣茉莉的幼株常作修剪，植株矮小如灌木，枝条伸长后呈半蔓性。叶长卵状椭圆形对生或轮生，全缘。花期可达全年，但以夏季盛开较多；白色花顶生，聚伞花序，重瓣花，花瓣椭圆形，散发芳香，可作香料熏茶。适合盆栽、蔓篱或庭园花坛、丛植美化。

(3) 大叶醉鱼草

【科属名称】马钱科醉鱼草属

【拉丁学名】*Buddleia davidii*

【形态特征】大叶醉鱼草株高30～90cm，枝条具横长性，叶对生，长椭圆形，叶缘细锯齿。花顶生，穗状花序，小花数百朵密生成簇，花色有紫、红、桃红、白等色，风姿奇致，花期在秋至冬季。适合庭植和盆栽，也是优雅的花材（图1-88）。

图1-88 大叶醉鱼草

【繁殖方法】用扦插法，春至夏季可扦插，但以早春未萌芽前插枝最理想。

【栽培管理】栽培土质以富含有机质的砂质

壤土为佳。全日照、半日照生育均良好。排水需良好，夏季注意灌水。成长期间每1～2个月施肥1次。冬季落叶后宜修剪。性喜温暖，生育适温为20～25℃。

（4）金缕梅

【科属名称】 金缕梅科金缕梅属

【拉丁学名】 *Hamamelis mollis*.

【形态特征】 金缕梅株高3～5m，叶互生，菱形或阔倒卵形，波状齿缘。春季约2～4月花先叶开，腋出，线形，花瓣4枚，黄金色，细长卷曲，亮丽闪烁，颇为高雅（图1-89）。适合庭植、大型盆栽或切花，唯性喜冷凉，适合在中、高海拔栽培，平地高温不易越夏。

【繁殖方法】 用播种、扦插或嫁接法；秋季为播种适期，早春未萌芽前为嫁接适期。

【栽培管理】 栽培土质以肥沃微酸性的砂质壤土最佳，日照需良好，需1～2个月施肥1次；自然生态甚美观，不需修剪。性喜冷凉，忌高温多湿，生育适温为10～20℃。

图1-89　金缕梅

图1-90　绣球花

（5）绣球花

【科属名称】 绣球花科绣球花属

【拉丁学名】 *Hydrangea macrophylla* ‘Otaksa’

【形态特征】 绣球花科落叶小灌木。绣球花株高20～100cm。叶对生，阔卵形，先端尖，叶缘锯齿状。花顶生，伞形花序，数十朵或数百朵聚生成球状，宛如待嫁姑娘的大绣球，颇为鲜艳瑰丽；花色会因土壤中的化学成分而改变，有碧蓝、紫红、粉红、粉白等色变化，花期在春至夏季。适合庭园美化、花坛或盆栽（图1-90）。因性喜温暖或冷凉，原产中国的长江流域、华中和西南以及日本，适于在中、高海拔冷凉山区栽培，平地高温越夏困难，生育不良。

【繁殖方法】 可用扦插法，早春萌芽前为扦插适期，剪上年生枝条，每段约10～15cm，插于湿润介质中，即可发根成苗，经1次假植，苗高30cm以上，再移植盆中或庭园栽植。

【栽培管理】 栽培土质以排水良好、肥沃的腐殖质壤土为佳。性喜阴凉，栽培处日照约60%～70%为理想。施肥以天然有机肥为佳，每1～2个月施用1次。栽培可调节花色，土壤呈酸性，钾肥多，或含铝、铁元素多时呈蓝色；土壤呈碱性，氮多钾少时呈红色；欲使红花变蓝，可在土中浇明矾水。花后宜剪除花梗及残花。平地栽培夏季需阴凉通风，忌高温多湿或长期潮湿。冬季落叶后应换盆、换土1次。性喜温暖或冷凉，生育适温为15～25℃，花芽分化需短日照、低温连续30天以上，花芽分化后需20℃以上才能开花。

(6) 紫薇

【科属名称】 千屈菜科紫薇属

【拉丁学名】 *Lagerstroemia indica*

【形态特征】 千屈菜科落叶灌木或小乔木。紫薇株高2～6m，老干光滑，矮性种株高30～100cm。叶对生，椭圆形或倒卵形。花顶生，圆锥花序，花瓣卷皱呈波浪状，有桃红、紫红或白色，另有桃红镶白边的美丽变化，雄蕊成簇集生于中央，鲜黄色，夏季5～8月开花，是夏季极为出色的木本花卉。适合庭园美化或盆栽，老株可整形成名贵盆景（图1-91）。

【繁殖方法】 可用播种、扦插或高压法。春、秋季为播种适期，取成熟种子浸水4～6小时后播入湿润土中。枝插繁殖则取一、两年生强健枝条，约15cm一段，以在早春未萌发新芽以前扦插最好。高压法于春至秋季选强健枝条行之。

【栽培管理】 栽培土质以肥沃富含腐殖质的壤土为佳，排水要通畅。栽培处以全日照为理想，荫蔽处生长、开花不良。定植前7～10日于植穴中预埋豆饼、油粕或鸡粪等有机肥作基肥，以利其后的生育；幼株成长期间每月施用1次氮、磷、钾肥作追肥，成株后，每年施用有机肥或氮、磷、钾肥2～3次即可。冬季落叶休眠后，宜整枝修剪1次，剪去残留花枝、过密的枝条或病枝、弱枝等，植株老化应施行强剪。并于基部四周浅埋有机肥，可使翌年生育、开花更旺盛。病虫为害甚烈，应注意捉除或药剂防治喷除，可用速灭松、万灵等除虫，亿力、可利生等防病。性喜高温多湿，生育适温为23～30℃。

图1-91 紫薇

图1-92 木槿

(7) 木槿

【科属名称】 锦葵科木槿属

【拉丁学名】 *Hibiscus syriacus*

【形态特征】 锦葵科落叶灌木。木槿俗称水锦花，株高1～3m，品种极多，花形花色各异。叶互生或簇生，菱状卵形，浅3裂，纸质，灰绿色。花腋生，淡紫、桃红或白色，单瓣或重瓣，花期甚长，虽每朵花均开1日即谢，但花开花谢，5～10月均能见花，花姿柔美，适于庭植或大型盆栽（图1-92）。

木槿与朱槿由于仅一字之差，品种又繁多，花形相近，因此易混淆。简易辨别方法如下：木槿是落叶灌木，冬季落叶，叶纸质，浅3裂，灰绿无光泽，叶柄、花梗、副萼均具星状茸毛；朱槿（扶桑）是常绿灌木，叶浓绿，两面光滑富光泽，揉碎黏滑液多。

【繁殖方法】 用扦插法。全年均可育苗，但以春至夏季为佳，只要剪取组织充实、强健的枝条，每15～20cm为一段，插于疏松砂土中，保持湿润及阴凉，约经30日可发根，待根群旺盛再移植。亦可直接扦插于栽培地中，使其成长。

【栽培管理】 生性极强健，不择土质，只要排水良好、表土深厚便易成长，但以腐殖质壤土生育最旺盛，土壤常保湿润，则生育更迅速。栽培处日照需充足，荫蔽处开花不良。每2～3个月施用1次腐熟有机肥料或氮、磷、钾肥。冬季落叶后应修剪整枝1次，植株趋于老化或分枝稀少，可施行强剪，翌春枝叶更繁盛。性喜高温，生育适温为20～30℃。

(8) 连翘类

【科属名称】 木犀科连翘属

【拉丁学名】 *Forsythia suspensa*

【形态特征】 木犀科落叶灌木。连翘株高1～3m，分枝密集，丛生状；叶对生，长卵形，锯齿缘；雌雄异株，早春2～3月开花，腋生，瓣4枚，金黄色；冬季落叶，先花后叶，盛花期满树金碧辉煌，颇为耀眼。同类植物密花连翘，开花较密，花瓣狭长。在中国大陆，分布于河北、山西、陕西、甘肃、宁夏、山东、江苏、河南、江西、湖北、四川及云南等省区。适于庭植或切花（图1-93）。

【繁殖方法】 用扦插或高压法，春、秋季为佳。

【栽培管理】 栽培土质以肥沃的石灰质壤土为佳，日照需充足。花后应修剪1次，每年6月后花芽开始分化，应避免修剪。性喜冷凉，忌高温，生长适温为10～22℃。

图1-93　连翘

图1-94　桂花

(9) 桂花类

【科属名称】 木犀科木犀属

【拉丁学名】 *Osmanthus fragrans*

【形态特征】 木犀科常绿灌木。桂花类株高1～3m，品种有银桂、丹桂、齿叶桂花等；叶互生，卵状披针形或长椭圆形，全缘或锯齿缘；总状花序顶生或腋出，花两性亦有单性，花冠4裂，花小具清香。银桂开花呈乳白色，丹桂花色呈橙黄色，齿叶桂花呈白色，全年均能开花，但以秋季最盛，正所谓秋桂飘香。适合作庭植美化、绿篱或大型盆栽，花晒干后可泡茶、作香料，是广受喜爱的香花植物。银桂生性强健，各地普遍栽培（图1-94）；丹佳是银桂的变种，齿叶桂花是银桂与柊树的杂交种，性喜冷凉或温暖，仅零星栽培。

【繁殖方法】 可用高压法或扦插法，其中用高压法育苗的成活率较高，生长速度快，被广为采用，春、夏及秋季均可育苗。

【栽培管理】 栽培土质以能保持湿润的肥沃壤土或砂质壤土为佳，排水及通风力求良好。全日照、半日照均理想。肥料可用天然有机肥如豆粕、鸡粪、猪粪等或无机复合肥，每年施用 3～4 次。盆栽每年早春应换土换盆 1 次，土壤应保持湿润，勿使干旱，有利于生长开花。成年植株每年早春应整枝修剪 1 次，剪除病枝、弱枝，可维持树冠美观并促进生长。作绿篱栽培的每年应修剪 2～3 次。性喜温暖，耐高温，生长适温 15～26℃。

二、道路边坡绿化的基质要求

边坡的土壤成分、肥力、土壤结构、酸碱性、盐碱性、土壤厚度等土壤因素与植物的生长发育密切相关，从而决定着边坡植物能否良好地生长。其中，在选择植物时比较重要的因素是土壤肥力状况、土壤结构和土壤 pH 值等。

公路在施工过程中，因开挖使地表植被被完全破坏，原有表土与植被之间的平衡关系失调，表土抗蚀能力减弱，在雨滴、重力和风蚀作用下水土极易流失，植物种子定植困难；公路边坡土壤一般为没有熟化的生土，养分含量一般很低。同时由于坡度大，土壤渗透性差等原因，边坡土壤对降水截留较小，造成水土和养分流失，使坡面土壤变得贫瘠，立地条件差，不利于植物生长；另外，公路边坡土壤有机质含量一般很少，结构不良，经过一定时期的沉降作用后，容重增加，孔隙度降低，不利于土壤中水分和空气的有效运移以及肥料的协调转移，从而对植物生长产生不利影响。

三、道路立体绿化的辅助设施

在边坡挡土墙绿化中应用悬挂垂吊式绿化和附壁式绿化上下结合的综合绿化方式，在挡土墙的中部距地面约 150cm 高的地方，设置种植槽（目前规格主要为 0.6m×0.2m×0.3m）。

（一）边坡种植槽绿化设计

（1）清理坡面：采用风镐、钢钎等工具清除坡面碎石、浮石、危岩等，清除安全隐患，并清理杂物，对坡面转角及棱角处作修整，要求达到坡面基本平整。

（2）打锚杆：主筋采用热轧带肋钢筋，采用电钻打孔，将主筋进入孔内 200mm 深。

（3）制模板：模板采用的胶合板，用铁丝绑接固定。

（4）配水泥料：采用 C20 混凝土料，各组料必须搅拌均匀。

（5）现浇槽板：现浇槽板混凝土浇铸应连续进行，如果因故中止且超过允许时间，则应按施工缝处理。

（6）配制营养土：取当地壤土，按比例配制营养土。

（7）栽苗和种草：在种植槽中心线相间种植丁香、火炬树、松树、紫穗槐，在种植槽内侧，相间种植爬墙虎。

（二）路灯绿化花盆

悬挂式的路灯绿化采用弧形组合花盆（图 1-95～图 1-97）。其灌溉原理是水源直接进流水槽，流入储水箱后，上层组合花盆的储水箱满水后，经溢水孔到流水槽流入下层花盆储水箱，依次类推，一层一层往下流，直到最底层。每只花盆内的吸水带也同时供水，并且上层花盆内的储水箱的水以滴灌的方式给下层花盆的介质表面供水。

图 1-95　弧形组合花盆示意图
（资料来源：浙江索尔工程园林服务有限公司）

（三）灯杆花架式绿化

在灯杆周围均匀栽种 8～12 株高 0.3～0.5m，直径 0.5～1.0cm 爬墙虎和五叶地锦幼苗。栽种前对灯杆四周的土壤进行深翻、平整或换好土。栽种后浇 2～3 次透水，及时封堰保墒。一般第 1 年植株可伸长 1.5cm 左右，把灯杆的底座铺满。第 2 年后植株生长加快，4 年即可成型。

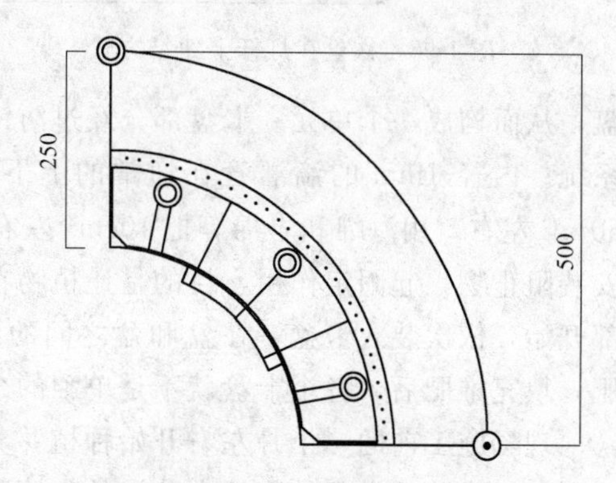

图 1-96　弧形组合花盆平面图（单位：mm）
（资料来源：浙江索尔工程园林服务有限公司）

（1）人工辅助牵引　由于混凝土灯杆表面光滑，夏季因受强烈阳光的照射灯杆表面温度又往往较高，加之五叶地锦吸附力较弱，所以需要进行人工牵引，辅助其向上攀缘生长。方法是：苗木成活后，在每株小苗旁插一木棍，使小苗沿木棍向上生长。当植株爬过灯杆底部的基座后，在灯杆上每隔 0.4m 的绑一根铁丝，铁丝上扭有小孔（如图 1-98）。然后，根据植株生长情况，再用 0.3m 长的细麻绳穿过小孔绑住伸长的枝蔓，将其固定在灯杆上。一般每 2～3 个头捆为一束。当植株攀缘至近 4m 高时，还需引导其爬越人工固定在灯杆上的六边形花架（如图 1-99），使之沿花架均匀向外披散垂吊形成“伞状”。来年春季未发芽时，对一些松散的枝蔓再进行绑扎，使其有序地附着在灯杆上。

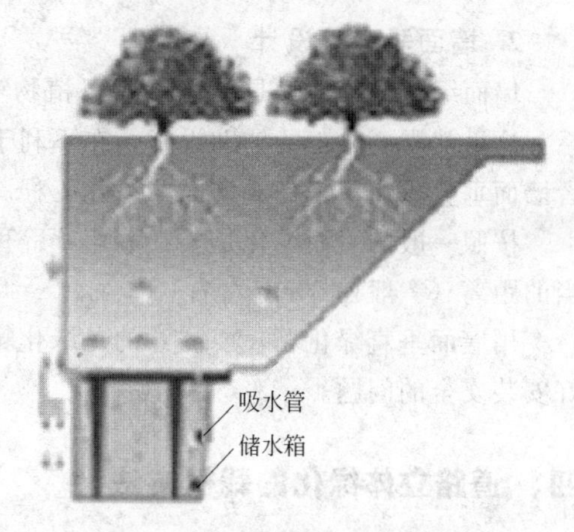

图 1-97　弧形组合花盆灌溉图
（图片来源：浙江索尔工程园林服务有限公司）

（2）修剪整形　第 1 年，在苗木生长期每株留 2～3 个头，其余部分剪去。以后在每年 6～9 月的旺盛生长期间，对一些旁伸乱探和生长过旺的枝蔓进行修剪，以调节均衡树势，保持整体造型。当植株造型成“伞状”后，对沿花架下垂的枝蔓留 0.6m 左右剪齐，使其形成整齐的“伞”缘，以增加韵律感。

（四）道路墙体立体绿化辅助设施

1. 墙面卡盘设计

构成“绿墙”系统的主要部件是具有不同规格卡盆穴的卡盘和符合卡盘穴规格的卡盆。针对卡盘部分，还进一步制作了规定大小和强度的收装盘，每个收装盘中有一定数量的卡

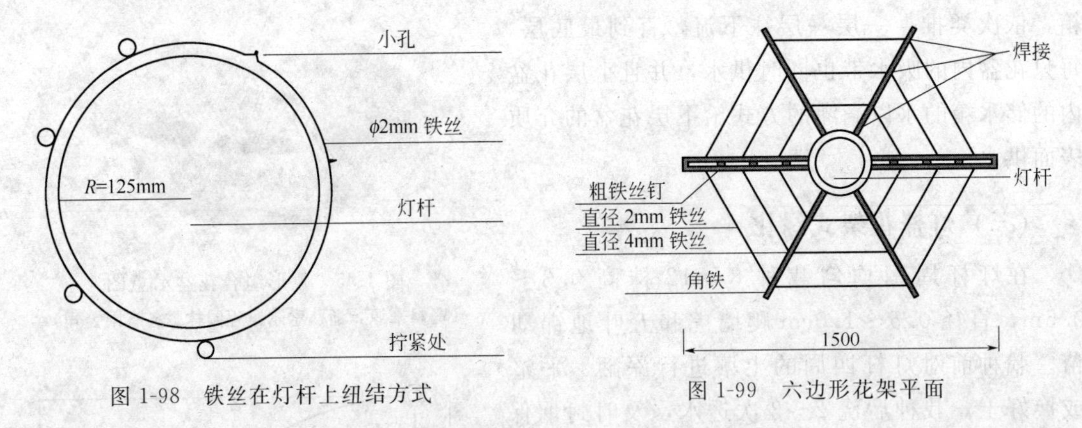

图 1-98 铁丝在灯杆上组结方式

图 1-99 六边形花架平面

盘，从而构成一个单元。卡盘部分经过防锈处理（亚铅镀金）在各卡盘的顶部预先配置滴灌系统。内径 1mm 的滴灌管在通常的上下水管的 1.5～2.0kg/cm^2 水压下，1 分钟可出水 50mL 左右。用海绵和岩棉等把 10cm^2 左右的植物根部包起来，放入卡盆里。在植物的根部安装阻止物，起固定作用，目的是让植物在任何状态下都不会从卡盆里脱落下来。从盘的下部开始，依次装入卡盆，在盆和盆之间的缝隙中填充珍珠岩、黑耀石等组成的轻质人工堆肥，填充堆肥后，各个卡盘就不是单独的个体了。

现场施工前的一个月左右开始种植并养护植物，可为绿化墙面提供理想的植物材料。在此期间，为防止没有植物的卡盆中的土壤脱落。可用阻塞物固定住。在养护方面，采用滴灌系统浇灌，在水源处可安装定时给水装置。

2. 墙面垂直箱设计

墙面绿化的承载物是墙面，所以植物生长得好坏都是与墙面的粗糙程度有着直接的联系。这里就需要人工的辅助设施，在不利于植物攀附的光滑墙面，采用墙面支架的方式，或者墙面垂直绿化箱来完成墙面的绿化工程。

按照一般的墙面绿化是要在墙角开辟种植槽，这样就需要注意苗木的根部与墙根保持适当的距离（一般在 50cm 左右）。

用墙面垂直绿化箱，要注意的是绿化箱的选择和固定问题。一般绿化箱比较重，必须做好安装安全的问题。

四、道路立体绿化的栽植方法

（一）边坡绿化类型

边坡一般从土方工程上分为路堑边坡（挖方）和路堤边坡（填方），由构造不同分为土质边坡和石质边坡，由边坡防护方式的不同可分为工程防护边坡、植物防护边坡及工程防护和植物防护相结合的边坡。国内外大量研究表明，利用植物护坡不仅能节约成本，达到事半功倍的效果，还能美化和改善生态环境，可谓一举多得。目前，我国常见的为工程防护和植物防护相结合的边坡形式。

1. 岩石型边坡

这种类别的边坡可分级处理，第一级边坡一般都用浆砌片石满铺，并可采用垂直绿化形式，在碎石坠落台种植爬藤植物，使其沿坡面满爬，以减少构造物的压迫感和粗糙感，达到视觉上软化岩石坡面的目的。第二级及其以上的岩石边坡，可采用生物防护新技术，如喷混植生，三维网植草或用安装刚性骨架回填土植草等办法。张俊云等系统地总结了六种岩石边坡绿化方法：①挖沟植草＋三维网植草＋液压喷播（或撒播）；②土工格室＋三维网＋液压喷播绿化；③混凝土骨架＋土工格栅＋液压喷播绿化；④混凝土骨架＋六方空心砖植草绿化；⑤喷混绿化；⑥后层基材喷射。岩石型边坡绿化方法及效果见图 1-100～图 1-103。

图 1-100　岩石型边坡

图 1-101　喷播种子

图 1-102　铺设无纺布

图 1-103　边坡绿化效果

（图片来源：生态保育贴吧）

2. 壤土型边坡

这种边坡主要由壤土构成，对这样的边坡处理的目的主要是固土护坡，在边坡稳定的情况下，用机械喷草防护，在一些特殊景观用途的边坡可以草坪为底，用花灌木或硬质材料造景。在挖方边坡碎石坠落台上种植与中央分隔带相衬的灌木，且在第一级边坡面上砌槽种植垂枝植物，打破单调的格局，营造丰富景观。

3. 土石混合型边坡

这种边坡是碎砂、岩石、壤土混杂构成的，可用拱形、菱形网格形成“人”字形浆砌片石骨架加三维网植草形成坡面绿化。

（二）边坡绿化的栽植方法

1. 种子撒播

采用人工播种方式或使用固定在卡车上的种子洒布机，将种子、肥料、木质纤维、防止侵蚀剂等，加水搅拌后，以泵向边坡洒布形成1cm厚的种子混合物的施工方法，适用于边坡土质较软，厚度在25mm以下的砂性土，23mm以下的黏性土，以及边坡坡度缓于1∶1的情况。如图1-104所示。

图1-104　种子撒播

（图片来源：生态保育贴吧）

2. 客土种子喷播

客土喷播是精心配制适合于特殊地质条件下的植物生长基质（客土）和种子，然后用挂网喷附的方式覆盖在坡面，从而实现对岩石边坡的防护和绿化（图1-105、图1-106）。

（1）材料组成　种子：本地区植被种类很多，根据本项目边坡的岩质、土质情况、气候情况、绿化要求选择了狗牙根、百喜草、柱花草、知风草等；客土材料：当地的优质耕植土；肥料：微生物菌体，N、P、K，微量元素合成肥料；营养材料：生长激素，pH值为6.0～7.0，饱和容重为0.5～0.6t/m^3；稳定剂：木质纤维；黏结剂：高分子聚合物；水：普通的灌溉用水。

图1-105　客土种子喷播

（图片来源：中国建材采购网）

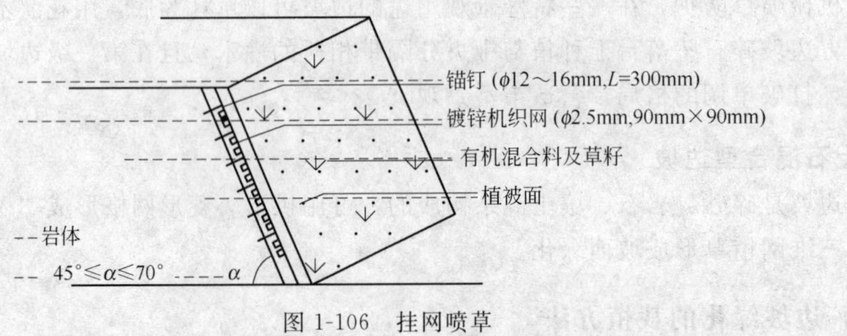

图1-106　挂网喷草

（2）主要施工设备　主要设备：客土喷播机（空气压缩机）、输送管、普通卡车、抽水泵、自动震动筛。

(3) 施工顺序　边坡开挖→明、暗排水施工→边坡刚性骨架防护→边坡表面清理、修饰→边坡岩、土质酸碱度检测→酸碱性岩、土的中和处理（在肥料中添加中和剂）→客土材料的准备（草、灌木、乔木、耕植土、黏结剂、稳定剂、水）→设备调试→试生产→检验喷播效果→调整后规模生产。

(4) 注意事项

① 边坡开挖要采取动态施工的方法，注意观测边坡的稳定性，边开挖、边完善排水并同步进行刚性骨架防护工程施工；

② 边坡防护要动态设计，岩土工程复杂多变，要根据边坡开挖岩质情况与勘探资料核对，对设计方案及时进行调整，确保边坡稳定；

③ 对边坡的岩质情况、裂隙发育情况、水理情况、酸碱度等进行分析、测试，做到一坡一客土喷播配比方案；

④ 施工时注意天气的变化，大雨前禁止施工，以防突然降雨造成冲刷破坏；

⑤ 施工最好选在雨季，减少浇水灌溉的施工投入；

⑥ 注意高空作业的安全生产工作，做到安全生产措施到位。

(5) 锚杆挂网　对边坡局部不稳定者来说，可通过锚杆挂网方法加强边坡稳定性。客土基质可以借助金属网的支撑附着在坡面，对坡面很陡的可以加密网或设置双层网。由于客土可以由机械拌和，挂网容易实施，机械化程度高，速度快，植被防护的效果好，喷播后基本不需要养护即可维持植物的正常生长。

3. 喷混凝土植草

喷混植草技术，是类似于客土喷播的一项坡面绿化技术，可以在岩质坡面上形成一个既能让植物生长发育的种植基质又不被雨水冲刷的多孔稳定结构。它的原理是将草种、助剂、有机物等加入水泥制成植被混凝土，用专用的设备将植被混凝土喷射到挂网的边坡上，既达到了绿化环境的效果，又起到了稳定边坡的作用。其工艺流程见图 1-107。

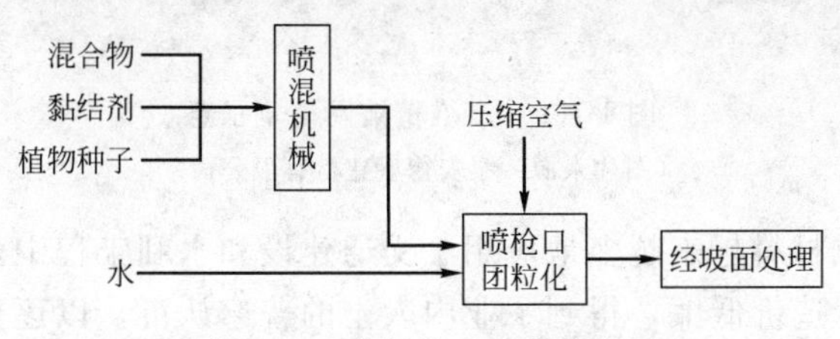

图 1-107　喷混植生工艺流程图

(1) 喷混凝土植生的材料　材料有水、混合植被种子、水泥、植壤土、有机肥、复合肥和锯末等。其中，水应不含对植物生长有害的物质，水质达到农业灌溉用水标准。种子用量不少于 35g/m^2，采用草地早熟禾（纳苏）、高羊茅、紫穗槐，混播比例为 2：6：2。水泥强度不低于 32.5 级。

(2) 混合料拌和　拌和时间如采用强制式搅拌设备时不得少于 1 分钟，采用自落式搅拌机时不得少于 2 分钟。

(3) 挂网　金属网宜采用网目 8cm×12cm、直径 3mm、幅宽为 4m 的机编双纽结六边形镀锌钢丝网，铺平拉紧后用固定钉固定。固定钉用直径 10mm 钢筋，长 1.0m，间距控制在 1.0m 左右，呈梅花形分布。各幅间用铁丝绑扎连接。

(4) 喷播植生　挂好网后，先分片，然后自下而上喷射植生混凝土。厚度为 10cm 者按分 2 层喷射，中间不能间断。喷完后的混凝土回弹率不应大于 15%。

(5) 养护　养护期内，应做好浇水、追肥、防治病虫害、补植等管护工作。植生护坡施工完毕后，应在其上铺一层无纺布 ($14g/m^2$)。

4. 三维植被网植草

三维植被网植草技术是一种固土防冲刷的植草技术，它将一种带有突出网包的多层聚合物网固定在边坡上，在网包中敷土植草（图 1-108、图 1-109）。它适用面比较广，可用于高填方路段的土方路基、石方路基和碎石土路基的两侧边坡。主要用于挖方路基的高边坡部位的全风化土质、强风化岩石部位。建议使用坡比为 (1∶1)～(1∶1.5)。

图 1-108　三维植被网植草实景

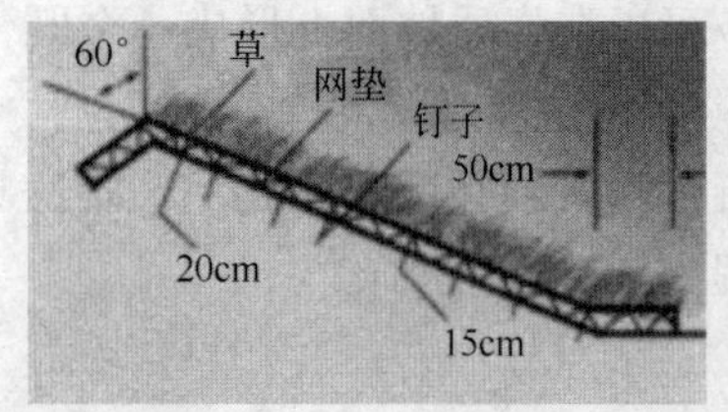

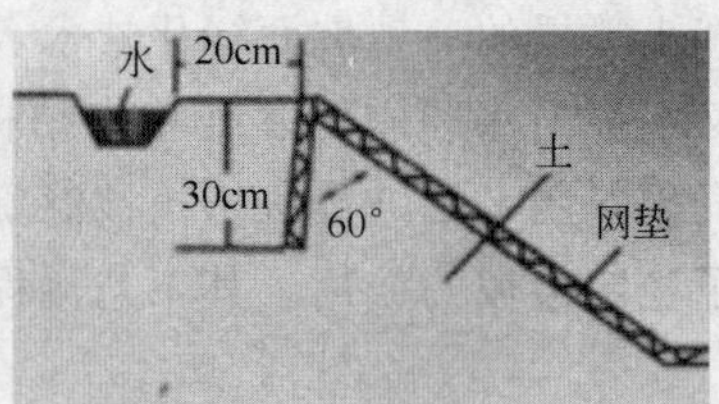

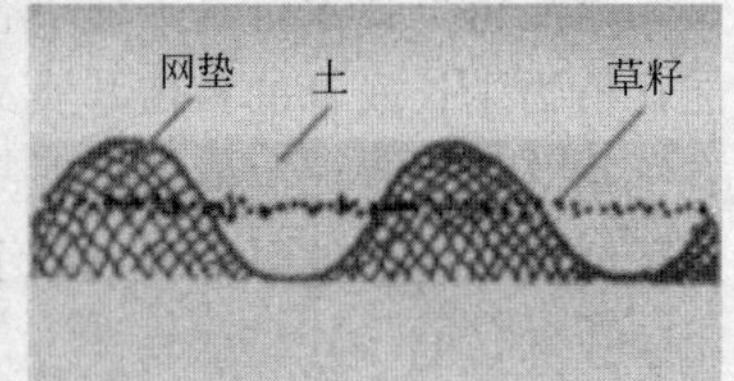

图 1-109　三维植被网植草示意
（图片来源：泰安德盛建材有限公司）

近年来，土工合成材料越来越多地应用于交通建设和水利工程中，土工三维植被网用于护坡工程中效果明显，造价低廉，得到了业内人士的普遍认可，以逐步取代传统的混凝土板块、浆砌石片或干砌石片等护坡方法。

(1) 材料与方法

① 试验方法　三维植被网植草技术形成的三维网边坡生态防护体系由锚杆、EM3 型三维网、网间营养料和网面草籽混合层组成。其中锚杆起稳定边坡和悬挂三维网的作用，三维网为土壤提供一个三维的储存空间并与土壤层相互结合形成具有一定强度的护坡体系，网间土壤层为草籽提供生长基质和养分，该技术成功的关键在于草籽混合层和土壤层的配方。

② 土壤层配方　造浆每立方米使用砂质黏土 800kg，水泥 60kg，糠 60kg，磷肥 10kg，有机肥 10kg，复合肥 5kg，保水剂 0.2kg，土壤稳定剂 2kg，水 90kg。

③ 草籽混合层配方　造浆每立方米使用砂质黏土 720kg，草籽 3kg，复合肥 8kg，磷肥 10kg，有机肥 10kg，水泥 90kg，糠 100kg，水 80kg，其中草种及其质量配比分别为狗牙根 50%，百喜草 25%，野花生 20%，灌木种子 5%。

（2）施工工艺

① 修整坡面使之达到设计坡比并确保坡面平整；

② 按设计要求钻孔并放置锚杆，然后注浆，在砂浆凝固前不得碰撞锚杆；

③ 从坡顶开始自上而下铺设三维网，前后两网之间的搭接长度大于 10cm，对于个别不平整的坡面用锚钉固定，使三维网紧贴坡面；

④ 将按配方调制后的黏土用喷浆机自上而下喷敷在坡面上，喷射厚度不小于 8cm，并确保坡面平整，无网包外露、空包或压包现象；

⑤ 将草籽混合料用喷射机喷播，喷射厚度不小于 7cm，喷播过程应连续喷播完成后将喷射机和输料管内的积料清除干净；

⑥ 喷播后，在坡面覆盖无纺布，以保持坡面水分，减少降雨对种子的冲刷，并在草籽生长期间适当浇水、补种、清除杂草和防治虫害等。

5. 植生袋法

利用植生袋进行坡面绿化，在短时间内就可以覆盖边坡，达到抑制径流、防止冲刷、稳定坡面、减少维护费用的要求（图 1-110）。植生袋分五层，最外及最内层为尼龙纤维网，次外层为加厚的无纺布，中层为植物种子、长效复合肥、生物菌肥等混合料，次内层为能在短期内自动分解的无纺棉纤维布。植生袋制作的关键是草种配比。

图 1-110　植生袋运用

（图片来源：中国生态修复网）

（1）基质装袋　植生袋装填的绿化基质由 5 份黄土、2 份河砂、3 份泥炭土以及少量复合肥拌和而成，可在边坡现场装袋。

（2）植生袋回填及锚固　已做好方格网或拱形窗肋式混凝土防护的边坡，或坡度在 1∶0.75 以下的低缓边坡，回填植生袋时通常可不用再加锚固，但应注意不同规格植生袋的合理配置。

（3）养护　养护工作主要包括两个方面：一是对滑落的植生袋及时补填；二是保证边坡植物的水肥供应（施工后两个月及入冬前各施一次肥）。在草和灌木生长成坪、根系将边坡土层固定之后，可不再进行日常的人工养护。

6. 草皮铺设法

草皮铺设法是通过人工在边坡面铺设天然草皮的一种传统边坡植物防护措施（图 1-111）。

图 1-111　铺设草皮

（图片来源：中国生态修复网）

(1) *特点*　施工简单，工程造价低、成坪时间短、护坡功效快、施工季节限制少。适用于附近草皮来源较易、边坡高度不高且坡度较缓的各种土质及严重风化的岩层和成岩作用差的软岩层边坡防护工程。是设计应用最多的传统坡面植物防护措施之一。

(2) *缺点*　由于前期养护管理困难，新铺草皮易受各种自然灾害，往往达不到满意的边坡防护效果，而造成坡面冲沟、表土流失、坍滑等边坡灾害。导致大量的边坡病害整治、修复工程。近年来，由于草皮来源紧张，使得平铺草皮护坡的应用逐渐受到了限制。

(3) *施工要点*　①种草坡面防护：草籽撒布均匀。在土质边坡上种草，土表面事先耙松。在不利于植物生长的土壤上，首先在坡上铺一层厚度为 5～10cm 的种植土，当坡面较陡时，将边坡挖成台阶，再铺新土，种植植物。②铺草皮坡面防护：草皮尺寸不小于 20cm×20cm。满铺草皮时，从坡脚向上逐排错缝铺设，用木桩或竹桩钉固定于边坡上。③铺草皮要求满铺，每块草皮要钉上竹钉，草皮下铺一层 8～10cm 厚的肥土，并要经常洒水养护。

7. 预制框格坡面防护法

预制框格工程就是在工厂预制好的混凝土或钢铁、塑料、金属网格在边坡上装配成不同的形状，用锚或桩固定后，在框格内填借土或土袋，然后进行植被建造工程。常与借土喷播工程或种子洒布工程及铺草皮等方法联合使用。

8. 连续框格工程法

连续框格工程法类似于预制框格工程，但通常是在边坡上设置模板，安设钢筋，浇筑混凝土，或挖沟安设钢筋喷入砂浆等。框格交叉点是连续的，常与岩体绿化工程或土袋植被工程联合使用，适用于有边坡崩塌危险，但进行边坡修正又不大可能，确有必要引进。该方法适用于边坡土质较软，厚度在 25mm 以下的砂性土，23mm 以下的黏性土，以及坡度缓于45°的情况，可使边坡迅速全面绿化。

9. 厚层基质挂网喷附技术

厚层基质挂网喷附法是先铺设金属网，再喷附有机绿化基材进行绿化的施工方法，以达到稳固山体及永久绿化环境的目的。施工内容包括：施工前期准备、搬入施工机械设备、平整坡面、铺挂菱形金属网、标定锚杆位置、固定菱形金属网、检查锚杆及金属网固定状况、标定喷播厚度、喷厚层基材（含草种）、检查喷播厚度、挂保湿防蚀遮阳网（视气候情况而定）。

施工方法概要见表 1-14。

表 1-14　厚层基质挂网喷附法施工概要

工　种		厚层基质挂网喷附法施工
施工方法		用空气压缩机，专业绿化喷附机将绿化基材喷射在坡面上，平均喷附厚度 7cm 左右
使用材料	基础材料	人工土壤或有机材料等（木质纤维、腐叶土、泥炭等）
	防止浸蚀材料或粘接剂	高分子系树脂等
	植物种子	木本、外来草本、固有草本
	肥料	高度化成肥料等
网材		金属网
标准断面图		全面喷附有机基材等 铺金属网
喷附厚度检测方法		喷附结束后，可在任意处开孔检测喷附的厚度

（资料来源：梁运波，孙强，李海滨．岩石边坡绿化的有效方法——厚层基质挂网喷附法［J］．现代农业科技，2006，11.）

10. 保育块技术

保育块技术是原日本绿化工学会理事长、日本信州大学教授山寺喜成博士针对恶劣立地条件下的植树造林问题，在 2002 年开发出来的播种、育苗与移植新技术。

所谓保育块（亦称土柱块）是一种由专用材料制成的、有一定硬度的圆柱形空心土块，其间植入乔木或灌木种子（图 1-112）。当种子发芽后，由于四周土壁硬度高，木本植物须根的侧向伸展受到保育块的束缚，而主根的发育受到促进，并在重力作用下向下方延伸，造成了主根粗壮发育、须根少但根系较粗的效果。这种强壮发育的主根，使木本植物能在更恶劣的立地条件下生存，避免了传统移栽、扦插所产生的主根不发育、须根发育，树木的重量全靠须根支撑的问题。另一方面，将已经育好苗的保育块（种苗株高 20cm 左右，主根系被控制在保育块内）移栽到坡面上，由于保育块内部植物根系未受到损伤，移栽后 1 周左右主根就可迅速扎进坡面土壤并向垂直方向伸展，比较粗壮的须根也能迅速向坡面方向延伸并在坡面土壤层中形成网络状，而一定的株高又可以使乔灌木幼苗避免周边草本植物对它更多的阳光遮挡，乔灌木的幼苗完全可以与草本植物竞争，并最终形成以乔木或灌木为主的、伴生有草本的稳定的植物群落，达到恢复植被、保护坡面、协调景观的多重目的。

11. 植物纤维毯防护技术

（1）植物纤维毯的结构　植物纤维毯的结构（如图 1-113）共分为 5 层，上层和下层

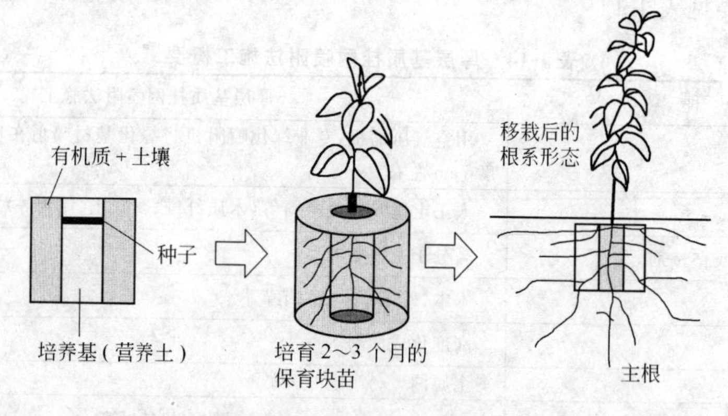

图 1-112　保育块育苗示意图

（资料图片来源：齐藤诚，邵琪，顾卫，戴泉玉，富樫智．半干旱地区公路岩质边坡植被恢复技术工程试验——以内蒙古赤峰通辽高速公路为例［J］．公里交通科技，2010，12.）

均为聚丙烯网，中间层从上到下依次是天然纤维层、草籽和营养土层和蓄水层。

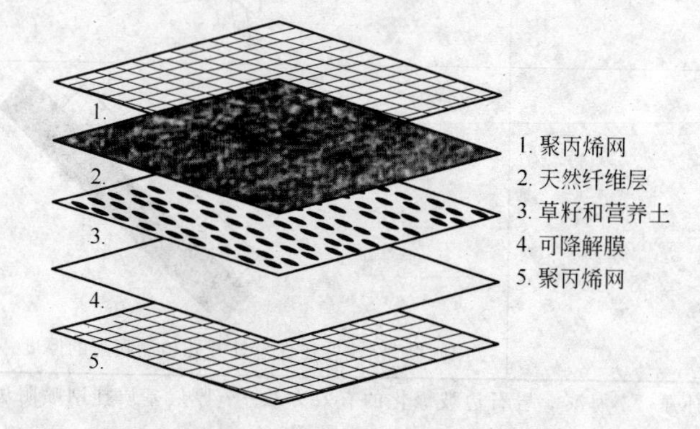

图 1-113　植物纤维毯的结构

（2）植物纤维毯的优点

① 植物纤维毯节能、环保，能有效防止边坡水土流失，保护坡面地被，防止坍塌侵蚀，并防风固土，可在一定程度上遏制风沙对高速环境的危害。

② 施工作业简便、快捷，可以完全、直接地铺设于地表，迅速提高植被建植能力，加快绿化速度，改善绿化水平，且不受土质及路基高度的影响。

③ 能抑制土壤水分蒸发，保持有效的土壤温度和湿度；吸附细沙尘土，秸秆腐烂后又可增加土壤有机质和养分含量，为植物生长提供良好的成长环境。

（3）植物纤维毯的施工工艺

① 边坡的坡面整理　植物纤维毯铺设前，检查路面施工单位完成二灰土后，路基单位进行刷坡及泄水槽安装情况，将坡面的杂物、异物及施工垃圾清理出坡面。最终达到表面平整、密实、湿润，坡度基本符合植物纤维毯铺设的设计要求，并可使坡面有利于植物纤维毯的完全覆盖。

② 施工的主要工序　在植物纤维毯铺设施工作业前，用雾状喷头将坡面全面淋湿，以达到坡面的平整和夯实。坡面彻底洇湿以后，草毯和坡面才可以更好地贴合，同时起到一定的保湿作用，更有利于植物的生长发芽。

植物纤维毯铺设时，要从坡顶至坡脚，由上而下地铺放草毯卷（如图 1-114）。同时，要用锚杆和锚钉固定住植物纤维毯的顶部和底角，使植物纤维毯贴紧坡面，并呈半绷紧状态而不悬空。植物纤维毯毯面保持平整，并无褶皱现象。两毯交接处重叠搭接，搭接适宜宽度为3～5cm，并利用U型钉、绑扎铁丝和锚杆等连接器件对纤维毯的横向、纵向分别连接固定，锚钉用量为每平方米不少于3只，锚杆、锚钉长度在35～45cm为宜。

图1-114　植物纤维毯的施工工艺

（资料来源：陈金成．植物纤维毯在大广高速公路边坡防护中的应用[J]．河北林业科技，2012，03.）

（三）植物种植施工

1. 准备

北京市垂直绿化技术规范（DBJ/T 13-124—2010）规定：

（1）垂直绿化的施工依据应为技术设计、施工图纸、工程预算及与市政配合的准确栽植位置。

（2）大部分木本攀缘植物应在春季栽植，并宜于萌芽前栽完。为特殊需要，雨季可以少量栽植，应采取先装盆或者强修剪、起土球、阴雨天栽植等措施。

（3）施工前应实地了解水源、土质、攀缘依附物等情况。若依附物表面光滑，应设牵引铅丝。

（4）木本攀缘植物宜栽植三年生以上的苗木，应选择生长健壮、根系丰满的植株。从外地引入的苗木应仔细检疫后再用。草本攀缘植物应备足优良种苗。

（5）栽植前应整地。翻地深度不得少于40cm，石块砖头、瓦片、灰渣过多的土壤，应过筛后再补足种植土。如遇含灰渣量很大的土壤（如建筑垃圾等），筛后不能使用时，要清除40～50cm深、50cm宽的原土，换成好土。在墙、围栏、桥体及其他构筑物或绿地边种植攀缘植物时，种植池宽度不得少于40cm。当种植池宽度在40～50cm时，其中不可再栽植其他植物。如地形起伏时，应分段整平，以利浇水。

（6）在人工叠砌的种植池种植攀缘植物时，种植池的高度不得低于45cm，内沿宽度应大于40cm，并应预留排水孔。

2. 植物材料的验收

种植前要严格按设计要求检验苗木规格、品种，并严把苗木病虫害关，所有苗木均要求符合植物检验、检疫标准。乔、灌木全数检查检疫证、苗木出圃合格证。草坪种子质量合格，地被植物种子纯正，发芽率达到95%以上。

3. 树木种植

北京市垂直绿化技术规范（DBJ/T 13-124—2010）规定：

（1）应按照种植设计所确定的坑（沟）位，定点、挖坑（沟），坑（沟）穴应四壁垂直，底平、坑径（或沟宽）应大于根径10～20cm。禁止采用一锹挖一个小窝，将苗木根系外露的栽植方法。

（2）栽植前，在有条件时，可结合整地，向土壤中施基肥。肥料宜选择腐熟的有机肥，每穴应施0.5～1.0kg。将肥料与土拌匀，施入坑内。

（3）运苗前应先验收苗木，对太小、干枯、根部腐烂等植株不得验收装运。苗木运至施工现场，如不能立即栽植，应用湿土假植，埋严根部。假植超过两天，应浇水管护。对苗木的修剪程度应视栽植时间的早晚来确定。栽植早宜留蔓长，栽植晚宜留蔓短。

（4）种植穴要做到翻松底土，上下垂直，栽植时大型乔木增施基肥，每个树穴施15g，底部回填好土。大叶女贞种植穴规格为150cm×100cm，红叶石楠球种植穴规格为150cm×100cm。法桐、大叶女贞、红叶石楠球各自行列种植，均在一条线上，相邻植物规格搭配合理，高度、干径、树形相似；小叶女贞篱、红叶石楠和海桐色块植株的株行距均匀，向外一面苗木高度、冠幅大小均匀搭配；树木行列的林缘线、林冠线符合设计要求。

种植深度要符合要求。一般乔灌木与原种植线持平，常绿树土球略高于地面5cm。种植后，树干或重心与地面垂直。对于规格较大的植物（如大叶女贞等），能按要求搭好支撑，支撑材料（竹竿）、高度（2.5m）、方向及位置整齐划一，绑扎处加垫物，捆绑牢固；修除损伤折断的树枝、枯死枝、病虫害枝等，绿篱、色块、球类整形修剪整齐流畅，线条挺拔；剪口平滑，无劈裂，位置合适，留枝留梢正确，主侧枝分布均匀，树形匀称。乔灌木数量符合设计要求，乔灌木成活率达98%以上。并做到管理及时，做好苗木培土、浇水工作。

（5）栽植后应做树堰。树堰应坚固，用脚踏实土埂，以防跑水。在草坪地栽植攀缘植物时，应先起出草坪。

（6）栽植后24小时内必须浇足第一遍水。第二遍水应在2～3天后浇灌，第三遍水隔5～7天后进行。浇水时如遇跑水、下沉等情况，应随时填土补浇。

（四）复合材料玻璃钢花钵设计

复合材料玻璃钢花钵是以玻璃纤维布为增强材料，以191聚酯树脂为黏合剂，采用特定工艺制作而成的一种新型产品。花钵由碗口、长方形箱体、玻璃钢支撑板等3部分组成，花钵承载力>200kg。悬挂花钵的外观规格尺寸：壁厚2～3mm，底厚3～4mm，质量5.0～5.5kg。

第三节　道路立体绿化养护管理

一、道路立体绿化植物材料养护管理

（一）城市道路绿化养护存在的问题

1. 植物养护不当

道路绿化行道树以新疆杨，国槐，榆叶梅，丁香，玫瑰，沙棘，水蜡绿篱等为主，不及时修剪出现车辆刮断树枝，挡住司机视线现象。绿篱不整齐降低了景观效果，不及时洗尘，影响生长。

2. 缺少病虫害防治知识

园林植物病虫害在道路绿化养护中极为普遍，病虫害对植株的损害无法补偿，一旦受害，就会降低苗木的质量，使其失去观赏价值和绿化效果，甚至引起植株死亡。

3. 道路绿化规划不当

城市道路绿化的规划与城市建设不同步，没有制定出科学的长远规划，有些地方的规划绿地被其他项目侵占，例如城市道路在建设时由于用地相对紧张的原因往往会出现挤占绿化用地的现象，造成了道路两边的绿地率偏低，一些地方甚至是缺少路侧绿化带。在大规模的城市改造过程中，一些成年树木被砍伐，造成了大量的浪费。

4. 盲目引进外来树种

一些城市在进行道路绿化时为了追求景观美化，忽视对植物的生态习性考虑，盲目引进外来树种。造成树种入侵、树种死亡或者生长不良的情况。这不仅影响景观美化，也给养护管理带来不便，造成资金人员的浪费。

5. 植物景观枯燥

植物搭配单一，给人枯燥的感觉。在绿化结构的配置上不够科学化，乔木、灌木和草坪的比例搭配不合理，树木多单独种植，没有和其他植被相互配合构成群落体系。园林树种配置形式上，应用丛植、片植、孤植等多种形式，应考虑植物的季相变化、色彩搭配。

（二）针对城市道路绿化养护不足采取的策略

1. 设计施工要严格把关

绿化设计要与现有的养护水平相协调，如行道树要选择病虫害少、树冠浓郁、生长健壮、易于成活的树种，选择不同品种，避免病虫害的蔓延。绿化养护单位应该参与从开始施工到验收的全过程，从绿化树种的选择，隐蔽工程的验收，水电管道的铺设到回填土质量，植株疏密、深浅，定植后的维护等。

2. 根据地域特点，合理选择树种

针对不同的地域特点，探究各城市适合道路绿化的植被，尽量选择耐污染、改善生态环境效果显著的植物种类。植物配置要以乔木为主，乔灌藤、花草相结合的复层绿化模式。采用乡土树种，加强对引进树种的检验检测力度。

3. 加强宣传教育和园林绿化法制建设

加强宣传教育和园林绿化法制建设，提高全民对道路绿化的保护意识。建全城市道路绿化的管理队伍，实施责任制，将地段的监督权进行细化，根据不同区域植物的生长情况制定相应的养护方案。树立警示牌，提醒人们的不文明行为；加强宣传教育，将保护理念切实融入到百姓生活当中。

（三）城市道路绿化养护管理

这里重点介绍道路边坡立体绿化植物的养护管理。

作为边坡保护工程的坡面绿化，应该不需要进行保护和管理就能建成目的植物群落，但是不同的边坡要求不同，条件差的边坡，仅仅依靠实施绿化播种后就能达到其绿化目的是比较困难的，必须进行保护和管理。许多的边坡必须采取一定的管理措施，才能逐渐达到设计的要求，发挥绿化所带来的生态方面的作用。以下是常用的七个管理措施。

1. 加强喷水保湿

水分是植被能否存活的一个重要原因，植物在不同的生长发育时期对水的需求量有很大差异，不同植物对水分的需求量也不同，通过对水的管理可以实现对群落演替方向的调控。其中包括喷水养护和追施肥料等措施。喷水养护分前、中、后期水分管理，前期喷灌水养护为60天，中期靠自然雨水养护，若遇干旱，每月喷水2～3次；后期养护每月喷水2次。

北京市垂直绿化技术规范（DBJ/T 13-124—2010）规定：

(1) 新植和近期移植的各类攀缘植物，应连续浇水，直至植株不灌水也能正常生长为止。

(2) 要掌握好三至七月份植物生长关键时期的浇水量。做好冬初冻水的浇灌，以有利于防寒越冬。

(3) 由于攀缘植物根系浅、占地面积少，因此在土壤保水力差或天气干旱季节应适当增加浇水次数和浇水量。

2. 牵引

牵引的目的是使攀缘植物的枝条沿依附物不断伸长生长。特别要注意栽植初期的牵引。新植苗木发芽后应做好植株生长的引导工作，使其向指定方向生长。对攀缘植物的牵引应设专人负责。从植株栽后至植株本身能独立沿依附物攀缘为止。应依攀缘植物种类不同、时期不同，使用不同的方法。如捆绑设置铁丝网（攀缘网）等。

3. 施用肥料、激素

绿化苗木，三分种植，七分管养。加强苗木的肥水供给，增强其自身的生长免疫力，是对抗污染气体伤害的重要举措。追施肥料，为满足草本植物氮磷钾等营养需求，维持草苗正常生长，须在苗高8～10cm时进行第一次追肥，追肥分春肥（3～4月）和冬肥（10～11月）两次。另外，还可依据实际情况进行叶面追肥，如用0.1%的磷酸二氢钾或0.3%的尿素液喷施。追肥可分为根部追肥和叶面追肥两种。根部施肥可分为密施和沟施两种。每两周一次，每次施混合肥每延长米100g，施化肥为每延长米50g。叶面施肥时，对以观叶为主的攀缘植物可以喷浓度为5%的氮肥尿素，对以观花为主的攀缘植物喷浓度为1%的磷酸二氢钾。叶面喷肥宜生长期每半月一次，一般每年喷4～5次。使用有机肥时必须经过腐熟，使用化肥必须粉碎、施匀；施用有机肥不应浅于40cm，化肥不应浅于10cm；施肥后应及时浇水。叶面喷肥宜在早晨或傍晚进行，也可结合喷药一并喷施。

4. 定期疏剪

两分车带中的乔木，不但影响了树下灌木与植被的生长，强烈的阳光穿过树叶的间隙会产生刺眼的眩光，还会干扰司机驾驶，潜藏安全隐患。因而在保持道路原有景观的前提下，对道路两侧乔木进行合理的疏剪非常有必要。疏剪是指将枝条自分生处剪去，疏剪可以调节枝条均匀分布，改善通风透光条件，有利于树冠内部枝条生长发育，有利于花芽分化。疏剪后的乔木其树冠形状不会有明显的变化，但是可以大大改善目前这种“眩光”以及影响尾气排放和树下灌木地被的正常生长的环境，疏剪过密的交叉枝，还树下生命之光。

修剪可以在植株秋季落叶后和春季发芽前进行。剪掉多余枝条，减轻植株下垂的重量；为了整齐美观也可在任何季节随时修剪，但主要用于观花的种类，要在落花之后进行。攀缘植物间移的目的是使植株正常生长，减少修剪量，充分发挥植株的作用。间移应在休眠期进行。

5. 病虫害防治

北京市垂直绿化技术规范（DBJ/T 13-124—2010）提到攀缘植物的主要病虫害有：蚜虫、螨类、叶蝉、天蛾、虎夜蛾、斑衣蜡蝉、白粉病等。在防治上应贯彻“预防为主，综合防治”的方针。栽植时应选择无病虫害的健壮苗，勿栽植过密，保持植株通风透光，防止或减少病虫发生。栽植后应加强攀缘植物的肥水管理，促使植株生长健壮，以增强抗病虫的能力。及时清理病虫落叶、杂草等，消灭病源虫源，防止病虫扩散、蔓延。

加强病虫情况检查，发现主要病虫害应及时进行防治。在防治方法上要因地、因树、因虫制宜，采用人工防治、物理机械防治、生物防治、化学防治等各种有效方法。在化学防治时，要根据不同病虫对症下药。喷布药剂应均匀周到，应选用对天敌较安全，对环境污染轻的农药，既控制住主要病虫的为害，又注意保护天敌和环境。

6. 中耕除草

中耕除草的目的是保持绿地整洁，减少病虫发生条件，保持土壤水分。除草应在整个杂草生长季节内进行，以早除为宜。除草要对绿地中的杂草彻底除净，并及时处理。在中耕除草时不得伤及攀缘植物根系。

7. 管理措施

从植物发芽到幼苗生长发育期间，人为的践踏会造成生长发育停滞，甚至死亡。栽植后坡面绿化应该不断完善，专人、分段承包管护，做到每路段有专人巡逻看守，防止人畜践踏。

二、道路立体绿化辅助设施养护管理

道路旁的钢铁结构的棚架、栅栏容易生锈，尤其是在潮湿的天气下，所以保养的第一原则是防止防锈层的破坏。当发现棚架、栅栏的漆层脱落时，应及时进行修补，防止金属体与空气的长时间接触。木质结构的棚架、栅栏要注意防腐、防霉、防蛀、防白蚁侵袭，同时要提高木材的稳定性，防止被攀缘类植物压塌。

第四节　道路立体绿化实例分析

一、上海世博会世博轴绿坡

中国2010年上海世博会世博轴及地下综合体工程（简称世博轴），位于世博园区浦东核心区内。地上、地下各二层，局部地下三层。建筑南北长1045m，东西宽为地下99.5～110.5m，地上80m，建筑面积25.1hm^2。世博轴是“一轴四馆”永久性场馆中的主轴线，将与中国馆、主题馆、世博中心、世博演艺中心构成上海未来以国际商贸、文化、科技交流

为特色的第 3 个市级中心。

绿坡是世博轴景观的重要组成。世博轴东、西两侧的大块面绿坡各向内侧斜坡至地下一层，主要以大面积草地为主，配以线形的低矮灌木、草花装饰。绿坡的设计不仅加强了世博轴的纵向轴线感，也将阳光、空气、人流引入地下空间，真正打破了室内、室外的概念。地面层与地下一层由绿坡衔接，使人群在地下层感受到阳光、绿意。沿绿坡设计的木座椅与台地的层次都体现了细节的人性化。整个绿坡错落的地形也为上海这个平原城市增添一份独特的体验。在长约 1km 的两侧草坡中，靠近廊桥节点，7 座不同园林主题的袖珍公园错落分布在绿地与地下空间之间。公园的几何形态好似建筑室内空间与绿坡室外空间的张力的咬合与融入，不仅提供了人性化尺度的休憩空间，而且通过不同主题、色彩、材质和雕塑起到引导人流和标识作用（图 1-115～图 1-118）。

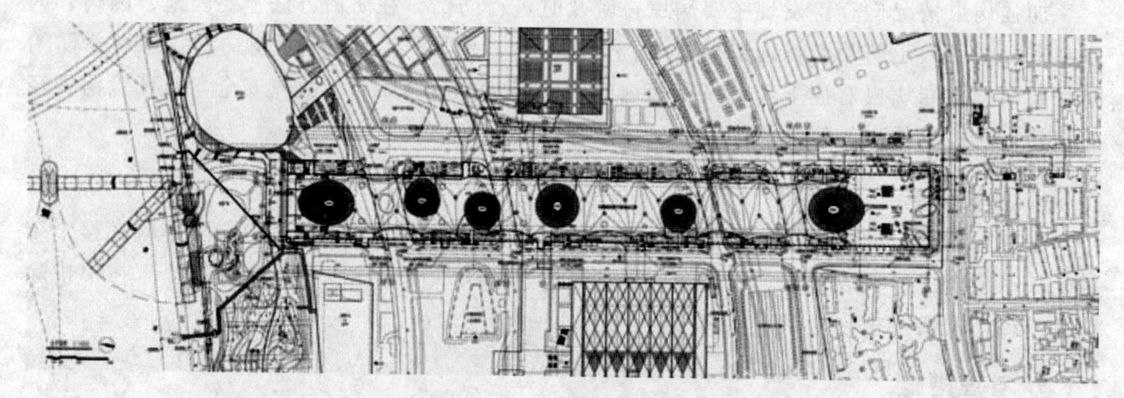

图 1-115　世博轴总平面图

图 1-116　世博轴鸟瞰图

图 1-117　世博文化中心边坡绿化

图 1-118　世博轴边坡绿化

（图片来源：重庆风景园林网）

二、拉斯维加斯刘易斯大道沙漠景观设计

刘易斯大道沙漠景观由 SWA 公司设计，建造在被誉为梦幻之城的拉斯维加斯里，它体现了这座城市所处的沙漠景观，并且将之定义为真实世界工作区的一部分。

刘易斯大道的建设遇到了一些困难，街道本身的环境就比较艰苦，不受人欢迎，道路中间是一个规模超标的四车道公路，而旁边则是狭窄的人行道，没有遮阳的树木。街区中间的停车场停满了车辆，人们很难从一个办公大楼去往另一个办公大楼。因此刘易斯大道首先要解决这个区的交通路道设计，SWA 的设计理念就是：建设出一条绿色的街道，周围有很多休闲地，通往其他地方的交通也非常便利。

早期的重要决定就是人行道地面环境的建设，设计团队决定把四车道的公路改为两道，移除的两条车道则改建成 20 英尺（1 英尺＝0.3048m）宽的人行道，人行道上种植两行树木（图 1-119、图 1-120）。

图 1-119　刘易斯大道改造前

图 1-120　刘易斯大道改造后

为了突出刘易斯大道作为工作街的特色，SWA 引入了沙漠景色。为了突出沙漠气候，设计师较少使用和水有关的景观。广场的设计则来自于一条沙漠水流——一场突然的暴雨，产生一条不规则的水流，把荒地一分为二。为了增强这种设计概念，水流自东向西，缓缓地沿着地形流过去。为了更好地体现沙漠的蚀刻表面，广场的水平位置比街道水平位置要低 2 英尺，看上去就像城市的表面被侵蚀掉，露出了下面的沙漠地形。蜿蜒的水流流经一条狭窄的水渠，最终在第四大街汇聚成一个小池塘。水流的形状和粗糙碎裂的石块，与简单平坦的人行道、水渠壁和楼梯形成鲜明的对比。水流周围还零星地栽种了一些旱生植物，很容易就能让人联想起沙漠之中的豆科灌木和山罗花灌木（图 1-121～图 1-124）。

三、Bertner 大街和 Moursund 大街街景

Bertner 大街和 Moursund 大街是德州医学中心老校区内的两个主要街道，德州医学中

图 1-121　沙漠水流旱生植物

图 1-122　水流尽头粗糙碎裂的石块

图 1-123　水景墙旱生植物

图 1-124　行道树

（图片来源 SWA 公司官方网站）

心老校区面积有 300 多英亩（1 英亩＝4046.86m^2）。在过去的十年，德州医学中心成员机构不断扩大设施，创造了两种类型的景观——街景和园景。街景的概念性规划和园景区域相联系，同时保护和加强园景区域。街景不仅给人们带来视觉享宴，还为行人行走提供了安全(图 1-125～图 1-128)。

图 1-125　医学中心街道两旁花坛

图 1-126　医学中心车道两侧行道树

图 1-127　医学中心人行道两侧行道树

图 1-128　医学中心道路分车带绿化
（图片来源 SWA 公司官方网站）

四、DE ST JOAN 大街街景

de St Joan 是一条 50m 长的大道，最早于 1859 年 Ildefons Cerdà 铺设建造的。大道两侧步行道种植两行行道树。

现在这条城市古老大道两侧的带状绿地被改建成一个宜人的城市公共公园。绿荫大道上的延续性首先得到确保。上面的百年古树被小心地保护，两侧的景观人行区域宽度在12.5～17m，其被明确地划分了功能属性。城市需要多功能的空间，沿路的空间除人行道以外，还设置了休息区、儿童区、聚会区。并在车行道路中间的部分，设置了双向的 4m 宽自行车道。自行车道与机动车行道之间设置了物理障碍。为了保持道路的可持续性，在百年大树的旁边新种植了小树，这些树一起为城市带来了荫凉。同时为了更好地排水，大部分地上铺上了草地和条石相间的铺装。这些铺装也有利于植物的生长，有助于场地植被多样化。同时这样的地面非常具有亲和力（图 1-129）。

这项改建不仅美化城市景观，还为城市争取了多功能公共空间，同时解决了场地的可持续性以及生物多样性问题。让这个区域在保护历史价值的情况下重振商业和娱乐价值。

五、杭宁高速公路（浙江段）一期绿化设计

1. 概述

杭（杭州）宁（南京）高速公路（浙江段）王家滨至青山段，自长兴县王家滨，经界牌岭三天门、鹿山，止于湖州市青山，全长 34.42km。

2. 绿化设计

（1）中央分隔带　中央分隔带绿化应以行车安全为目的，并起到美化路容、改善公路运行环境的作用。按照国家行业标准 JT 1074—94《高速公路交通安全设施设计及施工技术规范》规定，公路防眩遮光角度一般控制在 8°～15°。由于该地中央分隔带为 2m，为引导驾驶员的视线，强调道路的线形变化，强化防眩功能，协助维护通行安全，采用单株等距式栽植配置。绿化植物应以矮造型常绿树木为主，高度控制在 0.8～1.8m 以内，植物配置采用大片、大段手法以形成一条简洁明快、层次丰富、线条清晰的林带。主干树种选择海桐球和蜀桧；沿侧种植线形葱兰，地被以马尼拉草坪铺设（如图 1-130）。

图 1-129　大街植物景观

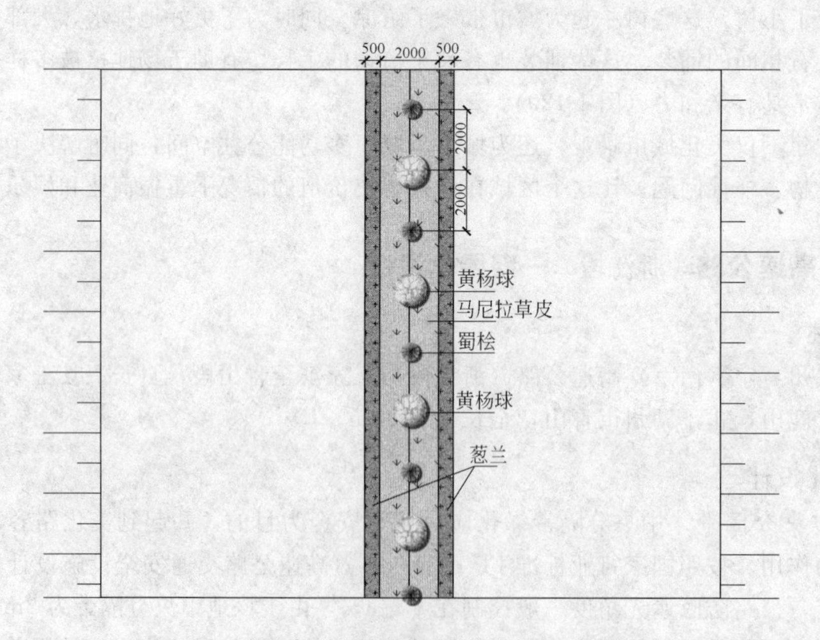

图 1-130　杭宁高速公路中央分隔带绿化（单位：mm）

（2）路堤边坡绿化带　为防止路堤边坡的自然侵蚀和风化，达到稳定边坡的目的，宜根据不同土壤立地类型采用工程防护与植物防护相结合的防护措施。由于路基缺乏有机质，选择根系发达、耐瘠薄、抗干旱、涵水能力强的植物可以起到较好的效果。本工程采用地被植物覆盖绿化方式，主要以播狗牙根草籽为主，重要路段结合预制混凝土块内铺设抗干燥的马尼拉草坪，预制混凝土采用窗孔式和方格式。

(3) *路堑边坡绿化带*　为防止路堑边坡的侵蚀和风化，在保留原有野生花草覆盖的基础上，布置低矮的地被植物或木本花卉、攀爬蔓性植物，不仅能提高绿视率，增加绿化层次、美化路堑，而且能起到防护隔离作用，对交通安全、降低汽车尾气的危害、减少灰尘等都极为有利。选用的植物主要有爬山虎、月月红、美人蕉等。

(4) *互通区域绿化*　互通式立交绿化是整个路段车流交会、景观视觉的一个重要节点，也是高速公路进出城市给人感观的第一印象，是绿化重点考虑的区域，该区域由于视角多，与地面落差大而形成高难度的设计地块。为使行使中的司乘人员获得代表当地特征的信息，在景观设计中既体现当地的人文景观，又具有现代感，且与自然有机地结合起来，创造出与其周围相适宜的环境美。布置采用乔木点缀，配以大片的模纹图案，选择季相变化明显的花灌木类，大型圆形转盘的模纹图案打破传统的圆形图案，以自然流畅的线形，强化动感，辅以观花观叶的小乔木、花灌木组成造型简洁、色彩明快的格局。为使绿化效果更趋完美，互通桥下视线所及地块也进行绿化，以书带草满铺来满足桥下雨水少、湿度小的功能，从而扩大绿化的面积。主要配植树种有雪松、蜀桧、杜鹃、大叶黄杨、红花檵木、金叶女贞、龙柏等，地被以红花酢浆草、马尼拉草皮为主（图 1-131～图 1-133）。

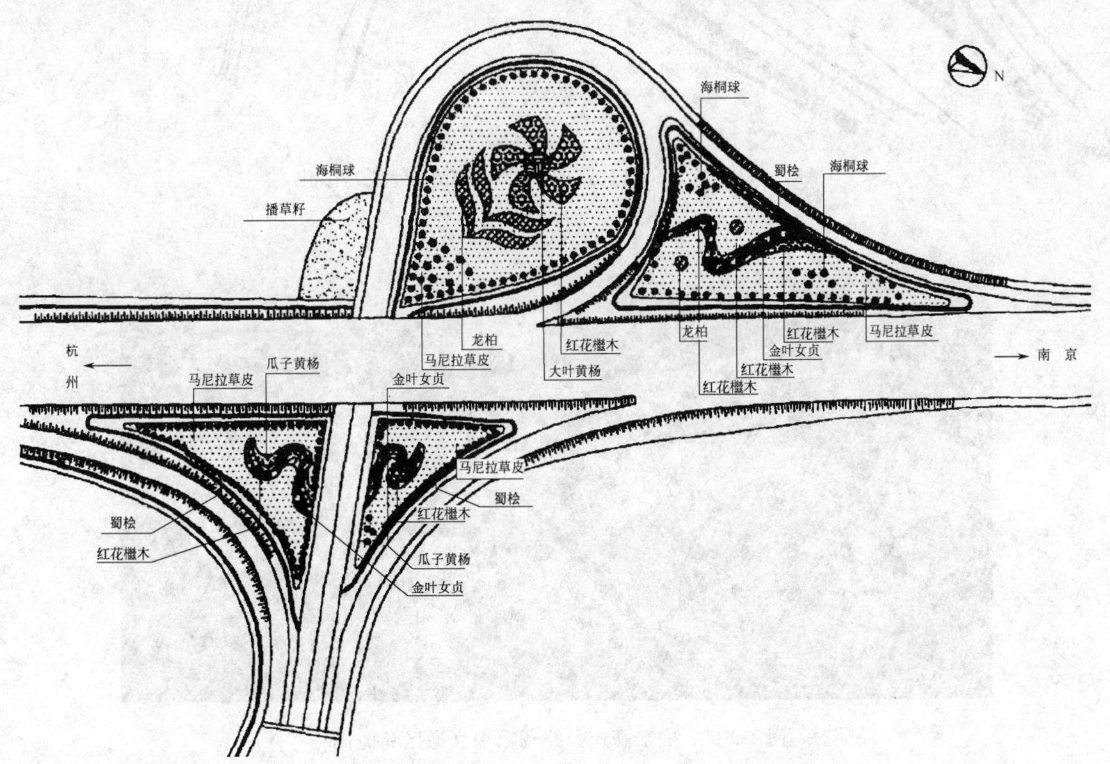

图 1-131　杭宁高速公路杨家埠互通区（主线）绿化

(5) *防护林带绿化*　高速公路是一个特殊的生态系统和绿色通道。为防止高速公路穿越市区产生的噪声和废气污染，在干道两侧留出 20～30m 的安全防护林带，利用乔木、灌木、草坪多层混交形成植物群落。

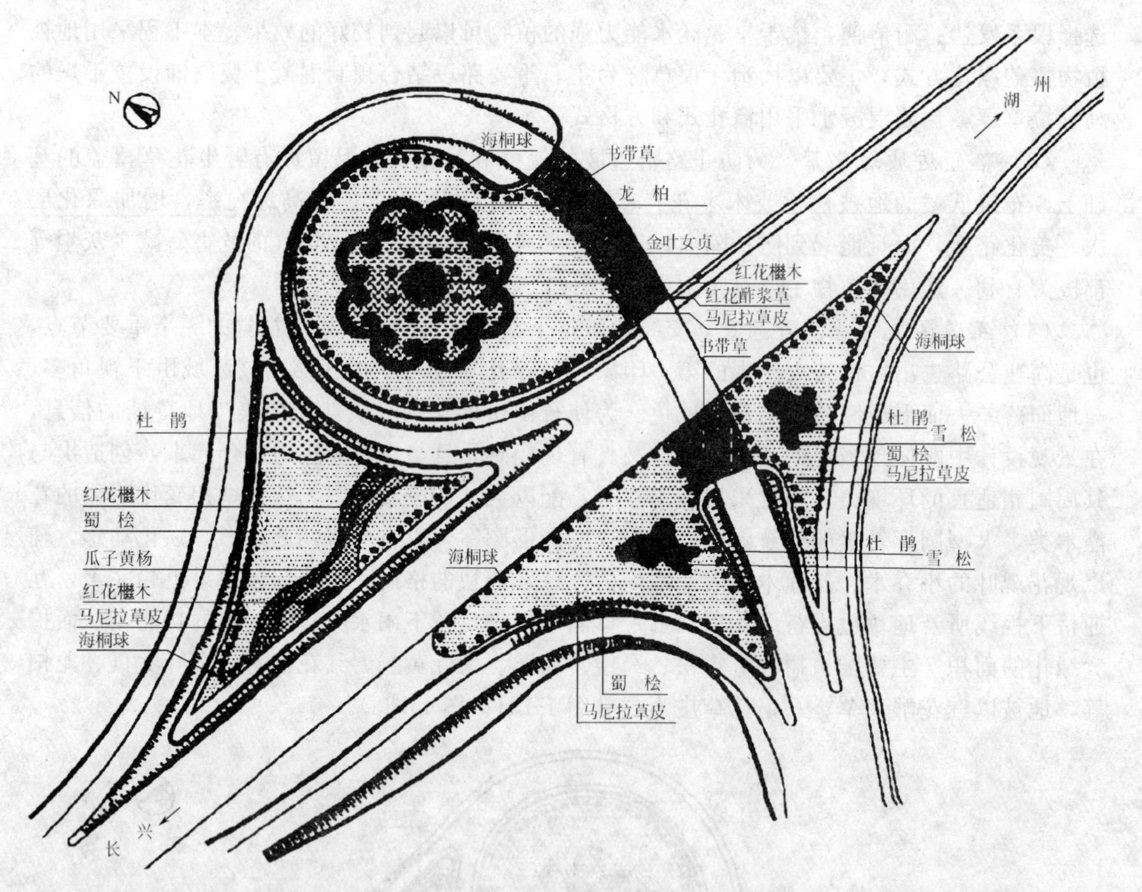

图 1-132 杭宁高速公路杨家埠互通区（外线）绿化

图 1-133 杭宁高速公路杨家埠互通区鸟瞰图

（资料来源：www.0572e.net）

六、意大利米兰表演者 2 号购物中心植物墙

建筑设计师 Francesco Bollani 设计了这个位于米兰表演者 2 号购物中心的植物墙，是世

界上最长的植物生命墙，已经打破了世界吉尼斯纪录，围绕占地面积为13594平方英尺（1平方英尺=0.0929m²）的购物中心，一直延伸。总的来说，植物墙面覆盖了整个购物中心的正面墙面，上面种植有44000种不同的植被，形成了鲜艳的花园绿洲景象。同时这个生命墙植被还可以吸收周围停车场的汽车尾气以及减少噪声，兼具美观和实用性（图1-134）。

图1-134　植物墙

（资料来源：园林景观网 http://gardens.m6699.com/content-25264.htm）

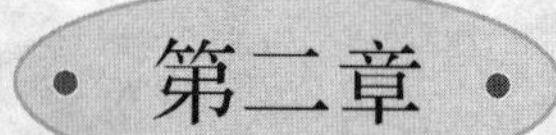

立交桥立体绿化技术

第一节　立交桥立体绿化概述及设计

一、立交桥立体绿化的概述

（一）概念

《中国土木建筑百科辞典——桥梁工程》中对立交桥的定义是，在两条以上道路的交叉处，为避免相互干扰而设置的供车辆各自在不同高度上分别行驶的架空建筑物。《辞海》中对立交桥的定义为，“立体交叉桥”的简称，是一种在上下层、左右向都可以通行车辆的桥梁。它可以使各条道路上的车流分别行驶，互不干扰，并使车辆保持原速通过交叉路口。由此可见，城市立交桥的主要功能是组织交通、保证交通顺畅。

大型立交桥已成为城市经济发展的标志，也是城市交通运输现代化的重要标志。常见的立交桥有地道式和高架桥式两类，其中以上跨式桥体模式，即高架桥式为主。

城市立交桥建设的初衷是缓解日益严峻的城市交通问题，但是作为一种形体巨大、造型独特的典型的现代构筑物，从它屹立在城市的那一刻起便决定了它绝不会仅仅作为交通基础设施而存在。在选择以立交桥作为缓解现有交通问题的有效手段的同时，如何充分地利用这一景观资源与其所处地段原有的景观达到和谐与统一，尽量减少对周边环境的压力，成为每个城市的决策及设计者不得不加以考虑和关注的问题。因此应利用立交桥创造绿化的立体效果，丰富绿化层次，为创造经济效益、缓解城市公害和改善城市整体的环境发挥积极作用。

立交桥立体绿化是与地面绿化相对应，是指以立交桥为主体，围绕桥体周围，根据城市立交桥的特殊性质所进行的植物绿化设计并在立交桥进行立体空间绿化的一种方法，它利用铁丝网、棚架等辅助设施在立交桥墩基部栽植攀缘植物，达到防护、绿化和美化等效果。立交桥立体绿化从景观角度看，它是道路景观设计中场地最大、立地条件最好、景观设置可塑性最强的部位，是道路的标志性景观，形成城市独特的风景线。

（二）立交桥立体绿化的目的和意义

立交桥绿化的目的是结合一般的交通空间绿化，作为交通景观节点进行处理，使交通景观整体变得更加优美，舒适，精致利用立交桥创造绿化的立体效果，丰富绿化层次，为创造经济效益和改善城市整体的环境发挥积极作用。城市人口的急剧增长和商业活动集于城市的趋势都在不断吞食城市作为重要环境财富的绿地，因此，产生了热岛现象等各种城市公害，从而导致城市环境的恶化和生活环境质量的下降。为了缓解城市公害和改善环境，当城市增长一般绿化空间面积无法实现时，立交桥等空间的立体绿化就显得尤为重要。

（三）立交桥立体绿化的效果和作用

（1）改善环境的作用　立交桥绿化增加了城市绿量，有效改善生态环境。通过对高架路（桥）进行垂直绿化，非常简便而又成本低廉地有效扩大城市绿量，对吸附有害气体，滞尘降尘，降低噪声，调节温度等具有显著作用。

（2）桥体美化，提升城市景观品质的作用　立交桥立体绿化形式多样，植物种类丰富，色彩鲜明，打破了传统平面绿化的单一、笨重，通过爬藤类植物种植立刻将水泥森林变成绿色花柱。立交桥立体绿化是在毫无生命气息的刚劲混凝土上点缀了有生命力的植物，赋予立交桥景观欣赏的价值，改善并美化立交桥的景观环境。

（3）对立交桥桥体起到保护的作用　对立交桥进行绿化，可减轻酸性雨和紫外线对立交桥桥体的破坏，延长立交桥的寿命。

（4）提高行车安全性　通过对立交桥多方位的绿化，如在立交桥底部种植低矮的乔木、灌木，增加草坪的面积并点缀常绿树种和宿根花卉，能够有效抑制人的烦躁情绪，缓解司机视觉得疲劳，大大提高了司机行车的舒适性与安全性，在行车出入口栽植绿化植物可有效指引司机的行车方向。

（四）立交桥立体绿化的现状

1. 国内立交桥绿化进展

在我国，广州是最早进行立交桥绿化的城市。到现在，上海、北京的立交系统也比较完善。北京市立交桥总数约占全国的一半，经过引种筛选，立交桥绿化主要采用五叶地锦、爬山虎和扶芳藤等品种。在满足基本功能的基础上，人们对立交桥的绿化要求也越来越高，追求更高的美学艺术特性，达到和谐统一、韵律优美的景观要求。

2. 立交桥绿化面临的问题

（1）车流量大，通行空间有限　立交桥作为城市交通的主要枢纽，每天承载着大量车流量，由于桥上、桥下空间都极其有限，立交桥交通拥挤，因此车辆的通行经常出现拥堵状况。可想而知在如此有限的空间内开辟绿地，对立交桥的绿化是一种很大的挑战。

（2）有害气体、粉尘等污染严重　一些园林植物具有滞尘降尘的作用，对于吸附有害气体和粉尘污染物的植物，它们是依靠叶片表面的褶皱、绒毛和分泌物的液体或油脂来吸附和阻挡有害物质的，但立交桥周边环境比较特殊，尤其是桥下空间常年得不到雨水的冲洗，通风状况也比较差，若不能及时地清洗植物叶片，会严重影响植物的生长甚至导致植物生病、死亡。

(3) 桥下光照不足，生长环境不良　常见的立交桥路宽度在18～25m，桥下会产生巨大的阴影，造成光照不足，影响植物的正常生长。此外，立交桥下气温由于桥面的屏蔽，会明显低于桥外气温，这些客观条件都不利于绿化植物的生长。

(4) 人为破坏现象普遍　立交桥车流、人行走向都有严格的限制，有些市民为了贪图一时方便，随意从绿化带中间穿过，有的甚至随意采摘花木，对立交桥绿化带来了一定程度上的破坏，对此应该提高广大市民的觉悟，建立起人们保护立交桥绿化的意识。

(五) 立交桥立体绿化设计原则

(1) 交通安全性　立交桥的绿化设计首先要服从其交通功能，使司机在行车时有足够的安全视距，心情愉悦。

(2) 景观舒适性　立交桥是整个道路系统的组成部分之一，因而立交桥的绿化首先要服从整个道路的总体规划要求，充分考虑降噪、防尘、减低风速、净化空气等功能，要和整个道路的绿化风格相协调，另一方面，立交桥又是整个道路系统的重要枢纽，是道路系统中的重要部分，它的绿化应作为重点处理，集绿化、美化、净化于一身，成为绿色生态廊，形成整条道路的景观亮点。绿岛是立交桥中面积比较大的绿化地段，一般应种植开阔的草坪，草坪上点缀具有较高观赏价值的常绿和花灌木，也可以种植宿根花卉。切忌种植过高的绿篱和大量的乔木，否则会使立交桥产生因阴暗郁闷的感觉。有的立交桥还利用桥下的空间搞些小型的服务设施。如果绿岛面积较大，在不影响交通安全的前提下，可按街心花园的形式布置，设置园路、花坛、座椅等。

(3) 园林绿化的艺术性　任何一个好的艺术类型的产生是人们主观感情和客观环境相结合的产物。立交桥园林绿化不同于植树造林，在保持各自的园林特色的同时，更要兼顾到每个植物材料的形态、色彩、风韵等美的特色，考虑到内容与形式的统一，使观赏者在寓情与景、触景生情的同时，达到情景交融的园林艺术审美效果，使植物材料充分发挥其园林综合功能，在满足植物生态习性及符合园林艺术审美要求的基础上，合理搭配起来，组成一个相对稳定的人工栽培群落，创造出赏心悦目的园林景观。

(4) 生态适应性　在立交桥绿化设计中，根据不同的地区，筛选适合当地的植物，从单层覆盖到复层种植，形成一个乔、灌、草结合的多结构、多功能立体种植群落。同时要见缝插绿，以桥体为依托，种植攀缘植物，大力发展垂直绿化，增加绿化的三维绿量，力求做到地面无裸露、桥墩不见水泥，最大限度地进行绿色覆盖，从而实现区域性的最佳生态效应。经有关部门测定，由乔灌木、草坪组成的复层结构，其综合效益是单一草坪的4～5倍，而经济投入比是1∶3。植物净化空气、降低噪声、改善与调节小气候能力为阔叶树＞常绿阔叶树＞针叶树或灌木＞草坪。垂直绿化覆盖的墙体能降低空气含尘量的22%，并降低墙体本身的温度10℃。

(5) 经济适用性　在立交桥绿化景观设计中，既要克服不重视绿化的思想，同时应充分考虑经济利益，尽量降低造价和后期绿化管护费用，这就要求在选用植物材料时，在明确材料来源、保证市场容量的基础上，考虑易于施工、便于养护、适应性强、管理粗放和价格低廉的植物种类，以达到减少投资的目的。同时在立交桥区加大“以圃代林”的景观设计，近期、远期绿化综合考虑，兼顾以路养路的原则。

(六) 立交桥立体绿化设计形式

简单式立交桥由于其自身的设计特点，不能形成专门的绿化地带，可供绿化的面积很少。复杂式立交桥一般都留有大面积的绿化用地，既主线与匝道之间围合而成的绿岛区。其绿化设计形式归纳起来有规则式、图案式、街心花园式、自然式等几种，其中以规则式和图案式为主要绿化形式。

（1）规则式　构图严整、平稳。主要以等距栽植的乔木、灌木为主，配植一些宿根花卉，乔木或序列等距栽植、或与灌木间隔种植，形成比较规则的构图形式，如北京建国门立交桥，阜成门立交桥。

（2）图案式　主要以平面构图为主，用植物材料或硬质材料组合成具体或抽象的图案，体现出较强的图案效果。植物材料一般是采用大叶（小叶）黄杨、金叶女贞、紫叶小檗，配植丰花月季或各种色彩的时令花卉，构成各种线型图案。有的还将传统文化引入绿地规划中，赋予设计图案一定的喻义，或者通过图案的整体造型抽象地表现出其文化内涵，如北京菜户营立交桥（凤尾图案）、四元立交桥（四龙四凤的图案）、安华立交桥、紫竹立交桥等。

（3）街心花园式　按街心花园的形式进行布置，在绿地中布置活动广场、游戏设施，设置园路、花坛、座椅等，为立交桥周围的居民提供活动场所。这种设计方式多用在城市中绿岛面积大且交通量较小的立交桥绿化中，由于这种形式的绿化占地面积大，因此在交通量很大的北京市区很少见，例如北京三元立交桥。三元立交桥是一座大型的复合式立交桥，总占地 20 hm^2，其中绿化用地 7hm^2。该立交桥由匝道和辅线分隔成大小十几块绿地，将两个直径 80 m 的环岛规划成为对称的开放性小游园，内部设置了廊架、小池、花坛、雕塑、广场、草坪，形成丰富的景观环境。

（4）自然式　以自然布置植物材料为主要种植形式，创造自然风光特色，注重植物的姿态、群体、色彩，突出植物的季相特点。这种方式多用于高速公路立交桥绿化中，如北京四环上的安慧立交桥。

二、立交桥立体绿化设计

立交桥的设计首先要满足交通运输能力，其次要与区域地形、已有道路和河流等相协调。有时会采用多立柱高架路（桥）的设计方案，有些则采用边坡、桥壁结合的方案。绿化设计将依总体设计不同而采用不同的方式。因为城市道路立交桥、高架路（桥）桥体及立柱绿化在植物营造上可用植物种类非常少且难度很大，故绿化的首要任务是选定合适的植物材料并保证材料的成活，使桥体及立柱尽快绿起来，在保证成活的基础上再考虑景观设计的问题，即利用一定的色相与季相变化，来突出立交桥及高架路（桥）的动态景观变化，使僵硬的水泥建筑体富有生机，但又以简洁的浅色彩为佳。

在立交桥桥体进行绿化设计时，要充分考虑到桥梁的承重能力，并且根据植物成长的最大体量及桥梁随时间推移其承重能力的变化来设计绿化的形式，做到以最小的植物重量绿化最大的面积，并且要注意使桥体两侧承重平衡，在平衡承重的状态下，才能保证桥梁使用寿命的增加，减慢老化速度。在桥体上的种植槽，应使用轻质的种植土，以锯末、珍珠岩、腐叶土等人工介质为好，一是保证植物的水肥供应，更重要的是减轻对桥体的压力。

（一）桥体种植

桥体的绿化类似于墙面的绿化，是城市立体绿化中占地面积较小，绿化面积较大的一种绿化形式。在桥梁和道路建设时，在立交桥体的边缘预留狭窄的种植槽，填上种植土，藤本植物可在其中生长。一般情况下，高度在 3m 以下的桥体墙面，在桥体道路边缘主要栽植木本或草本攀缘植物，如爬山虎、蔷薇、牵牛花或金银花等（图 2-1），这样可以使植物的藤蔓沿着栅栏缠绕生长。花木长大开花时，立交桥两边就会出现一条空中彩色花带；较高的墙面则用美国地锦、凌霄攀缘覆盖（图 2-2、图 2-3）。

图 2-1　北京中关村海淀桥桥体墙面绿化

图 2-2　广东佛山桥体墙面绿化

图 2-3　北京德胜门桥墙体绿化

图 2-4　桥上种植

桥体绿化还可以在桥面顶部设计小型种植槽，深 30cm，主要栽种草本花卉和矮生型木本花卉，如扶郎花或者矮生的小花月季，这种绿化方式特别适用于钢筋混凝土的桥体（图 2-4）

（二）桥帮悬挂

一些立交桥由于桥体下方是和桥体交叉的硬化道路，所以没有植物生存的土壤，桥体又不能设置种植池，对这类桥梁的绿化可以采取悬挂和摆放的形式。在桥梁的护栏上设置活动种植槽，并把它固定在栏杆上，也可以在桥帮两侧栏杆的顶部设计近似圆柱体花钵，可将其固定在栏杆一侧，也可架于栏杆之上，主要栽种草本花卉和矮生型的木本花卉，如牵牛花或微型月季，也可种植一些垂枝的植物，让植物的枝条自然下垂（图 2-5）。

（三）桥体防护栏绿化

桥体防护栏是桥体绿化中一个观赏性较强的部分，也是桥身最具装饰性的部分。桥体防护栏绿化可分为护栏内和护栏外两种形式，可分为以下几种方式：一是让墙面垂直绿化攀缘植物顺势生长，同时绿化防护栏。二是在防护栏旁放置花钵或种植槽，在盆中种植色彩鲜艳

图 2-5 植物枝条下垂

的观赏花卉或灌木，起到点缀和美化景观的作用，如三色堇、矮牵牛、一串红和万寿菊等（图 2-6、图 2-7）。三是在防撞栏或防撞墙外侧加建种植槽或支架，支架上放置花盆，然后在种植槽或花盆内种植观赏花卉或灌木，花盆悬挂空中（图 2-8、图 2-9）。四是直接在防护栏基部种植攀缘植物，这种形式在立交绿岛外围的防护栏绿化较多。

图 2-6 防护栏绿化（一）

图 2-7 防护栏绿化（二）

图 2-8 防护栏旁放置的花盆

桥体护栏绿化可起到软化并保护立交桥的硬质水泥的景观作用。在设计时，种植槽的形式与尺寸要与桥梁的结构形式及造型相协调，并尽量做到减少桥梁的压力，保持两侧平衡。

图 2-9　花盆

（四）绿岛布景

绿岛是整个立交桥绿化的主体绿地部分，占地面积最大，也最能代表一座立交桥的绿化特色。此外，立交桥的绿岛处在不同高度的主次干道之间，往往有较大的坡度，这对绿化是不利因素，可设挡土墙减缓绿地的坡度，一般不超过5%为宜，同时绿岛内应设喷灌设施。

由于立交桥绿岛地处交通频繁、人为干扰和人为抚育较少地段，比较特殊，所以在配置时要注意将不同生态习性和适用性强的种类进行搭配。立交桥绿岛的植物配置可采用："乔＋草、灌＋草、乔＋灌＋草"三种方式，其中"乔＋灌＋草"的形式运用的比较多（图 2-10）。比如广东佛山立交桥采用"乔＋灌＋草"三种方式（图 2-11）。占地面积小的绿地，可以设计成城市防护林和改善城市生态的林区的一部分；而占地面积较大的绿地，可结合城市休憩用地、主题公园等一起考虑设计，如可将大树、密林为主体，结合草地、花灌木，用不同品种的乔木林块状混交，通过植物的季相、花叶的色相变化形成图案和富有生态效应的植物群落，注意自然和谐、多样性的表达，创造绿化丛林景观。对于大型桥体绿岛设计可结合桥体进行设计，如北京四元桥绿化主体设计选择四龙四凤的图案，是中国民俗中吉祥如意的象征（图 2-12）。龙的图案以黄杨作骨架，用红色的小檗和金色的金叶女贞构成龙珠、龙角和龙尾各个西部，桥的四角则采用桧柏、黄杨、金叶女贞和红色丰花月季组成四个飞翔的凤。这样的设计明快流畅、引人注目，既有引导交通的作用，又起装饰、美化环境的效果，此外对提高城市的空气质量也起到一定的作用。

图 2-10　绿岛绿化形式

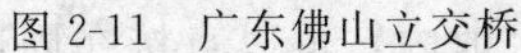
图 2-11 广东佛山立交桥

图 2-12 北京四元立交桥

立交桥景观绿地植被栽植类型示意见图 2-13。

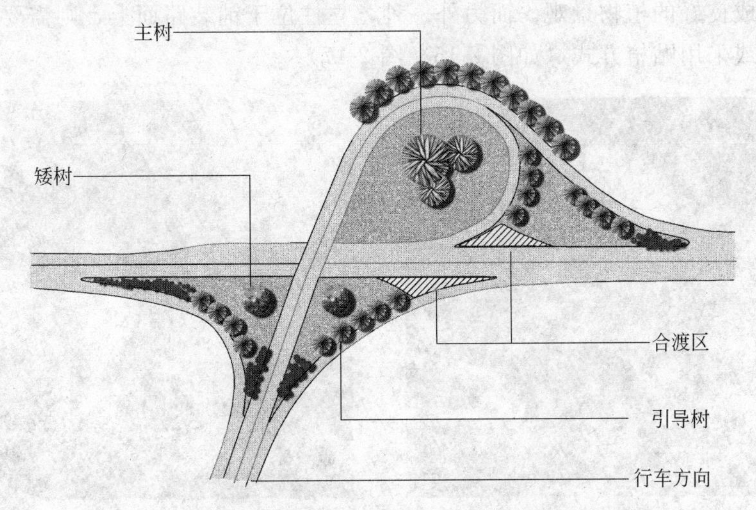

图 2-13 立交桥景观绿地植被栽植类型示意

现有的立交桥绿化设计形式以自然式和混合式为主。自然式多见于高速公路立交桥绿化中，如深圳市的罗芳立交（图 2-14）等；混合式常见于立交绿岛，主要是在自然式配置的植物材料中，再配置一些色叶植物或花灌木，组成形状各异的色块或图案。这样布局的绿地不仅有活泼、跳跃和明朗的色彩，让人赏心悦目，而且还具有有效缓解司机的驾车疲劳的作用，有利于行车安全。同时，大色块的图案与庞大的立交桥在气魄和格调上相协调。除了运

图 2-14 深圳市的罗芳立交桥

用多彩的植物增加效果外，在形式上也可多多考究，比如将街心花园引入其中，不同主题的小游园相互渗透、穿插。具体可以在绿地中设计些园路、花坛、休息座椅、健身器械、活动广场等小品，在低矮的空间可以布置小桥、流水、假山石等，不仅可以营造出怡人的空间氛围，还可为附近居民提供活动场所，为路人提供暂歇地。

（五）立柱绿化

桥体上有各种立柱，支撑柱，这些立柱和支撑柱是高架路（桥）道路的承重部分，由于其结构上的要求，柱体一般比较粗大，外形不甚美观，需要种植一些爬藤植物进行装饰。它们为立交桥垂直绿化提供了许多可以利用的载体。从一般意义上讲，吸附类的攀缘植物最适于立柱造景，不少缠绕类植物也可应用，北京的立交桥立柱目前主要选用五叶地锦、常青藤等。

根据位置的不同，立柱绿化可分为两种，一种桥墩位于绿地内，可以直接在周边种植爬藤植物，对吸附能力不强的藤本植物，可以在立柱上用塑料网或铁丝网围起来，让植物沿网自行攀爬来形成良好的植物景观。而另外一种，立柱位于铺装路面上，则需要环其基部开种植槽进行栽培或采用贴植方式（如图 2-15～图 2-17）。

图 2-15　桥柱攀缘绿化

图 2-16　桥柱贴植绿化

图 2-17　桥柱绿化

（六）桥体下方绿化

桥下是整个桥区比较阴湿、暗淡的位置，处理不好便容易成为整个桥区的景观死角，因此在进行桥体下方植物种植时，应充分了解植物生境条件尤其光照条件，一般种植低矮的耐阴植物，可成较好的地被景观。如若光照好的位置可栽种抗污性强的喜阳植物如海桐、黄杨、鸢尾等，光照适中位置可种植抗污性强的耐阴植物或阴生植物如八角金盘、常春藤、爬山虎、扶芳藤和麦冬等（如图 2-18～图 2-20）；除了考虑选用耐阴植物外，还要考虑植物对采光和降雨的要求，将桥下的隔离带设计为通透式，为下面植物的生长提供了有利条件。如若受到耐阴植物品种的限制，也可用碎石作为辅助手段来丰富桥下景观。还可以在桥的两侧适度地种植乔木，将立交桥隐蔽起来，不仅可以弱化立交桥的巨大体量带给人的压抑感，还能给立交桥上的司机和乘客带来愉悦的视觉享受。结合利用植物本身的树形、色彩、季相等特点，加以运用反差、对比和渐变等美学原理组成宽度、色彩不同的花带及大小不等的图案，既规则又活泼，给人一种舒畅愉悦的空间感受。另外也可根据实际情况，将桥下设置为停车场，以解决其周边公共用地的不足。对于桥体下方中央隔离带或分车带的绿化，不仅有诱导视线的作用，还能起到美化道路环境，提高车辆行驶的安全性和舒适性的作用。隔离带的绿化（图 2-21），可以设置长条形的花坛或花槽，在上面栽种园林植物，如黄杨球、美人蕉、藤本月季等；也可在隔离带上设置栏杆，可以种植藤本植物任其攀缘，打破绿化布局的呆板，起到隔离的作用。

图 2-18 桥体下方立体绿化

图 2-19 桥体下方攀缘绿化

图 2-20 桥体下方绿化

（七）路基景观设计

对被匝道包围的地区，路基要停止像标准土方断面那样机械地做成直线坡面构成，而是要

图 2-21　桥体下方分车带绿化

做成圆形，在整体上具有近似柔和的自然形。坡面坡度是按照高度使其慢慢变化，越低就越缓，对坡肩部分要在 34m 的宽度内做成圆形。匝道内部的路基最大坡面坡度可按表 2-1 选取。

表 2-1　匝道路基的最大坡面坡度

高度/m	标准值	绝对最大值	高度/m	标准值	绝对最大值
0～1.0	1∶4	1∶4	3.0～4.5	1∶3	1∶1.8
1.0～3.0	1∶4	1∶2	4.5 以上	1∶2	1∶1.5

（八）建筑

建筑是城市立交桥地段景观设计中最重要的人工景观要素之一，它不但起到围合地段空间垂直界面的作用，还是道路空间边界的主要部分。建筑与其他景观的协调程度是衡量地段景观艺术水平高低的重要标准。对城市立交桥地段建筑景观的研究应首先考虑在不同交通条件下的视觉特性，如城市交通性道路对车速有一定的要求，要以机动车上人群的视觉特性为主，因而道路宽度较大，建筑体量也相应较大；而生活性道路其使用者多为步行者，空间较为封闭，景观设计应以低速为主，建筑体量较小，并应进行细部设计。其次，城市立交桥地段道路的线型对建筑的布置也有一定的制约作用。直线型道路两侧的建筑应有规律地布置，有助于形成富有韵律与节奏感的景观效果；而带有平曲线的路段，其沿线的建筑要充分利用曲线线型的特点，在平面与空间变换上与道路线型相协调。第三，建筑要与街道性质、历史环境相协调，并注意突出地方风格，这样才能创造出特色各异的立交桥地段景观。第四，其他诸如建筑布置的进退、高低、轮廓线的变化、色彩的统一等因素对烘托城市立交桥地段景观的个性氛围起到不可忽视的作用。

第二节　立交桥立体绿化施工技术

一、立交桥立体绿化植物选择

由于立交桥道路车流量多，二氧化硫等有害气体含量高，扬尘多，而且桥体一带的土壤相对贫瘠、干旱，因此对立交桥、高架路（桥）等进行绿化的植物选择首先应以乡土树种为主，并且尽量选用具有较强抗逆性的植物，针对光照条件不足的环境特点，应选择耐阴、适应性强的物种；针对立交桥对立体绿化要求较高的特点，可选择易管理、生长性良好的藤本植物，如五叶地锦、常春藤和南蛇藤等，或选用爬山虎等吸附能力较强的植物。总体来看，植物选择应遵循以下几个原则。

（1）满足交通安全和生态防护等要求。

（2）以乡土植物为主，适当引入部分外来优良植物，以增加植物群落的多样性。

（3）在考虑气候、土壤等立体地条件的基础上，严格按照因地制宜的原则，选择耐旱、耐瘠薄、抗寒、抗污染、观赏性强的树种及攀缘植物。

（4）管理粗放，不需大量修剪整形，生命周期长，易繁殖。

（5）具一定园林观赏价值，能体现层次，突出季相。植物配置以攀缘植物为主，巧妙丛植或点缀季相不同的色叶、花果植物，达到与立交桥道路线形、环境的协调，使景观开阔、简洁、富有流动感，衬托立交桥的宏伟气派，适应欣赏瞬间景观的视觉要求。

针对立交桥桥体承重等原因，大型植物应栽植于地下，通过攀缘攀附作用来绿化桥体，桥体两侧附设有小型种植槽，可种植草本植物及一些小型蔓性灌木及小藤本植物，要求这些植物管理粗放，对土壤水分、肥料要求不高，具有较强的抗性和生命力，如爬山虎、五叶地锦、常春藤等。而高架路（桥）、立交桥的立柱及桥体背阴侧，由于光线不足，在选择植物时还要考虑其耐阴性。以北京市为例，立交桥立体绿化较为常用的植物有如下几种。

（1）藤本类　三叶地锦、五叶地锦（图 2-22）、常春藤（图 2-23）、凌霄、紫藤、扶芳藤、南蛇藤、藤本月季、迎春、连翘、木香、爬山虎等。

图 2-22　五叶地锦

图 2-23　常春藤

（2）地被类　沙地柏、常夏石竹、早熟禾、高羊茅、野牛草、三叶草、玉簪、萱草、鸢尾等。

（3）垂挂类草花　牵牛花、旱金莲、吊兰、天竺葵等。

（一）华北地区可用于立交桥立体绿化的植物

1. 植物选择

见表 2-2。

2. 典型植物配置模式

上层：白皮松＋圆柏＋雪松＋华山松＋龙柏＋银杏＋白蜡＋悬铃木＋七叶树＋国槐＋三

表 2-2 华北地区可用于立交桥立体绿化的植物

植物种类	拉 丁 名	类别
白皮松	*Pinus bungeana*	常绿乔木
龙柏	*Sabina chinensis* 'Kaizuca'	常绿乔木
圆柏	*Sabina chinensis*	常绿乔木
雪松	*Cedrus deodara*	常绿乔木
女贞	*Ligustrum lucidum*	常绿乔木
广玉兰	*Magnolia grandiflora*	常绿乔木
侧柏	*Platycladus orientalis* (Linn.) Franco	常绿乔木
刺柏	*Juniperus formosana* Hayata	常绿乔木
洒金侧柏	*Platycladus orientalis* cv. Aurea nana	常绿乔木
南天竹	*Nandina domestica*	常绿灌木
石楠	*Photinia serrulata*	常绿灌木
大叶黄杨	*Buxus megistophylla*	常绿灌木
火棘	*Pyracantha fortuneana*	常绿灌木
小叶黄杨	*Jasminum quihoui*	常绿灌木
小叶女贞	*Purpus Priver*	常绿灌木
早园竹	*Phyllo stachysp ropinque*	竹
银杏	*Ginkgo biloba* Linn.	落叶乔木
白玉兰	*Magnolia denudata*	落叶乔木
国槐	*Sophora japonica*	落叶乔木
七叶树	*Aesculus chinensis*	落叶乔木
紫叶李	*Prunus ceraifera* cv. Pissardii	落叶乔木
日本晚樱	*Cerasus serrulata* var. *lannesiana*	落叶乔木
紫薇	*Lagerstroemia indica*	落叶灌木
山桃	*P. maackii* (Rupr.) Kom	落叶灌木
碧桃	*Amygdalus persica* var. *persica* f. *durplex*	落叶灌木
杏	*Prunus armeniaca*	落叶灌木
紫叶小檗	*Berberis thunbergii* f. *atropurpurea*	落叶灌木
贴梗海棠	*Chaenomeles lagenaria*	落叶灌木
月季	*Rosa chinensis*	落叶灌木
榆叶梅	*Amygdalus triloba*	落叶灌木
石榴	*Prunica granatum*	落叶灌木
紫荆	*Cercis chinesis*	落叶灌木
丁香	*Syringa reticulata*	落叶灌木
迎春	*Dasminum nudiflorum*	落叶灌木
玉簪	*Hosta plantaginea*	草本
鸢尾	*Iris tectorum*	草本
白三叶	*Trifolium repens*	草本
早熟禾	*Poa Pratensis*	草本
狗牙根	*Cynodon dactylon*	草本
结缕草	*Zoy siajaponica*	草本

角枫＋合欢＋栾树＋五角枫。

中层：西府海棠＋榆叶梅＋山茱萸＋紫薇＋锦带花＋黄刺玫＋棣棠＋猥实＋粗榧＋斑竹。

下层：紫叶小檗＋锦熟黄杨＋牡丹＋迎春＋砂地柏。

地被：丽格海棠＋角堇＋玉簪＋萱草＋景天＋冷季型草坪。

乔木层：华山松、圆柏、雪松、悬铃木作障景，春日可赏迎春、榆叶梅、棣棠、黄刺玫、西府海棠；夏季可赏乔木层栾树、合欢；秋季可赏栾树、银杏、白蜡、元宝枫。

灌木层：夏季紫薇、猬实；秋季西府海棠、山茱萸。

（二）华北地区可用于立交桥立体绿化的植物

1. 植物选择

见表 2-3。

表 2-3　华北地区可用于立交桥立体绿化的植物

植物类型	植物名称
乔木	香樟、重阳木、紫薇、榉树、银杏、棕榈、女贞、枇杷、广玉兰、紫叶李、山茶、悬铃木、红枫、樱花、罗汉松、枫香、无患子、桂花
灌木	球柏、黄杨、大叶黄杨、红叶石楠、红花檵木、毛鹃、珊瑚树、铺地柏、海桐、金叶女贞、金边黄杨、月季、金丝桃、茶梅、火棘、粉花绣线菊、雀舌黄杨、金钟、小蜡、桂花、紫叶小檗、棣棠、木槿、十大功劳、山茶、侧柏、小叶女贞、狭叶十大功劳、云南黄馨、南天竹
草本类	葱兰、细叶结缕草、麦冬
藤蔓类	美人蕉、红花酢浆草、马尼拉、高羊茅、狗牙根、白车轴草、花叶蔓长春等

2. 典型植物配置模式

① 香樟＋银杏—海桐—麦冬；

② 重阳木—南天竹＋狭叶十大功劳＋金叶女贞＋海桐；

③ 棕榈＋罗汉松＋紫薇—红花檵木＋铺地柏＋红叶石楠＋月季—高羊茅＋葱兰；

④ 合欢＋棕榈—木芙蓉＋红花檵木＋毛鹃—狗牙根＋时令花卉；

⑤ 雪松＋棕榈—毛鹃＋海桐＋枸骨＋金叶女贞＋红花檵木—狗牙根＋葱兰；

⑥ 香樟＋杜英—罗汉松＋红枫＋紫薇＋垂丝海棠—毛鹃＋龟甲冬青—狗牙根。

（三）华中地区可用于立交桥立体绿化的植物

（1）行道树　白蜡、栾树、千头椿、枫杨、悬铃木、国槐、毛白杨、樟树、山杜英、乐昌含笑、白玉兰、鹅掌楸、猴樟、棕榈、荷花玉兰、无患子、栾树、马褂木。

（2）分车带　高层：紫叶李；低层：三叶草、瓜子黄杨、金边大叶黄杨、小蜡；地被：麦冬。

（3）路侧绿带　乔灌草相结合。元宝枫、火炬树、毛白杨、紫叶李、龙柏、圆柏、侧柏、白皮松、木槿、紫薇、连翘、棣棠、迎春、红叶碧桃、樱花、大叶黄杨、金叶女贞、麦冬、紫藤、石竹、月见草、美人蕉、虞美人、鸢尾、金鸡菊、波斯菊。

(四) 华南地区可用于立交桥立体绿化的植物

1. 植物选择

见表 2-4。

表 2-4 华南地区可用于立交桥立体绿化的植物

植物种类	代表植物	拉丁名
乔木	木棉	*Bombax malabaricum* DC. (*Gossampinus malabarica*)
	洋紫荆	*Bauhinia blakeana*
	鱼尾葵	*Caryota ochlandra* Hance
	大叶榕	*Ficusaltissima* Bl.
	大王椰子	*Roystonea regia* (HBK.)O. F. r Cook
	蒲葵	*Livistona chinensis*
灌木	大红花	*Hibiscus rose-sinensis* Linn
	九里香	*Murraya exotical* L.
	希美利	*Hamelia patens* Hacnce.
	红背桂	*Excoecatia cochinchinensis* Lour.
地被	天门冬	*Asparagus lucidus* Lindl.
	台湾草	*Zoysia tenuifolia*
	簕杜鹃	*Bougainvillea glabra* Choisy
	蟛蜞菊	*Wedelia chinensis* (Osb.) Merr

2. 典型植物配置模式

见表 2-5。

表 2-5 华南地区立交桥立体绿化典型植物配置模式

模式	配置模式	植物配置特点
1	小叶榕-小乔木/棕榈科植物-灌木群-草本植物	上层:小叶榕点植,点缀棕榈科的油棕、老人葵; 中层:多为小乔木如紫薇; 下层:多片植金叶假连翘; 底层:覆盖草本植物如台湾草、大叶红草
2	大叶榕/小叶榕-草花+台湾草	大叶榕点植或列植,上层为球状乔木,无中层灌木,只有草花(蜘蛛兰、花叶良姜等)片植于树下
3	大王椰子+棕榈科植物/小乔木-彩叶灌木-草本植物	大王椰子丛植, 上层:点植棕榈科植物如椰子、散尾葵; 中层:点缀小乔木如紫薇,高大的簕杜鹃绿篱、大红花球; 下层:片植彩叶灌木如金叶假连翘、金叶榕; 底层:大片草本植物如大叶红草、台湾草
4	大王椰子-草本植物/地被	线形叶棕榈科植物丛植或阵列,下层片植草花(大叶红草、花叶良姜等)或覆盖单层地被(台湾草、马缨丹、雪茄等),团块状非均匀分布
5	油棕(棕榈科植物)-色叶灌木/地被	上层:点植棕榈科植物(银海枣、油棕、椰子等); 下层:点缀热带灌木变叶木或片植金叶假连翘; 底层:片植蜘蛛兰、鸭跖草,组团状非均匀分布
6	椰子-灌木/彩叶草本植物/台湾草	椰子丛植或列植,下层片植软枝黄蝉或彩叶草本植物如紫背竹芋或下层单独种植台湾草做地被
7	银海枣(棕榈科植物)-彩叶矮灌木/草花	银海枣丛植或点植, 中层:点缀棕榈科植物或丛植大花紫薇; 下层:点片植红檵木或花叶良姜、春羽,组团状非均匀分布

续表

模式	配置模式	植物配置特点
8	蒲葵/丝葵-灌木群-草本植物	蒲葵点植或丛植， 中层：灌木棕竹或金叶假连翘（球状灌木）点缀或绿篱状片植； 下层：片植草花为蚌兰、假金丝马尾
9	细叶榄仁-灌木/地被	细叶榄仁丛植或阵列，地被为彩叶灌木如花叶假连翘和金叶假连翘、红草、台湾草成片种植，勾勒群落轮廓
10	尖叶杜英（常绿开花乔木）-灌木-地被	上层：尖叶杜英/黄槐/水石榕； 中层：短穗鱼尾葵丛植； 下层：花叶假连翘成片状不均匀； 片植，点缀开花灌木洋金凤，地被植物多为台湾草和蚌兰
11	红花羊蹄甲/宫粉羊蹄甲/木棉	落叶开花大乔木列植在道路两边，或作为庭园树点缀在绿地中，下层地被通常为台湾草或无
12	木棉-灌木群/台湾草	木棉点植或丛植，点缀数株苏铁或簕杜鹃、散尾葵；片植灌木（福建茶、黄金榕、金叶假连翘等）和草本植物（花叶良姜、蔓花生等）。常作为庭园树或道路绿化
13	凤凰木-灌木（绿篱）-台湾草	落叶乔木大叶榕列植或点植， 下层：单层植物搭配，片植灌木（黄金榕、黄叶假连翘等）和草本植物花叶良姜、台湾草等。常作为庭园树或道路绿化
14	散尾葵-矮灌木-草花	中间配置金叶假连翘、花叶良姜，底层为蚌兰、假金丝马尾
15	金叶假连翘-其他彩叶灌木群-草花	彩叶灌木包括花叶假连翘、变叶木、金叶榕常绿篱状片植，下层片植草花花叶良姜、蚌兰、大叶红草，色彩鲜明，轮廓清晰
16	四季桂-矮灌木/草花+台湾草	四季桂丛植，鹅掌柴、杜鹃、金叶榕等矮灌木修剪成球状点植在周边，或以草花鸭跖草、假金丝马尾不规则片植

（五）西南地区可用于立交桥立体绿化的植物

见表 2-6。

表 2-6 西南地区可用于立交桥立体绿化的植物

种类	代表植物
常绿针叶乔木	龙柏、圆柏、云南油杉、侧柏、雪松、龙柏、侧柏、柳杉等
落叶乔木	棕榈、玉兰、枇杷、苏铁、石楠、香樟等
灌木	杜鹃、黄杨、南天竹、黄杨、含笑等
绿篱	小叶女贞、昆明柏、海桐、毛叶丁香、大叶黄杨、雀舌黄杨、海桐等
藤本植物	叶子花、油麻藤、常春藤、紫藤等

（六）西北地区可用于立交桥立体绿化的植物

见表 2-7。

表 2-7 西北地区可用于立交桥立体绿化的植物配置

层片	类型	树种
上层	落叶乔木	大叶白蜡、新疆小叶白蜡、疣枝桦、黑桑、欧洲大叶榆、杏树、李树、准噶尔山楂、五角枫、梓树、文冠果、旱柳、沙枣、胡杨
	常绿乔木	侧柏、樟子松、雪岭云杉、西伯利亚云杉
中层	灌木	黄刺玫、珍珠梅、榆叶梅、紫丁香、疏花蔷薇、山桃、紫穗槐、刺锦鸡儿、深碧连翘、金丝桃叶绣线菊、红瑞木、小花忍冬、桃叶卫矛、紫叶矮樱
下层	绿篱	小叶女贞、白榆、紫叶小檗
	宿根花卉和地被	地被菊、大花萱草、芍药、五叶地锦

（七）东北地区可用于立交桥立体绿化的植物

见表 2-8。

表 2-8　东北地区可用于立交桥立体绿化的植物配置

片层	观赏性	树　种
上层	常绿针叶乔木	雪松、桧柏、龙柏、油松、侧柏等
	常绿阔叶乔木	广玉兰等
	观花、观叶乔木	复叶槭、紫叶李、紫叶桃、元宝枫、五角枫、红枫、碧桃、京桃、白玉兰、红樱等
中层	观花灌木 春	连翘、榆叶梅、黄刺玫等
	观花灌木 夏	紫丁香、棣棠、太平花等
	观花灌木 秋	木槿等
	观果灌木	金银忍冬等
下层	绿篱	小叶黄杨、紫叶小檗、金叶女贞、冬青、小檗、龙柏、侧柏等
	模纹	小叶黄杨、小檗、紫叶小檗、金叶女贞等
	宿根花卉和地被	花叶玉簪、紫萼、一串红、矮牵牛、马蔺、沙地柏、紫杉、龙柏、侧柏等

（八）立交桥各部分绿化

1. 桥体墙面绿化

主要利用藤本植物的攀爬特性和枝条下垂来进行绿化，以增加绿地覆盖率，美化桥体，同时墙面绿化还可以对桥体起到保护的作用，减少桥体被恶劣气候破坏的概率，增加建筑材料的使用寿命。高度在 3m 以下的桥体墙面采用爬山虎、蔷薇栽植于桥体道路边缘，较高的墙面则用美国地锦，凌霄攀缘覆盖。上海高架道路的桥体绿化选用了黄素馨、蔷薇等作为四季常青又色彩缤纷的空中花境（图 2-24）。

图 2-24　桥体墙面绿化

在深圳市调查的 50 座立交桥中，有 46 座立交桥的桥体墙面进行了垂直绿化，占 92%，而 8%的立交桥墙面完全没有进行绿化。在立交桥墙面上所应用的园林植物共 9 种，隶属于 6 科 9 属，见表 2-9，包括匍匐藤本和缠绕藤本，除异叶爬墙虎和薜荔外，其余藤本植物均为具有艳丽花色的观花藤本。出现频率最高的是异叶爬墙虎，达 97.8%；其次是薜荔，为 80.4%；而另外 7 种植物应用较少。在这 9 种植物中，78%的种类为外来种。

表 2-9 立交桥墙面绿化植物应用频率

序号	植物种类	拉丁名	科名	生长习性	观赏特性	出现频率/%
1	异叶爬墙虎	*Parthenocissus dalzielii*	葡萄科	匍匐藤本	观叶	97.8
2	薜荔	*Ficus pumila*	桑科	匍匐藤本	观叶	80.4
3	蔓马缨丹	*Lantana monteridensis*	马鞭草科	蔓生灌木	观花	13.0
4	猫爪藤	*Macfadyena unguis-cati*	紫葳科	缠绕藤本	观花、观果	6.5
5	五爪金龙	*Ipomoea cairica*	旋花科	缠绕藤本	观叶、观花	4.3
6	金银花	*Lonicera japonica*	忍冬科	缠绕藤本	观花	2.2
7	龙吐珠	*Clerodendrum thomsonae*	马鞭草科	攀缘藤本	观花	2.2
8	炮仗花	*Pyrostegia renusta*	紫葳科	缠绕藤本	观花	2.2
9	蒜香藤	*Pseudocalymma alliaceum*	紫葳科	缠绕藤本	观花	2.2

在华南地区立交桥桥体墙面绿化中以“异叶爬墙虎＋薜荔”的配置形式出现频率最高。薜荔四季常绿，耐阴性强，能弥补异叶爬墙虎冬天落叶、稀疏及根部老化等缺陷；

在“异叶爬墙虎＋薜荔”的基础上，再搭配一些观花藤本。该形式在保证绿化覆盖率和生态效益的基础上，更强调观赏性，景观特色已经由最初的“绿墙”逐渐向“花墙”发展。

2. 桥体下方绿化

不同类型高架路（桥）体下方光照变化主要与道路上方高架路（桥）数量、高架路（桥）高度、桥面与桥体下方绿化带宽度之间有密切关系。光照好的位置可栽种抗污性强的喜阳植物如海桐、黄杨、鸢尾等，但在阳光暴晒情况下应采取适当的遮阴措施；光照适中位置可种植抗污性强的耐阴植物或阴生植物，如八角金盘、洒金桃叶珊瑚、常春藤、爬山虎、扶芳藤和麦冬等，可以降低高架路（桥）道路的空气污染，起到美化景观的作用。

桥体下方绿化植物的选择可参考表 2-10～表 2-12。

表 2-10 吸收汽车排放出的部分有害气体的植被种类一览表

类别	植物名称
抗 SO_2 较强的植物	悬铃木、海桐、垂柳、国槐、法桐、法国冬青、毛白杨、刺槐、大叶黄杨、小叶黄杨、丁香、夹竹桃、紫薇、臭椿、美人蕉、石榴、桑树、黑麦草、狗牙根、结缕草等
抗 SO_2 中性的植物	榆梅、枫杨、桑树、侧柏、广玉兰、罗汉松、龙柏、银杏
抗 SO_2 弱性的植物	雪松、凌霄、水杉
抗氟化氢较强的植物	大叶女贞、泡桐、刺槐、臭椿、侧柏、法青、棕榈、构树、夹竹桃、海桐、悬铃木、大叶黄杨、小叶黄杨、石榴
抗氟化氢中性的植物	紫薇、凌霄、广玉兰等
抗氟化氢弱性的植物	榆梅、美人蕉
抗氯气较强的植物	刺槐、合欢、紫荆、夹竹桃、棕榈、水杉、侧柏、结缕草
抗氯气中性的植物	女贞、悬铃木、山茶、梧桐、桃树、桑树、银杏、圆柏
抗氯气弱性的植物	木槿、栀子、无花果等
抗 NO_2 较强的植物	杜鹃、龙柏、石楠、无花果、泡桐、罗汉松、榆树、夹竹桃、石楠、小叶女贞
抗 NO_2 中性的植物	广玉兰、迎春花、无花果、月季、银杏、杉树
抗 NO_2 弱性的植物	洋槐、槐树、美国山核桃
抗 NO 较强的植物	杜鹃、桑树、构树、花椒等
抗 NO 中性的植物	迎春花、榆树、泡桐、鱼骨松、洋槐、槐树

表 2-11 植被叶片滞尘量一览表

树种	滞尘量/(g/m²)	树种	滞尘量/(g/m²)
刺楸	14.53	夹竹桃	5.28
榆树	12.27	丝棉木	4.77
朴树	9.37	紫薇	4.42
木槿	8.13	悬铃木	3.73
广玉兰	7.10	泡桐	3.53
重阳木	6.81	五角枫	3.45
女贞	6.63	樱花	2.75
大叶黄杨	6.63	蜡梅	2.42
刺槐	6.37	加杨	2.06
臭椿	5.88	黄金树	2.05
构树	5.87	桂花	2.02
三角枫	5.52	栀子	1.47
桑树	5.39	绣球	0.63

表 2-12 植被减噪功效一览表

减噪 4～6dB	鹿角桧、金银木、欧洲白桦、李叶山楂、灰桤木、加州忍冬、红瑞木、岑叶槭、高加索枫杨、欧洲榛、金钟连翘、心叶椴、西洋接骨木
减噪 6～8dB	毛叶山梅花、枸骨叶冬青、欧洲鹅耳枥、洋丁香、欧洲槲栎、欧洲水青冈、杜鹃花属
减噪 8～10dB	中东杨、山枇杷、欧洲荚迷、大叶椴
减噪 10～12dB	假桐槭

华南地区立交桥桥体下方以棕榈科植物种类最丰富，达 11 种。出现频率最高的是水鬼蕉，达 95.9%（表 2-13），其次是海芋和白蝴蝶。

表 2-13 桥荫绿化中出现频率排名前 10 位的植物

序号	植物种类	拉丁名	科名	生长习性	出现频率/%
1	水鬼蕉	*Hymenocallis americana*	石蒜科	草本	95.9
2	白蝴蝶	*Syngonium podophyllum*	天南星科	攀缘草本	44.9
3	澳洲鸭脚木	*Schefflera actinophylla*	五加科	观叶小乔木	38.8
4	海芋	*Alocasia macrorhiza*	天南星科	草本	34.7
5	棕竹类	*Rhapis excels*	棕榈科	灌木状	24.5
6	灰莉	*Fagraea ceilanica*	马钱科	灌木	20.4
7	鹅掌藤类	*Schefflera arboricola*	五加科	灌木	20.4
8	春羽	*Philodendron bipinnatifidum*	天南星科	草本	18.4
9	散尾葵	*Chrysalidocarpus lutescens*	棕榈科	灌木状	18.4
10	花叶良姜	*Alpinia zerumbet* 'Variegata'	姜科	观叶草本	14.3

3. 桥柱绿化

进行桥柱绿化时，对那些攀附能力强的植物可以任其自由攀缘，而对攀附能力不强的藤本植物，应该在立柱上使用人工辅助设施让植物沿网自由攀爬，如选用五叶地锦、常春藤等。对于桥柱下方阴暗处的绿化，可采用贴植模式，如南方城市选用女贞和罗汉松、红花檵木、八角金盘等，北方城市可选珍珠梅、金银木、麦冬一类耐阴植物，应该注意植物生长不能伸向道路方向，否则对交通会产生不良影响。

华南地区立交桥桥柱绿化主要使用的植物种类有异叶爬墙虎、薜荔、五爪金龙和绿萝（*Scindapsus aurens*），分属于 4 科 4 属 4 种。桥柱绿化也是以异叶爬墙虎的运用最广泛，出现频率达 100%，其次是薜荔，为 42.9%。薜荔主要是与异叶爬墙虎搭配使用，较少单独使用。

4. 桥体防护栏绿化

立交桥防护栏绿化通常采用 4 种形式：①攀缘植物随墙面顺势生长，同时绿化防护栏；②在防护栏内侧放置花盆，在盆中种植观赏花卉或者灌木，花盆与地面接触；③在防撞栏或防撞墙外侧加建种植槽或支架，支架上放置花盆，然后在种植槽或花盆内种植观赏花卉或者灌木，花盆悬挂空中；④直接在防护栏基部种植攀缘植物，该形式只出现在立交绿岛外围的防护栏绿化中。

华南地区立交桥桥体防护栏绿化隶属于 13 科 17 属，其中紫葳科种类最多，有 4 种。19 种植物中大多为具有艳丽花色的观花植物，也有个别观叶植物。从植物起源来看，除 5 个种及栽培变种为本地种外，其余种类均为外来植物，占植物总数的 74%。出现频率最高的是异叶爬墙虎，其次是薜荔。另外，簕杜鹃、软枝黄蝉和蔓马缨丹也出现较多（表 2-14）。

表 2-14 防护栏绿化植物应用频率

序号	植物种类	拉丁名	科名	生长习性	出现频率/%
1	异叶爬墙虎	*Parthenocissus dalzielii*	葡萄科	匍匐藤本	93.0
2	薜荔	*Ficus pumila*	桑科	匍匐藤本	67.4
3	簕杜鹃	*Bougainrillea glabra*	紫茉莉科	攀缘灌木	53.5
4	软枝黄蝉	*Allamanda cathartica*	夹竹桃科	蔓生灌木	25.6
5	蔓马缨丹	*Lantana monteridensis*	马鞭草科	蔓生灌木	20.9
6	猫爪藤	*Macfadyena unguis-cati*	紫葳科	缠绕藤本	7.0
7	五爪金龙	*Ipomoea cairica*	旋花科	缠绕藤本	4.7
8	蒜香藤	*Pseudocalymma alliaceum*	紫葳科	缠绕藤本	4.7
9	凌霄	*Campsis grandiflora*	紫葳科	缠绕藤本	4.7
10	炮仗花	*Pyrostegia renusta*	紫葳科	缠绕藤本	4.7
11	铁海棠	*Euphorbia milii*	大戟科	肉质植物	2.3
12	长春花	*Catharanthus rosens*	夹竹桃科	草本	2.3
13	三裂叶蟛蜞菊	*Wedelia trilobata*	菊科	匍匐藤本	2.3
14	桂叶老鸭嘴	*Thunbergia laurifolia*	爵床科	缠绕藤本	2.3
15	云南黄素馨	*Jasminum mesnyi*	木犀科	蔓生灌木	2.3
16	金银花	*Lonicera japonica*	忍冬科	缠绕藤本	2.3
17	垂叶榕	*Ficus benjamina*	桑科	观叶灌木	2.3
18	黄金榕	*Ficus microcarpa* 'Golden Leaves'	桑科	观叶灌木	2.3
19	炮仗竹	*Russelia equisetiformis*	玄参科	蔓生灌木	2.3

5. 中央隔离带绿化

在大型桥梁上通常建造有长条形的花坛或花槽，可以在上面栽种园林植物，如黄杨球，还可以间种美人蕉、藤本月季等作为点缀。或者可以在中央隔离带上设置栏杆，种植藤本植物任其自由攀缘。隔离带的土层一般比较薄，所以绿化时应该采用那些浅根性的植物，同时植物具备较强抗旱、耐瘠薄能力。

6. 立交绿岛绿化

立交绿岛是指互通式立体交叉干道与匝道围合的绿化用地。由于受桥体的遮挡作用，立交桥周围多裸地和硬质铺装，立交桥桥体周围的绿化在植物的选择上应该根据立交桥实际环境状况，合理选择植物品种。立交桥桥体周围的绿化配置的方式可采用："乔+草、灌+草、乔＋灌、乔＋灌＋草”四种方式。现有的立交绿化设计形式以自然式和混合式为主。自然式多见于高速公路立交桥绿化中，如深南新洲立交、罗芳立交、北环南海立交等；混合式常见于立交绿岛，主要是在自然式配置的植物材料中，再配植一些色叶植物或花灌木，组成形状各异的色块或图案，如滨河皇岗、滨河新洲、香蜜湖、深南南海、深南沙河等。这些绿地具有活泼、跳跃、明朗的色彩，让人赏心悦目，可以有效缓解驾车疲劳，有利于行车安全；同时，大色块的图案与庞大的立交桥在气魄上相协调。彩叶植物以黄金榕、红花檵木(*Loroppetalum chinensis*)、红龙草、金叶假连翘和花叶假连翘应用最多。此外，黄木岗立交绿岛还采用了街心花园式的设计，在绿地中设计了园路、花坛、座椅、活动广场等，为附近的居民提供了活动场所。

立交绿岛的栽植计划，除了按照园林的效果来完善环境外，还必须起到提高交通安全的作用。在立交的分流部分和交通岛端点，种植丛生灌木，不仅有物理的缓冲作用，而且在远处就可以给予驾驶员必要的注意。树木沿行车道外侧的排列栽植，可以起到引路作用。另外在立交区内栽植高达 20～30m 的大型树木，将显著提高互通立交的识别性。

为避免植物树枝干扰行车道，栽植距离应从路面边缘起离开 5m 左右为好。所栽植树木应选择适合当地生长的、抗污染能力强的种类。立交栽植具体方案参见图 2-25。

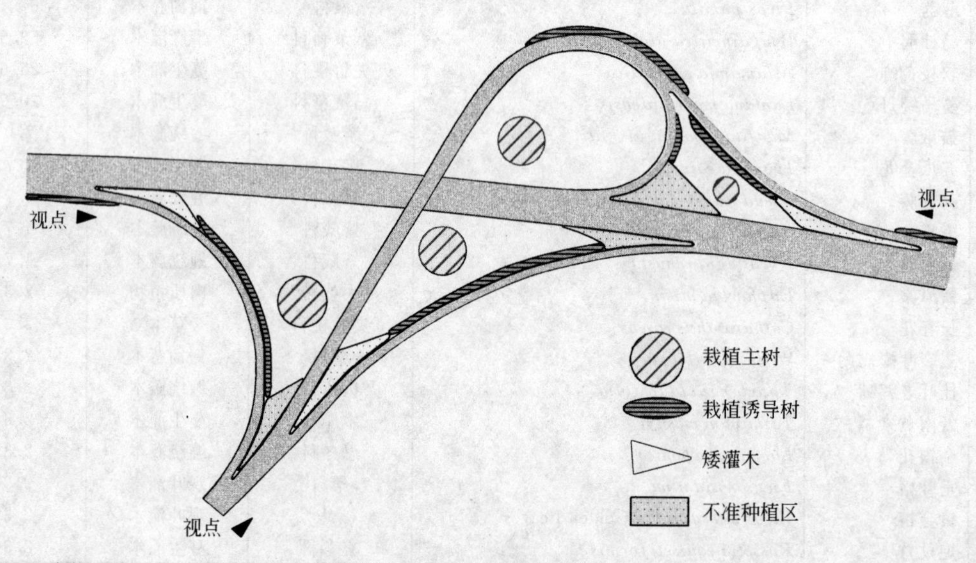

图 2-25　立交栽植绿化图

华南地区出现 10 种植物以上的科（包括 10 种）有棕榈科、桑科、大戟科、龙舌兰科、桃金娘科、苏木科、夹竹桃科和蝶形花科。以榕属植物种类最为丰富，共 14 种，其次为龙舌兰属、刺葵属、决明属和木槿属。出现频率最高的乔木是蒲葵，达 91.8%；而灌木和草本中出现频率最高的分别是紫薇和水鬼蕉（表 2-15）。

7. 边坡绿化

边坡绿化是用各种植物材料，对桥梁两侧具有一定落差坡面进行绿化，从而起到保护作用的一种绿化形式。边坡绿化应选择吸尘、防噪、抗污染的植物，而且要求不得影响行人及车辆安全，并且要姿态优美。边坡绿化还要注意色彩与高度要适当。较常见的边坡植物有蟛蜞菊、白蝴蝶、紫叶薯、沙地柏、地锦、波斯菊等。

表 2-15 华南地区立交绿岛中出现频率排名前 10 位的乔灌植物种类

生长习性	植物种类	拉丁名	科名	观赏特性	出现频率/%
乔木	蒲葵	*Livistona chinensis*	棕榈科	观形	91.8
	木棉	*Bombax ceiba*	木棉科	观花、观形	89.8
	凤凰木	*Delonix regia*	苏木科	观花、观形	75.5
	尖叶杜英	*Elaeocarpus apiculatus*	杜英科	观花、观形	75.5
	鸡蛋花	*Plumeria rubra*	夹竹桃科	观花、观形	71.4
	南洋楹	*Albizia falcataria*	含羞草科	观形	71.4
	大叶紫薇	*Lagerstroemia speciosa*	千屈菜科	观花	69.4
	小叶榕	*Ficus microcarpa*	桑科	观形	69.4
	垂叶榕	*Ficus benjamina*	桑科	观形	65.3
	大王椰子	*Roystonea regia*	棕榈科	观形	61.2
灌木	紫薇	*Lagerstroemia indica*	千屈菜科	观花	81.6
	夹竹桃	*Nerium indicum*	夹竹桃科	观花	65.3
	金叶假连翘	*Duranta erecta* 'Dwarf Yellow'	马鞭草科	观叶	87.8
	簕杜鹃	*Bougaimillea glabra*	紫茉莉科	观花	87.8
	黄金榕	*Ficus microcarpa* 'Golden Leaves'	桑科	观叶	75.5
	大红花	*Hibiscus rosa sinensis*	锦葵科	观花	71.4
	灰莉	*Fagraea ceilanica*	马钱科	观叶	71.4
	散尾葵	*Chrysalidocarpus lutescens*	棕榈科	观形	69.4
	苏铁	*Cycas revoluta*	苏铁科	观形	69.4
	桂花	*Osmanthus fragrans*	木犀科	观花	67.3

8. 选择植物

(1) 常春藤　常春藤属植物原产于北非、欧洲、亚洲亚热带或温带，原种约有 5 种，但变种和栽培种却有数十种，新品质亦不断产生。常春藤茎大多数呈蔓性，茎节能生长气根。叶掌状裂叶，有浅裂或深裂，全缘或波状缘，叶面有全绿或斑纹镶嵌，变化极丰富。此类植物叶形如枫，风姿优雅，性耐阴，为观叶植物的上品，适合吊盆栽培或附植蛇木柱，美国、日本常作地被或绿篱。性喜冷凉，华南地区秋至春季生育良好，而夏季气温高，需防生理病害。

(2) 福禄桐　福禄桐属植物有 80 余种，原产于美洲热带、亚洲、太平洋诸岛。福禄桐类株高 1～3m，枝干皮孔明显。叶形因品种而异，1～3 回羽状复叶，小叶有长椭圆形、披针形、圆肾形、圆斜形或卷叶等变化，叶缘有锯齿。叶色有全绿、斑纹或全叶金黄等，此类植物生性强健，叶姿风情万千，在强光下或荫蔽处均能生长，极适合庭园美化或盆栽。

(3) 球兰属　植物多达 200 种以上，原产于热带或亚洲亚热带、太平洋诸岛，我国东南部至西南部也有野生分布，园艺栽培种不断产生。茎呈蔓性，节间有气根，能附着他物生长。叶对生，厚肉质状，有长椭圆形、长菱形、针形或卷曲叶，叶色有全绿或斑纹色彩，初看酷似塑胶制品。夏、秋季开花，花腋生或顶生，球形、伞形花序，小花呈星形簇生，清雅芳香。此类植物生长缓慢，耐旱耐阴，适合附植蛇木柱或吊盆栽培，观叶赏花两相宜。

(4) 十大功劳属　植物 100 余种，分布于东南亚、东北美，我国有 50 种，主要产于西南部和南部，原生于中、高海拔山区。株高可达 2m，成株丛生状，根、枝干均呈鲜黄色（十大功劳中药称黄柏或黄心树）。奇数羽状复叶，小叶 11～15 枚，卵状披针形或长椭圆状披针叶，叶缘有尖锐锯齿。开花黄色，总状花序，浆果长卵形。此类植物叶簇高雅，在低温下叶色转浑红，枝叶是高级花材，性耐阴，盆栽可当室内植物，也适合庭园美化。

二、立交桥绿化的基质要求

植物品种栽植前要将栽植槽内的淤泥垃圾清理干净；铺设排水层，通常加入5～6cm厚的陶粒（陶粒直径1～1.5cm），以利于疏水；再铺设过滤层，通常铺设可透水的土工布，要求完全覆盖陶粒，大小比陶粒层宽5cm，防止基质堵塞排水管道；然后加入适量基质，基质宜采用混入人工基质的合成轻质土壤，要求是能满足植物生长条件，含有丰富的养分，具有一定蓄水能力，排水顺畅，通气保肥，pH值应在5.5～7.0之间的轻质材料，土壤中没有瓦砾、碎砖、玻璃和草根等有害物质。

桥体绿化营养基质管理实行“水肥为主，干肥为辅，无机肥为主，有机肥兼用”的原则。施肥量应根据苗木种类、苗龄、生长期和肥源以及土壤理化性状等条件而定。每两个月分析一次基质的理化状况。

三、立交桥立体绿化的辅助设施

立交桥绿化的辅助设施主要是在桥体的护栏、桥面两侧外缘、桥体下面悬挂种植槽、挂花箱（图2-26、图2-27），这就需要在立交桥修建时，就预留下种植箱，在种植箱里放上合适的植物就可以了。另外的种植部位是在沿桥面或者立交桥下面种植藤本植物，在桥体的表面上设置一些辅助设施，钉上钉子或者利用绳子牵引，让植物从下往上攀缘生长，这样也可以覆盖整个桥面，这类绿化常用一些吸附性的藤本植物，例如爬山虎等。由于铁栏杆要定期维护，这种绿化设施对铁栏杆不适用，而适用于钢筋混凝土、石桥及其他用水泥建造的铁栏杆。

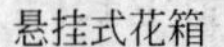

铁架由扁铁和角钢焊接而成，通过膨胀螺丝将金属框架固定于建筑结构体，以不影响植物的生长为准。

图2-26 悬挂式花箱示意图

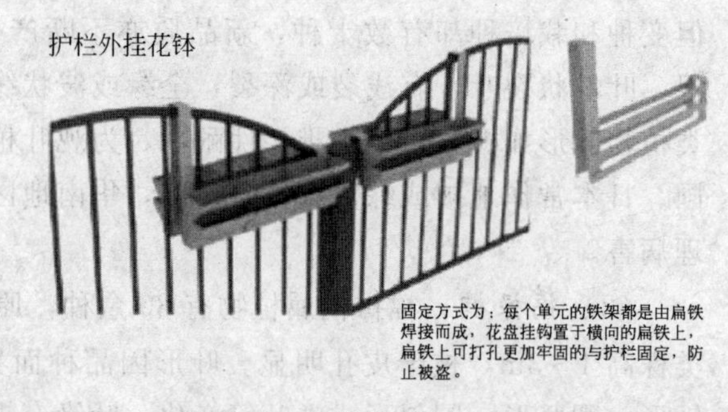

图2-27 护栏外挂花钵示意图

（资料来源：浙江索尔工程园林服务有限公司）

有些城市的立交桥绿化采用了立体储水绿化箱（图2-28），一般每隔60cm设置一个箱体，种植常春藤等藤蔓植物。这样就解决了在混凝土上做绿化的问题。一般在立交桥上使用的绿化箱是悬挂式的，滴灌方式如图2-29所示。

四、立交桥立体绿化栽植方法

（一）桥壁式立交桥立体绿化

桥壁绿化种植应尽量采用地栽，地栽有利于植物生长，便于养护管理。一般沿墙种植，种植带宽度0.5～1m，土层厚0.5m，种植时使植物根部离墙25cm左右。在桥基空间充裕的情况下，可在距墙体0.2～0.4m的距离内竖立用竹片和木料制作的艺术造型竹篱笆、木

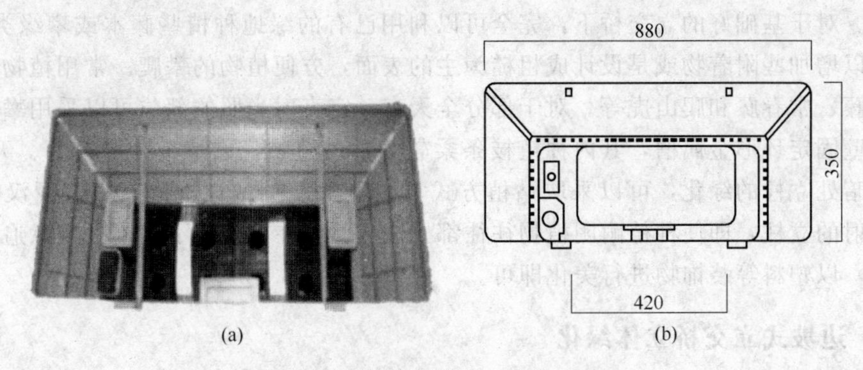

图 2-28　绿化箱示意图（单位：mm）
（资料来源：浙江索尔工程园林服务有限公司）

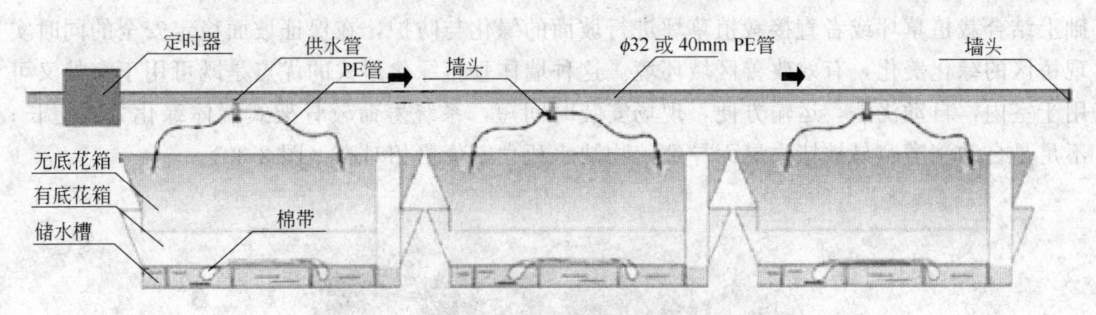

图 2-29　绿化箱灌溉图
（资料来源：浙江索尔工程园林服务有限公司）

栅栏或是用钢管、铁丝网制成的时尚造型，其下种植藤本植物借支架攀爬，为单调的绿色桥壁增添亮丽的色彩与奇特的造型。在植物的选择上，依桥壁采光度的不同而异，向阳面可种植凌霄、紫藤、木香、扶芳藤等；背阴面可种植常春藤、爬山虎等。在不适宜地栽的情况下，可利用桥体边缘预留的种植槽，对于那些没有预留种植槽的立交桥，可以在桥梁的两侧栏杆基部设置花槽，采用轻基质种植藤本植物。应用的植物种主要有：爬山虎、五叶地锦、南蛇藤等。此外，在桥基设置种植花钵，一般高 0.6m、宽 0.5m，其内种植不同颜色的牵牛花、玉簪、萱草等，可任意组合搭配，要注意避免花色与交通标志的颜色混淆，应以浅色为好，既不刺激驾驶员的眼睛，也可以减轻司机的视觉疲劳。

此绿化是城市立体绿化中占地面积最小、绿化面积最大的一种绿化形式，利用植物特性，适当选用栽植，以增加绿地覆盖率，不仅美化了桥体，同时桥面的绿化还对桥体起到了保护的作用，减少了桥体破损概率，增加建筑材料的使用寿命。总体而言，桥壁式立交桥立体绿化具有占地少、见效快、易养护、美观度高等特点。

（二）立柱式立交桥立体绿化

绿化效果最好的为边柱、高位桥柱以及车辆较少的地段。立柱绿化一般采用垂直绿化的方法进行绿化。从一般意义上讲，吸附类的攀缘植物最适于立柱造景，不少缠绕类植物也应用得多，让其依附于立柱生长，如在一般的电线杆及枯树处的绿化，可以选用观赏价值高的凌霄、络石、西番莲、素芳华等，高架路立柱可选用五叶地锦、常春藤、常春油麻藤等。立交桥的两侧可以设立种植槽或垂挂吊篮，桥下栽植地锦、扶芳藤和八角金盘等耐阴、抗干旱的植物，桥柱下栽植凌霄、爬山虎等攀爬植物，起到吸尘和降噪的作用，同时还有缓解视疲劳的功能。对于基础好的立交桥下，完全可以利用已有的绿地种植些藤本或攀缘类的植物，立柱上可以增加些附着物或是设计成粗糙为主的表面，方便植物的攀爬。常用植物有五叶地锦、南蛇藤、常春藤和爬山虎等。对于部分全天有一定直射光照的部位可以采用攀缘植物或在立柱外壁固定环形金属槽，其内种植枝条柔软的垂吊植物，如旱金莲、吊兰、天竺葵等。对处于阴暗处立柱的绿化，可以采取贴植方式，如用 3.5～4m 以上的女贞或罗汉松。对于无阳光直射的立柱，即使种植耐阴植物往往都无法成活，在此情况下也不必刻意追求绿化的面面俱到，以塑料等装饰物进行美化即可。

（三）边坡式立交桥立体绿化

坡面绿化包括绿化城市范围内的各种坡面，包括道路两旁的坡地、桥梁护坡以及台地、岩壁、河道两侧和各类绿地的退台等有一定落差的地域。坡面植草采用六棱花饰砖护坡的基础上结合栽植草坪或者直接栽植草坪进行坡面的绿化与防护，在保证坡面稳定安全的同时实现桥区的绿化美化，有效改善区域环境。这种墙体垂直绿化形式的优点是既可用于室外又可用于室内，自动浇灌，运输方便，现场安装时间短，系统寿命较骨架式墙体绿化方式更长；不足是自动滴灌容易被堵失灵而导致植物缺水死亡，价格相对高（图 2-30）。

图 2-30　边坡绿化

边坡绿化一般采用藤本植物或低矮的地被植物和草皮来绿化，其中灌木类植物穿插其中，方式有行植和点植等来实现美化景观的效果。边坡绿化应以本地乡土植物、草本植物为主，藤本、灌木植物为辅栽植。且选择植物时应注意，要选择那些生长迅速、适应能力强、植株低矮的植物。常见边坡绿化植物有铺地柏、胡枝子、结缕草和大花金鸡菊等。

边坡绿化不仅可以涵养水源，减少水土流失，而且还可以净化空气，保护生态，美化环境，保证行车安全，具有良好的经济效益、社会效益和生态效益，在我国越来越重视环境保护和人们生存质量的今天，边坡绿化已成了公路边坡防护的一种趋势，代表着边坡防护的发展方向。

第三节　立交桥立体绿化养护管理

一、立交桥立体绿化植物材料养护管理

立交桥绿化大多位于比较特殊的环境条件下，尽管采用的是一些抗性较强的藤本植物，也应该比较适合桥体的环境，但仍给绿化后的养护与管理带来一定的难度。立交桥的桥面绿

化与墙体绿化类似，管理也基本相同，值得注意的是由于其植物的生长环境较差，同时关系到交通安全问题，所以要加强桥体绿化后的养护与管理。

1. 水分管理

高架路、立交桥具有特殊的小气候环境，主要体现在夏季路面高温和高速行车中所形成的强大风力对植物的影响，使高架路（桥）绿化植物蒸发量更为增大，自然降水量根本无法满足绿化植物生长的需要，只能依靠人工灌水补足。灌水量因树种、土质、季节以及树木的定植年份和生长状况等的不同而有所不同。一般当土壤的含水量小于田间最大持水量的70%以下时需要浇水。在北方，一般每年在3月份初春时节对桥体立交桥绿化植物浇一次水，然后每隔半个月或一个月及时补充浇水；为保证苗木安全过冬，在11月下旬浇一次封冻水。

2. 施肥

在桥体绿化中，植物生长的土壤是公路施工时的外借土，大多都是深土层母土，其中所含养分稀少，所以要使桥体绿化植物维持正常的生长，必须定期定量施肥，否则植物会因为环境比较恶劣，缺乏养分而不能正常生长，甚至死亡。为了满足苗木生长，需要有针对性地追肥。如在秋后或者春季施用土杂肥不仅可以满足树木生长所必需的各种养分，还可以使土壤变得疏松，缓解土壤板结、增强土壤的透气性；对灌木花卉可适当追施含磷、钾较多的化肥，促进苗木生长，增强光合作用，有利于花卉鲜艳饱满；对常绿乔木可适当追施含氮、磷较多的化肥，促进根系、枝、叶生长发育。

3. 修剪

修剪与整形是桥体绿化植物养护管理中一项不可缺少的技术措施。对于攀附式的藤本植物要约束其植物生长的范围，不断地进行枝蔓修剪以免遮挡影响司机、行人视线。对于中央隔离带的植物，通过修剪整形，不仅可以起到美化树形、协调树体比例的作用，而且可以改善树体间的通风采光条件，从而增强树木抗性。

4. 防治病虫害

在桥体绿化中，虽然选择的大多数藤本植物或坡面绿化植物的抗性较强，但是在植物生长过程中也随时会遭到各种病虫害的侵袭。为了使植物能够正常生长发育，必须对绿化植物的病虫害进行及时防治。

5. 定期检查

为了保持桥体绿化的良好效果，要经常检查植物的生长状况，病虫害发生情况，还要经常检查绿化植物固定是否安全牢固，是否遮挡司机的视线，以保证交通安全和行人安全。检查立交桥的辅助设施，如种植箱是否合适、绳子牵引是否要加强等，还有都需要定期维护，保证其正常使用，发挥美化环境功能。

二、立交桥立体绿化辅助设施养护管理

由于立交桥环境较为复杂，易受粉尘及有害气体的影响，因此暴露在空气中的绿化辅助设施不可避免会产生老化、腐化，在做好植物养护管理的同时应注意及时对绿化辅助设施检修维护。对于桥柱绿化所使用的绿化塑料网和铁丝网以及桥体绿化中使用的种植箱等辅助设

施，要定期检查维护。需注意其结构是否稳定，油漆和零部件是否有脱落现象，吊钩等连接处是否牢固。对结构不稳定的辅助设施应及时加固，对老化的设施及时更换，以免对立交桥环境中较为密集的车流人流造成隐患，保证立交桥绿化的安全性。

第四节　立交桥立体绿化实例分析

一、光明桥立体绿化改造方案

（一）现状分析

1. 绿化形式单一，设计感不足

整个立交桥的绿化包括了绿岛、桥护栏绿化、交通岛绿化、护坡绿化、桥体绿化、桥下绿化等几方面。从植物配置现状现场来看，调查结果表明，光明桥桥区目前的整体绿化效果比较好，如桥区的平面绿地设计和养护管理，部分部位采用五叶地锦垂直绿化等。但只注重了桥体本身的绿化，形式较单一，设计感不足，和周边环境联系不紧密，使立交桥成为一个孤立的景观，脱离大环境。在局部仍然存在绿化死角和疏忽部位，包括桥身下部空间、在匝道部位的桥栏杆、人行步道毛石挡墙、横跨三环主路的最上层和第二层桥身、光明桥东部桥身南北两侧的裸露地表等。

按照提高植被覆盖率、创造和谐优美的环境和进行立体绿化的思路，需对这些部位进行修饰改造，建造立体绿化示范工程。

2. 城市特色不足，缺少景观点缀

调查发现，光明桥立体绿化只进行了一些简单的基础绿化，没有结合周边环境设计，缺少地方特色，缺乏文化元素的运用。城市中立交桥绿化要体现城市的形象和个性。由于立交桥所处地理位置特殊，处在城市交通节点的重要位置，如何有效利用这点将周围景观贯穿起来形成一个城市的景观序列，这是值得我们思考的。

3. 人为影响严重

调查分析，人为影响的出现，无非是人们出于方便省事的角度，是种习惯性的动作，最终造成这种结果的原因，还是设计的不完善，缺乏对人们习惯性的思考，所以难免出现像其他立交桥的脏、乱、差的绿化状况。

（二）方案设计

1. 方案设计总原则

（1）立交桥绿化作为城市绿地系统中的一部分，其整体效果的好坏，直接影响到整个城市的形象。所以，针对立交桥绿化的单一性，我们可以在大的方面，如植物选择、种植形式、色调统一等方面考虑，做到个体与整体的和谐统一；在小的方面，如细节处理、色彩、植物景观各要素的形式等方面进行变化，突出个性。此外，还可以通过选择性地修剪植物，创造不同造型来形成框景，创造一种令人愉快的、颇具设计的空间围合感。既保证城市整体绿化的统一，又使各个立交桥立体绿化丰富多彩。

（2）针对特色不足，我们可以将一些具有地方特色的景观元素融入立交桥的绿化设计中，对桥体周围空间，尤其是桥下空间进行有效地组织利用，最终形成独具地方特色的立交桥绿化。还可以通过增加一些景观小品的点缀，增加整体绿化的效果，突出主题。

（3）立交桥的绿化不仅在植物的选择上要考虑到植物对于交通安全运输功能，还要考虑到创造景观功能、环境保护功能等。既满足功能上的需求，又满足景观的营造。从生态保护的角度考虑，应尽可能多用本土物种。大量科学研究表明，许多外来物种对本土物种有一定的侵害作用，甚至导致本土物种的灭亡。因此，从保护物种地方性的角度出发，对外来物种的选用必须慎重，多用本土物种来营造适于地方的生态环境，保证效果的稳定性。立交桥绿化，不论是平面还是立体，都应营造出一种亲民的，互动性强的效果。多从人们习惯性的角度考虑，避免设计出妨碍人们活动的景观，达到既便捷又美观又科学的效果。立交桥绿化还应结合立交桥的形式，高度利用空间，设计成一个公共聚集、等候及休闲的场所。

2. 具体方案设计

（1）*桥身下部空间*　采用钢管加铁丝防护网造型，对桥下不能绿化的空间实现遮挡，在防护网下部栽植花色丰富的攀缘月季，依托防护网向上攀缘，最终形成美丽的“花墙”从而取代原来桥身下部不太雅观的视觉效果。对所栽植花卉的颜色选择，除了要符合大环境的色调外，还要突出个性。颜色可以改变真实物体的三维视觉大小，引导人们的视线，增加景观深度。亮色调如红、黄、橘红等，让物体显得鲜艳突出，使物体在视觉上趋近。冷色调如绿色、蓝色、紫色，让物体在视觉上趋远。灰色、黑色属于中性过渡色彩，最适合做亮色调的背景底色。这样搭配，犹如画面一般，有近景、中景、远景，给人以美的享受（图2-31）。在钢丝网的上部桥栏杆高度处，铁丝网做成向外弯曲的造型，在外缘设放置花钵的铁筐，在不同的季节用以放置栽植矮牵牛、迎春、沙地柏等花卉和地被观赏植物（图 2-32）。

图 2-31　不同层次绿化

图 2-32　桥栏杆外侧绿化

（2）*桥栏杆*　在南北两侧匝道部位的拐弯处均有一段无攀缘植物覆被，主要是因为区段腾空无植物生长的基础，所以拟在两排桥栏杆之间放置种植槽，种植槽内种植五叶地锦，考虑到桥身的受重问题，种植槽的放置密度不宜过大，采取一槽多株的办法实现桥栏杆的立体绿化。在最上层桥身至第二层桥身间的空间，在最上层桥身的两层栏杆之间采用放置种植槽并配置节水灌溉设施，栽植五叶地锦垂至第二层桥身的栏杆处，形成绿色的瀑布。

（3）*人行步道毛石挡墙*　在人行步道一侧 1m 高的挡墙上布设或在挡墙内侧栽植迎春

等颜色鲜亮的花卉，而且还应充分考虑物种的生态位特征，合理选配两种或三种植物种类进行搭配，避免种间直接竞争，形成结构合理、功能健全、种群稳定的复层群落结构，增加视觉美观效果。这样可将挡墙掩盖，形成花墙，减少混凝土人工痕迹，提高绿化覆盖率。

(4) 东侧引桥桥身两侧　桥身两侧原来都栽有五叶地锦，虽然五叶地锦将桥身进行了有效绿化，但是在每侧地表都有宽约 0.5m 裸露地表。阳面裸地设计用鸢尾、大花萱草或白色石子绿化或覆盖；阴面裸地设计采用玉簪、白色石子绿化或覆盖，以将原来裸露的地表绿化覆盖，并达到美化的效果。

二、纽约废弃高架路（桥）变“空中花园”

立交桥的绿化，不仅可以表现在桥体绿化、立柱绿化、桥体下方绿化等常规方面，还可以发挥创意，在未开创方面设计。如美国纽约废弃的高架路（桥），经设计师之手，一座废弃近 30 年的高架路（桥）变成了颇具现代感的“空中花园”，犹如一条绿色廊道穿过建筑群，给周边环境增添了生命的气息。这条高架路由原来的废弃水泥钢筋混凝土的庞大建筑，变成如今的各种花卉烂漫生长、供世人休憩的空中花园带。“空中花园”让这条难逃被拆的高架路（桥）等到了重生，成为市民散步、聊天和俯瞰街景的胜地（图 2-33）。

这座高架路（桥）的前身是在美国纽约市最繁华的曼哈顿岛上的一条铁路（图 2-34）。后来的高架路（桥）建于 20 世纪 30 年代，主要负责承载向纽约各食品仓库和副食品加工厂运送奶制品和肉制品的车辆，减轻桥下道路的负担。1980 年，当最后一班火车通过后，这座高架路（桥）彻底完成了历史使命。被改造的高架路（桥）长 2400m，离地 9m 高，部分区域宽 18m。高架路（桥）从甘斯沃特街延伸至曼哈顿西区第 30 号街道，沿途可观赏哈得孙河、自由女神像和帝国大厦等景观。

图 2-33　从桥上俯瞰街景

图 2-34　高架路（桥）

如今，经过设计师和园林工人的努力，废弃的高架路（桥）被改造成一座供居民休闲娱乐的“空中花园”。纽约人已经习惯于每天中午在高架路（桥）公园“放风”，“天气好的时候，老铁轨上的滑动躺椅更是人满为患”（图 2-35，图 2-36）。高架路（桥）公园上铺有混凝土小路、绿化带和花带（图 2-37，图 2-38），还建有一个浅水池，栽有树木。为了保留桥上多年生长的上百种野花野草，一些桥段的铁轨没有拆除。高架路（桥）公园每天的开放时间是从早晨 7 时到晚上 10 时。公园设有两个入口，一个是位于甘斯沃特街的阶梯入口，另一个是位于西区第 16 号街道的电梯入口，每两三个街区有一个公园出口。按照规定，游人不得带宠物狗入园，以防止宠物破坏桥上娇嫩的植物。

图 2-35 居民在高架路（桥）上休息聊天

图 2-36 附近的居民在高架路（桥）公园享受日光浴

图 2-37 桥中花带

图 2-38 桥中绿化带

曾经的“空心老城”，曾经的拆迁废区，重新欣欣向荣，成为纽约最时髦的地区和产业升级的新孕育点。甚至大名鼎鼎的谷歌纽约总部，也在 2010 年 1 月份正式落户于高架路（桥）公园几百米外的第八大道 111 号。从喧闹拥挤的街区拾级而上，便到了高架路（桥）公园中，夕阳西下，闻着花草的清香，鸟瞰曼哈顿街区和哈得孙河，远处有曼哈顿最高的帝国大厦，而且在“空中花园”不同的角度有不同的美景，这样在城市中出现如此惬意的画面，难怪市民会纷纷而至来观赏，同时作为曼哈顿热点休闲区域之一，也吸引着来自世界各地的大批游人。

高架路（桥）公园的成功，不仅在于设计师独具匠心的设计，还包括“变废为宝”的努力。高架路（桥）公园为市民与游客观赏纽约全程开设了一个新的“窗口”，同时某种程度上起到了复兴附近社区的作用。纽约空中花园的成功，是民意的成功，是政府有关部门的成功，是人文和经济的双重成功，最关键的还是设计的成功。尊重历史、以人为本、创意制胜、实现共赢，是纽约空中花园带给我们的深刻启示。正如纽约市市长布隆伯格所说，“我们没有选择破坏宝贵史迹，而是把它改建成一个充满创意和令人叹为观止的公园，不仅提供市民更多户外休闲空间，更创造了就业机会和经济利益”。

三、石家庄裕华路立交桥绿化改造升级工程

1. 项目背景

随着城市园林绿化建设的不断发展，石家庄市主城区已构筑起“一轴、三环、五带”的

绿化、美化城市的总体框架。基本形成了以道路为网络，点、线、面相结合的城市绿化体系。建成了二环路、三环路绿化防护林带。裕华路立交桥位于裕华路与二环路交叉口，是二环路绿化及城市迎宾路裕华路的重要节点，重点打造该节点，意义重大。

2. 绿化模式及具体设计

对裕华路立交桥进行分析，其绿化位置包括：桥体垂直绿化，桥底绿地将近 $4\times10^4\,m^2$（A. 交通环岛绿地区，B. 景观绿地区，C. 桥下耐阴植物区），桥栏绿化等。借用爬藤植物的特性实现垂直绿化的效果，将桥侧面覆盖为绿色；桥栏的悬挂绿化将桥体腰线勾勒出来，塑造出满眼繁花的美好景观。

3. 桥体垂直绿化

沿桥体垂直绿化种植藤本月季，以绿色覆盖桥体。

4. 桥底绿地

裕华路东二环立交桥绿地：利用银杏做绿地的背景植物，大量栽植常绿植物造型油松、大叶女贞等，丰富植物层次，提升绿地的文化品位；栽植花灌木紫玉兰、紫薇、碧桃等作为绿地前景，提升绿地的观赏效果，使绿地达到三季有花，四季常绿；在交通岛三角绿地节点中设计微地形搭配雪松、造型油松及景石的组景，使绿地更有意境。桥下耐阴区种植耐阴植物桧柏珍珠梅等。

5. 桥栏绿化

桥栏处摆放花箱，花箱中种植时令花卉矮牵牛、四季海棠、串红、万寿菊等植物，同时在桥体转弯处作为景观节点摆放大型花卉三角梅、海藻等装扮美化桥体。

6. 植物选择

桥体垂直绿化品种：地锦、藤本月季等；立交桥桥下绿地绿化植物品种：造型油松、雪松、大叶女贞、珍珠梅、棣棠、紫薇、紫丁香、碧桃等；

桥栏绿化品种：美人蕉、四季海棠、矮牵牛、万寿菊、品种菊花、迎春等。

裕华路立交桥绿化改造总体效果见图 2-39～图 2-41。

图 2-39　裕华路立交桥

图 2-40　裕华路街旁绿地小品

四、武汉岳家嘴立交绿化

“滴水生林”的设计理念让武汉闹市又添一大美景。岳家嘴立交桥绿化方案从空中俯瞰，

图 2-41　裕华路立交桥交叉口绿地

（图片来源：人民网）

图案有如一滴水掉落地面，形成茂密森林。所有的桥墩都被爬山虎等攀缘植物密密覆盖，成为“绿柱”；碧桃林、樱花林、白玉兰林等分布在桥下的各个角落，四季有绿可赏（图 2-42）。

图 2-42　武汉岳家嘴立交桥效果图

（图片来源：湖北新闻网）

岳家嘴立交桥分 3 层，有 8 个匝道。整座立交桥规划绿化面积达 $6.2\times10^4\text{m}^2$，其中桥下绿化面积 $4.8\times10^4\text{m}^2$，是武汉面积最大的立交桥下绿地。绿地采用 80 余种乔灌木搭配种植，每种开花植物集中种植，形成“春花、夏绿、秋香、冬果”景观。绿化不仅与立交桥弧线呼应，还与附近的徐东大街、东湖梨园景观协调。地砖采用透水砖，有利雨水下渗。

五、云南昆明福海立交桥

福海立交桥位于二环南路与滇池路的相交之处，立交桥形式为部分苜蓿叶形立体交叉，处于四叉路口地段，附近主要有省人大、方舟大酒店、诚成大厦、德宏酒店、金牛小区、家地、永顺里等。整个立交桥地段的绿化采用了混合式的园林绿化模式；由黄金榕、三色堇、一串红、加拿利海枣、雪松等形成图案式的绿化形式。大色块、大手法的设计，简洁明快，给人们带来视觉上极强的冲击（图 2-43～图 2-45）。

图 2-43　福海立交桥平面示意图

六、四川成都苏坡立交：百戏台演绎经典川剧

2003 年竣工通车的苏坡立交桥，目前已成为三环路上又一道风景线，桥下的川剧长廊分为 A、B、C 三个区。A 区中央“百戏台”的正中圆台上，刻有《川剧古今论》，介绍了川剧悠久的发展史，并列有 100 个剧目。中间 3 根立柱通身彩绘，周围 28 根立柱装饰了 56 幅彩绘脸谱，鲜明而壮观。“百戏台”内斜面为川剧常识文字以及 32 幅线刻的川剧舞台速写，外圈则为 16 幅经典川剧的汉白玉浮雕，与中心形成一个和谐的整体（图 2-46）。

图 2-44　福海立交桥

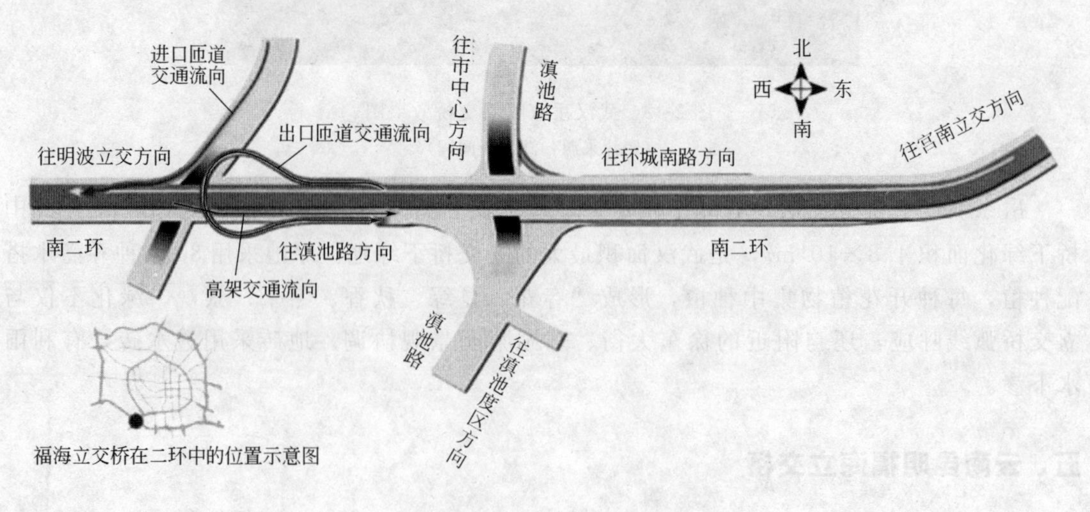

图 2-45　福海立交桥交通流向

（图片来源：云南网）

图 2-46　四川成都苏坡立交桥

（图片来源：中国桥梁网）

七、北京市六环路京石立交景观绿化设计

1. 概述

北京市六环路是一条联系北京市郊区卫星城镇和疏导市际过境交通的高速公路，是国道主干线的组成部分，路线全长 188km，环的半径为 20～30km。六环路的地理位置适中，沿线经八个区县，即大兴区、通州区、顺义区、昌平区、海淀区、门头沟区、丰台区及房山区。全线内共设互通式立交 6 座，分离式立交 16 座，跨河桥 7 座。京石立交是出入首都的一条主要立交桥，其绿化设计及效果见图 2-47～图 2-50。

2. 设计原则

立交桥园林绿化设计不同于一般环境绿化，首先要考虑到绿化景观的观赏速度问题，其次要考虑整个道路系统景观的完整性。京石立交桥区并不单纯地以一季景观为主，而是通过选用不同树种、不同花色的植物，形成丰富的四季园林景观，让有限的绿地发挥最大的生态效益，形成多层次的植物景观，并符合植物伴生的生态习性要求。

3. 设计理念

京石立交占用土地多为旱地、苗圃、果园以及林地，结合沿途景观，绿化设计时风格要

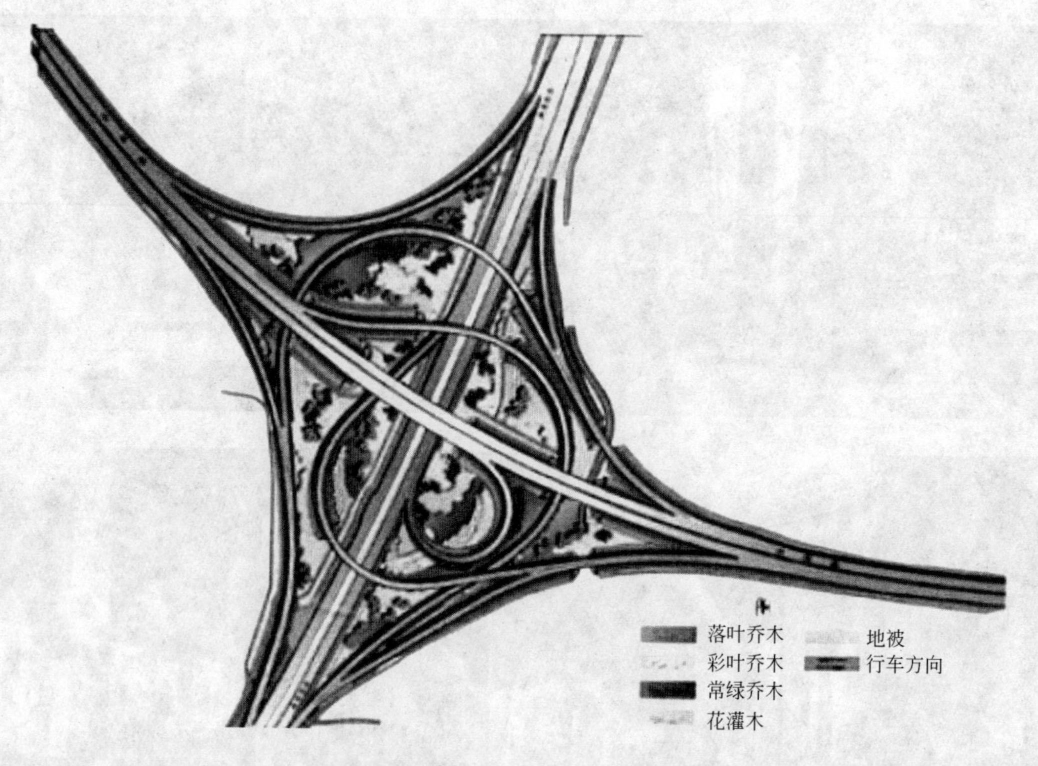

图 2-47 京石立交绿化设计平面图

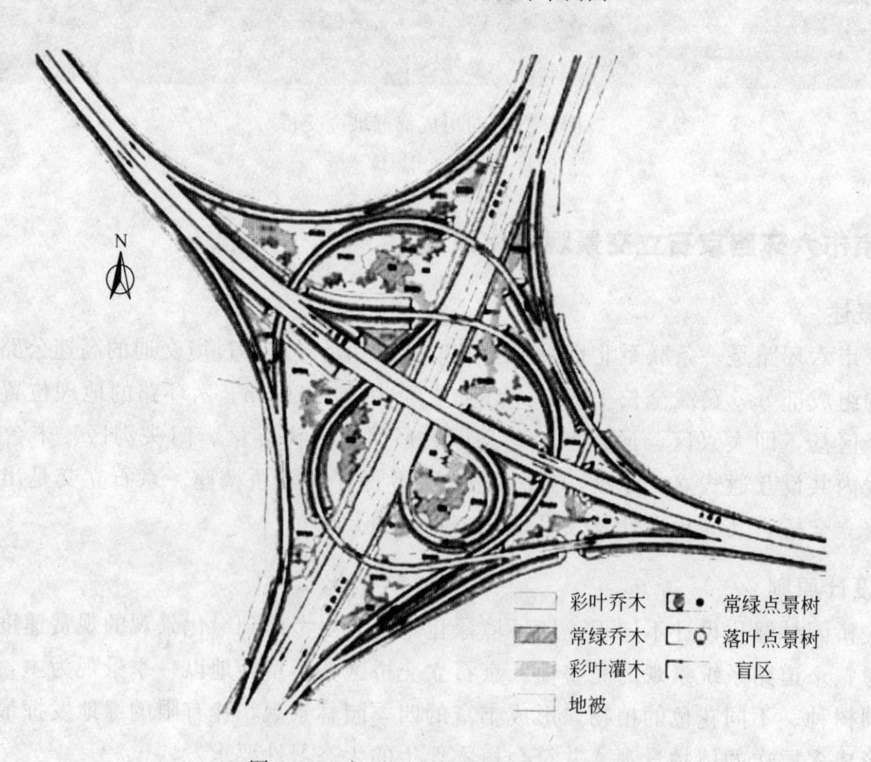

图 2-48 京石立交植物种植设计图
（资料来源：潘丽霞，吕明伟．北京市六环路京石立交景观绿化设计 [J]．技术与市场：园林程，2006，03：16-18.）

图 2-49　京石立交鸟瞰图

图 2-50　京石立交效果图

（资料来源：北京景观园林设计有限公司）

注意与原有绿地相统一；从中心市区与卫星城镇的关系和人与自然的关系中挖掘立意，本段景观设计立意定位为“具有田园风光的生态大道”，结合六环路两侧的乡村景观，以乡村生态景观为蓝本，建设一条乡村生态景观大道。所以，京石立交的设计应突出“田园、生态、回归自然”的设计理念。

4. 设计形式

京石互通式立交绿地面积 16.7×10^{4}m^2，立交范围内表层为耕土及人工填土，以低液限黏土为主，京石高速公路为国家级高速公路，所处位置非常重要，且公路范围绿化状况良好，本立交所处位置优越，因此选择在此建立彩叶树种质资源圃。桥区种植方式以自然式混交和规则式混交为主，既要体现四时景象，又要使人置身于森林中，而且高低错落、疏密相间搭配有序。绿地形式是以花代林结合景观，形成以自然群落为主的大手笔、大气魄的针阔、乔灌大混交的景观苗圃。整个桥区面积较大，但中心绿地分散，又由于六环路在此处为高架，视线上是俯视效果，所以主观赏点是从京石高速上为主，主要原则是在面积较大的桥区绿地广植乔灌复层林，林缘边上再配置不同植物，形成自然的彩色景观。在此桥区绿地主要采用色叶树种。树种搭配比例为：彩叶乔木 43%，常绿乔木 23.4%，彩叶灌木 22.7%，地被 11%。

树种选择：

彩叶乔木——金枝槐、金叶国槐、金叶刺槐、元宝枫、红叶臭椿为主栽树种，附以栓皮栎、栾树等树种作为点缀。

常绿——云杉类为主栽树种，附以油松、白皮松等树种作为点缀。

彩叶灌木——红瑞木系列、紫叶李、紫叶矮樱、紫叶桃、美国黄栌、美国红栌、美国紫栌为主栽树种，附以棣棠、木槿、金银木等树种作为点缀。

地被——金叶莸、金山绣线菊、马蔺、沙地柏。

护坡——地锦、胡枝子。

八、重庆市宝圣立交绿化景观设计

1. 项目概况

重庆宝圣立交位于重庆市渝北区，中环线与城市重要干道 210 国道交会处，北接机场高速，南通人和，西至鸳鸯，东接渝邻高速，是城市干道的重要景观节点，同时也是对外展示的形象窗口。宝圣立交绿化占地总面积 26.67hm^2，项目总投资 4500 万，施工阶段分一期、二期，现一期已在施工过程中（图 2-51、图 2-52）。

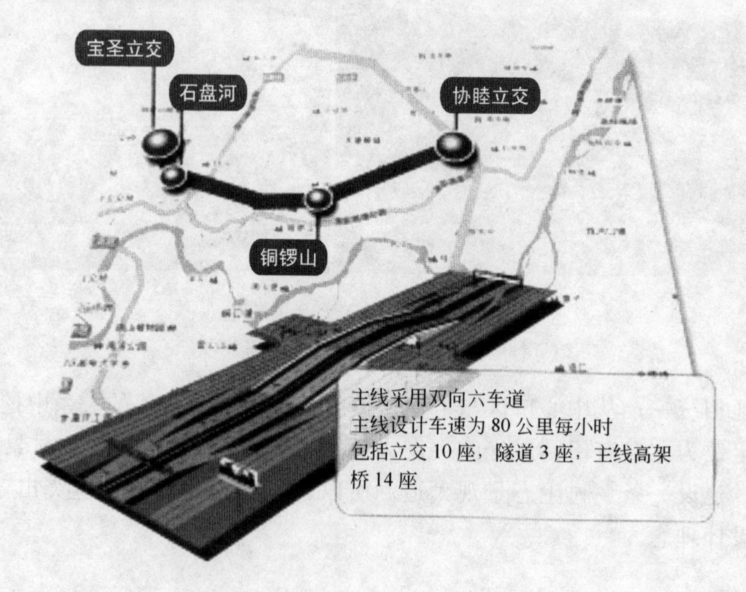

图 2-51　宝圣立交桥示意图

2. 设计理念

随着人们对城市绿化的认识及需求的提高，以往单一的模纹式立交桥绿化模式已逐渐被冷落，新的模仿自然式的森林模式的绿化方式备受青睐，加之重庆市森林工程的提出，使得

图 2-52　宝圣立交桥鸟瞰图

打造“桥下森林”的立交绿化理念应运而生。本规划通过对重庆宝圣立交几个苜蓿叶形地块及匝道周围地块的绿化景观设计，营造穿越“森林”上空的立交桥景观模式，打造城市的门户形象，完善城市森林工程系统。

3. 地形设计

绿化地形设计关系到所配置树种的立地生长条件，本方案根据不同树种的排水要求进行竖向地形设计，只有地形设计到位，植物种植后才会生长茂盛，各显风姿。地形设计中，依照上下立交桥道路的曲折状况进行设计，一般在弯道内侧近桥身一边提高地形，缓缓向圆心方向及下穿 210 国道方向降低，从而加强了绿地的立面层次的展示，使桥下森林模式更加突出。

4. 种植土设计

通过对宝圣立交原有地形和土壤的调查，发现原有土壤植物根本无法生长，因此在进行绿化设计之前，必须先进行种植土的设计，进行土壤的更换。为保证植物能够正常生长，设计更换种植土厚度为：草坪、地被、灌木更换 60cm，乔木更换 1.5m。

5. 绿化景观设计

(1) *绿化主景设计*　本次设计将绿化主景的位置设定在交通流量最大的视景线上，重庆宝圣立交的主视景线是 210 国道部分以及上方高架桥东西走向的观赏方向。这两条景观主视廊上的绿化景观即为本次设计的绿化主景位置，包括几个苜蓿叶形地块及匝道周围一些三角形地块的绿化景观设计。该区域的绿化布局强调宏观的整体性，通过运用统一的设计元素，如线条、色彩、树种选择及相互搭配等，使各个单体之间均具有相关性。具体方式：平面上以车行交通和视线关系为依据，以简洁、大方、流畅的曲线组合成具有导向性的景观构图；立面上以自然式森林植物群落为蓝本，将植物配置成高、中、低多层立面，营造自然生态的植物层次，追求林冠线的起伏感以及天际线的变化感（图 2-53～图 2-55）。

(2) *次要绿化景观处理*　本次设计的次要绿化景观包括桥身转弯地段、人行地道挡土墙的美化、非机动车道侧的狭长地带绿化、道路中央分隔带绿化、引桥起坡两侧倾斜的坡面绿化等。这些区域的绿化在呼应绿化主景的曲线风格的基础上，结合交通视线和地块条件，组成色彩鲜艳的地被色带，搭配乔灌木，形成完整统一的立交桥绿化景观系统，使立交桥与 210 国道紧密相连，笑迎八方来客，彰显独特魅力（图 2-56～图 2-58）。

图 2-53　高架桥效果图（一）

图 2-54　宝圣隧道

图 2-55　高架桥全景图

图 2-56　高架桥效果图（二）

对于坡度较大的斜坡绿化采用两种方式：

① 坡度为 30°～60°之间，进行重力式挡墙设计，在各挡墙内侧种植垂吊植物和攀爬植物，绿化坡面和挡墙，增加美观。挡墙之间栽植规格较小的小乔木进行绿化。

② 在坡度至 60°时，进行三维挂网有机基材喷播绿化，避免土壤直接裸露，影响绿化效果和整体美观。

6. 树种选择及植物配置

立交桥特定的空间环境决定了立交桥绿化景观的观赏方式主要有远距离眺望、近距离观

图 2-57　宝圣立交旁生态林

图 2-58　宝圣立交绿地小品

赏和快速通过三种不同形式，从而决定了其树种配置必须有高大的常绿乔木作为骨干树种。同时，在高大桥体相比之下，乔木也显得比较矮小，因此设计中还选择了树形较为高大挺拔的杨树、雪松、银杏等，与管理较为粗放的常绿乔木如重阳木、天竺桂、槐树等进行合理搭配，远眺时挺拔的树姿与雄伟的立交桥形成和谐的统一的视觉感受；乔木下以羊蹄甲、木芙蓉搭配夹竹桃、红叶李、紫薇、红枫、山茶、黄花槐等小乔木，在不影响交通安全的前提下进行精心的设计布局；低矮灌木层则以八角金盘、红花檵木、杜鹃、美人蕉、花叶良姜等为主。这些乔木及低矮灌木都依据各自的生态习性，并针对立交桥各处的日照条件予以相应的最佳配置，使其在发挥各自生态和景观作用的基础上营造出丰富的林下植物景观层次，以满足近距离观赏时的景观要求；为了满足车行快速通过时的视觉观赏要求，在自然、生态的植物群落布置基础上，依据车行方向及视线特征，运用大尺度的地被色块图案创造出具有导向性的视觉感受通道，同时烘托立交桥开阔高大的雄姿。

（资料来源：西南农业大学学报）

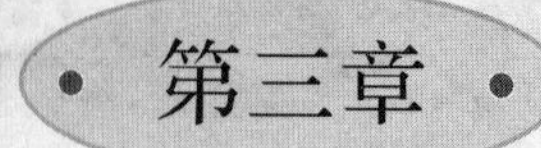

挡土墙立体绿化技术

第一节 挡土墙立体绿化概念及设计

一、挡土墙绿化概述

（一）概念

在城市建设中所修建的为了支持并防止土坡坍塌的人工防御墙称为挡土墙。园林中被广泛用于房屋地基、堤岸、路堑边坡、桥梁台座、堤岸、地形变化等工程设计中。墙常采用砖石、混凝土和钢筋混凝土砌筑而成。由于挡土墙的产生往往源自于功能要求，随着现代园林景观设计的发展，挡土墙在园林景观中的审美需求不断得到强化，挡土墙的形式美感以及与周围空间环境共同营造设计已经成为趋势。利用植被对挡土墙进行绿化就称为挡土墙绿化。

（二）挡土墙立体绿化的现状

我国在边坡防护绿化方面近几年发展迅速。三峡大学目前已成功研制出植被混凝土技术，它是采用特定的混凝土配方和种子配方，对岩石边坡进行防护和绿化的新技术。

（三）挡土墙结合绿化的艺术表现形式

挡土墙的产生最初虽然源于功能的需要，但挡土墙并非只能存在于几种简单的固有形式中。从形态设计、材料选择到辅助绿化，可以总结出挡土墙的多种非常丰富的艺术表现形式。

1. 平面线性艺术形式

在园林景观设计中，地形的高差变化大多需要借助挡土墙来实现，由于地形变化的复杂性，挡土墙的长度、高度尺度差别较大。平面长度有几米、几十米甚至上百米；立面高度也从几十厘米到几米不等。挡土墙尺度上的多样，给人的视觉感受和空间感受也不尽相同。当挡土墙的高度不足 1m，并且有较长的长度时，其在空间环境中所呈现出来的形式特征可以概括为平面线性特征。平面线条可以从简洁纯净的直线、轻快柔和的曲线、富有节奏和变化的折线到不规则的形态，突出其动态和流畅感，吸引人的视线。当挡土墙较高时，就有一种围合感和压迫感。如作品多伦多音乐花园，由设计师 JulieMoirMesserny 设计，在处理高差大但地势相对平坦的草坪时，设计师利用线性挡土墙的艺术形式将草坪处理成阶梯状逐级向后退的效果，以此形成景观平面的层次感，丰富场地设计（图 3-1）。

图 3-1　多伦多音乐花园草坪挡土墙

2. 立面空间艺术形式

当场地构筑物高差较大，而形成具有一定高度的挡土墙时，可在立面造型上进行艺术处理。挡土墙的立面同样可以设计成平面、曲面、折面或其他几何图形形式，也可以结合挡土墙高差错落的变化，形成具有自然有机形态的挡土墙形式，如 NelsonMandela 设计的自由公园，采用了自由浪漫的曲线挡土墙，形成了曲线立面围合的丰富而自由的空间形式（图 3-2）。

图 3-2　自由公园中的挡土墙

（图片来源：筑龙网）

3. 图案艺术形式

挡土墙立面在一定高度的范围内，容易形成阻挡视线、空间闭塞压抑的感觉，通常较为常用的改善办法就是利用墙面彩绘、壁画、浮雕等形式进行艺术处理，形成丰富而富有艺术感染力的立面，提升环境艺术空间效果。如澳大利亚花园中的挡土墙设计，结合了河道边缘岩石铺筑的参差错落形式，采用相应的浮雕图案与河道岩石形态形成了强烈的形式上的呼应，营造了具有独特个性和气势的空间环境（图 3-3）。

图 3-3　澳大利亚花园中挡土墙图案
（图片来源：矮豆网）

4. 材料质感艺术形式

景观材料的不断丰富，推动了景观挡土墙设计的形式多样。挡土墙依表面材料的不同一般分为两大类：一类是不用贴面的挡土墙，其内在结构本身就暴露在外面形成装饰效果，这类挡土墙常用材料为块石、条石、片石，勾缝或不勾缝，可形成凹凸不平的外表纹路，也可以采用混凝土预制块来组合拼接。另外一类挡土墙为贴面的挡土墙，贴面常用岗岩、瓷砖、板材等，可组成各种色彩、图案、质地的界面。挡土墙在材质上的设计要求需要因地制宜，通过材质的细微变化表现设计的细节。如贝克顿迪克逊公司新的研发中心室外庭院设计，其中包含了大型雕塑题材的公园，挡土墙采用混凝土墙平板，设计中注重细节的材质对比和变化，与园中的雕塑元素相呼应（图 3-4、图 3-5）。

图 3-4　贝克顿迪克逊公司庭院挡土墙

图 3-5　挡土墙中的多种材质形成对比

5. 垂直绿化艺术形式

植物是园林景观中主要的设计元素之一，结合植物造景的挡土墙在园林设计中非常常见。在一些空间需要对挡土墙进行局部或全部遮挡，弱化挡土墙时，可以采用垂直绿化的表现手法。挡土墙绿化包括墙顶绿化、立面绿化和墙趾绿化，设计时要根据整体环境的要求和挡土墙的艺术形式选择适当的植物种，进行相应位置的绿植设计。如北京园博会中国园林博物馆“前程似锦”植物墙取自《富春山居图》，力求通过选择出的植物不同的色彩、质感，展现山水画的诗意美景，喻示前程似锦的美丽中国（图 3-6）。

图 3-6 “前程似锦”植物墙

（四）挡土墙绿化的意义和作用

1. 使挡土墙与周围景观更好融合

挡土墙色调单一，形状和形式都缺乏变化，其生硬的体块容易造成城市景观的割裂，不易与景观融合。而对其进行绿化，可以起到软化的作用，而且植被更易与周围景观相映成趣。

2. 减轻空气污染

不管是石质的还是水泥质地等的挡土墙在长路堑挡墙段都容易聚集大量的汽车尾气和灰尘，进行绿化后的挡土墙，其滞尘能力大大提高，并且还能吸收部分污染气体，能很好地减轻空气污染。

3. 降低噪声

墙体表面吸收噪声能力差，而植被能够增加墙体表面积，形成许多折射反射面，从而可以在很大程度上提高挡土墙吸收噪声的能力。

总之，在挡土墙上栽种植物，可建构绿色生态屏障，覆盖墙面，改善环境，对墙体及边坡实施保护，并且发挥其观赏、美化功能等。随着社会的发展和人们环保意识的增强，挡土墙必须从单一功能向多功能方向发展，才能满足人们对其更高的使用要求。

二、挡土墙立体绿化设计与施工

常规的边坡防护绿化技术只适合于对较缓边坡的绿化，对于挡土墙这种坡度较陡的墙面，尤其是混凝土墙面均不适合。在此，介绍几种针对不同挡土墙类型的立体绿化设计。

（一）挡土墙绿化的设计形式

1.“化高为低”的挡土墙设计形式

此类情况高差不大（一般在 2m 以内），设计时降低挡土墙的高度，一般控制在 0.4～0.6m。上面部分放斜坡，用花草、灌木进行绿化。如果坡度大，为了保证土坡的稳定，可用空心预制水泥方砖固定斜坡，再用花草、灌木在空隙处绿化，既美观又保持生态平衡，同时也降低工程造价（见图 3-7）。

2. “化整为零”的挡土墙设计形式

此类情况高差较大（2m 以上），如做成一次性挡土墙，会产生压抑感，同时也易造成整体圬工，应化整为零，分成多阶的挡土墙修筑，中间跌落处平台用观赏性较强的苗木绿化。这种设计解除了墙体视觉上的庞大笨重感，美观与工程经济得到统一（见图 3-8）。

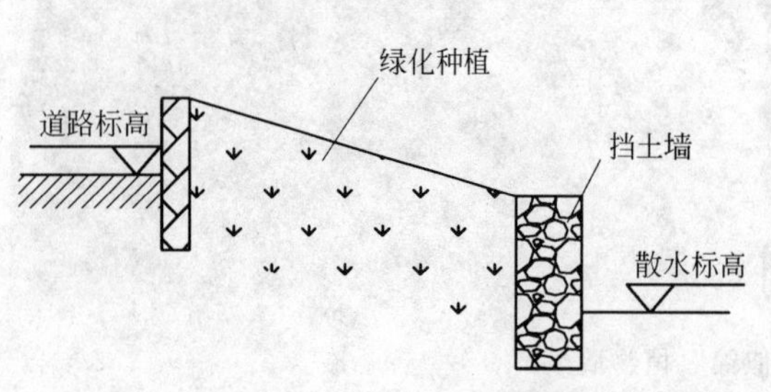

图 3-7 “化高为低”的挡土墙设计形式

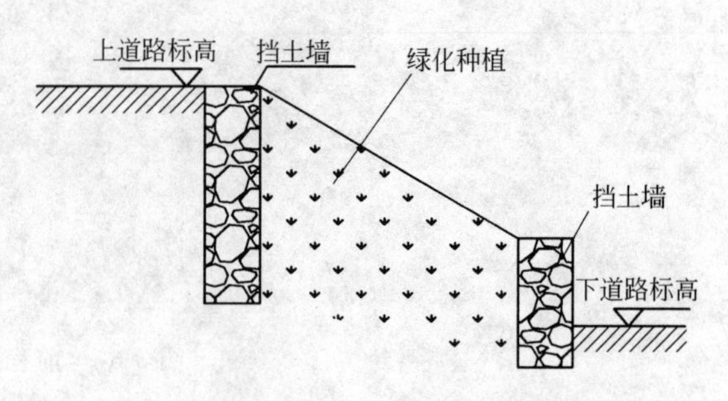

图 3-8 “化整为零”的挡土墙设计形式

3. “化陡为缓”的挡土墙设计形式

把直立式挡土墙设计成斜面式，同样高度的挡土墙由于挡墙界面到人眼的距离变远了，原来看不见的内容现在能看到，视野空间变得开敞了，环境也显得更加明快了（见图 3-9）。

4. “化直为曲”的挡土墙设计形式

把挡土墙由直化曲，把直线条化成曲线，突出动态，更加能吸引人的视线，给人以舒美的感觉，视觉上开阔，更能突出主要景物（见图 3-10）。

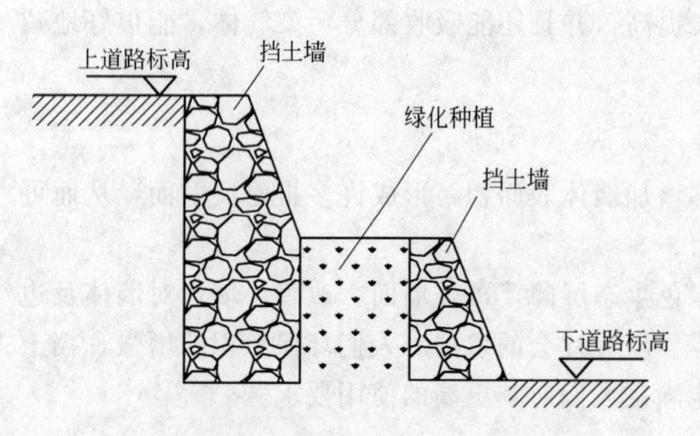

图 3-9 “化陡为缓”的挡土墙设计形式

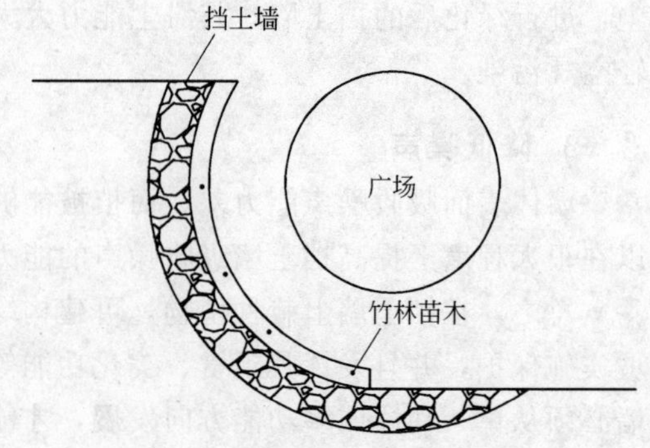

图 3-10 “化直为曲”的挡土墙设计形式

5. “化大为小”的挡土墙设计形式

把挡土墙的外观由大变小，将整个墙体分成若干部分，辅以绿化种植，形成观赏性很强的空间效果（见图 3-11）。

（二）挡土墙绿化的设计模型

根据墙体结构及挡土原理差异，挡土墙的主要类型有扶壁式、薄壁式、重力式、锚定式，以及近年来迅速发展起来并广泛应用的柔性自嵌式挡土墙等。

图 3-12～图 3-15 分别是扶壁式、薄壁式、重力式和锚定式挡土墙绿化设计模型，并称之为生态挡土墙。

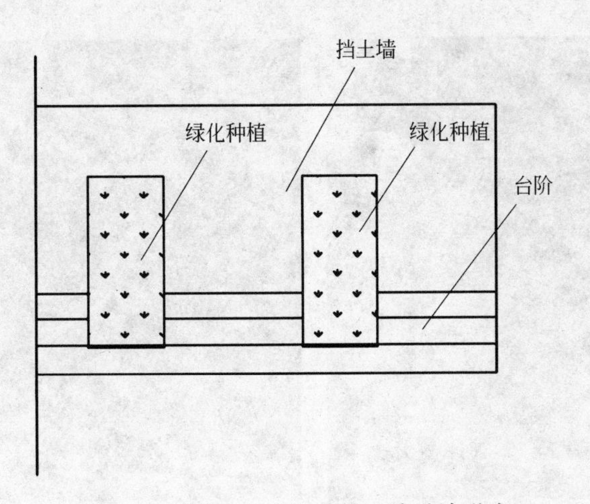

图 3-11　“化大为小”的挡土墙设计形式

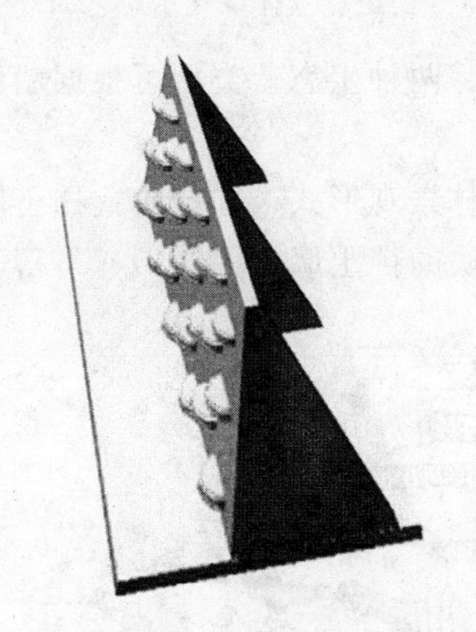

图 3-12　扶壁式生态挡土墙

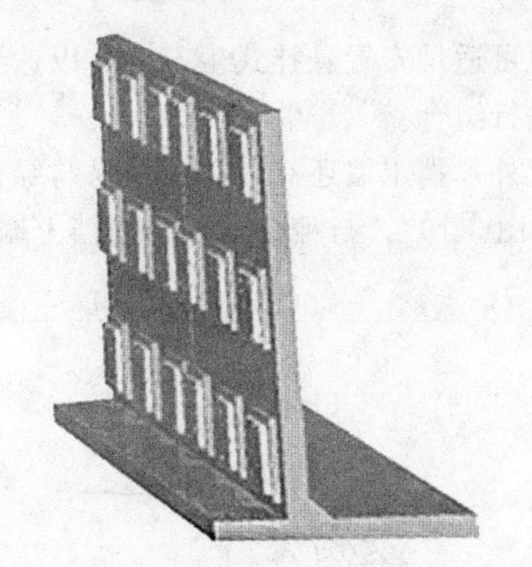

图 3-13　薄壁式生态挡土墙

图 3-14　重力式生态挡土墙

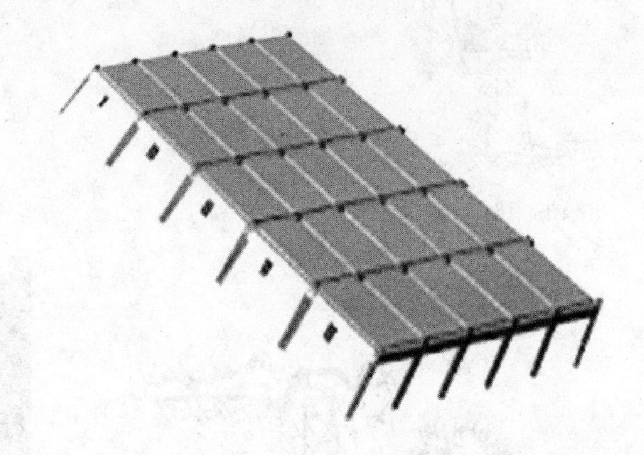

图 3-15　锚定式生态挡土墙

（图片来源：夏乐．挡土墙绿化技术综合研究［J］．北方交通，2011，10.）

挡土墙绿化结构由挡土墙和生态蓝两部分组成，其中生态蓝有悬挂式生态蓝和镶嵌式生态蓝两种类型。悬挂式生态蓝凸出墙体表面一定长度，交错相间布置，达到局部绿化效果，见图 3-12；镶嵌式生态蓝安置于挡土墙内部，外部与墙体表面基本平齐，见图 3-16 和图 3-17，根据挡土墙配置配筋要求决定生态蓝数量和位置；在镶嵌式生态蓝绿化墙体的基础

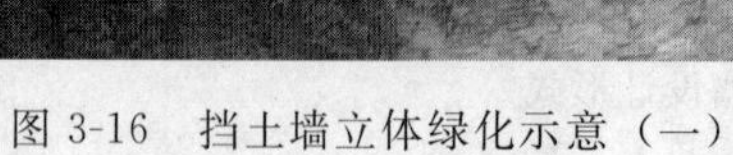

图 3-16　挡土墙立体绿化示意（一）

图 3-17　挡土墙立体绿化示意（二）

上，也可适量安置悬挂式生态蓝，以达到全面绿化的效果。两种生态蓝类型可根据墙体结构特点进行组合。

此外，挡土墙还有一些其他易与绿化相结合的常用园林景观形式，如台阶式挡土墙（图3-18、图 3-19），与种植池结合的挡土墙（图 3-20），用砌块的挡土墙（图 3-21）等等。

图 3-18　台阶式挡土墙绿化（一）

图 3-19　台阶式挡土墙绿化（二）

图 3-20　挡土墙使用种植池绿化

图 3-21　用砌块的挡土墙绿化

（三）挡土墙的施工方法

如图 3-22 所示，对于镶嵌式生态蓝，在生态蓝的下部有一块与储水槽等高的活动混凝土块，施工时可先将活动混凝土取下，把已完成培土、设置过滤层的生态蓝推入挡土墙内，然后再将活动混凝土块填上。为防止拆卸生态蓝时墙后的碎石反滤层下落，可在生态蓝与反滤层的交接处设置一层镀锌铁丝网。对于悬挂式生态蓝，可在挡土墙施工结束后的合适季节，将生态蓝安装在墙面上，也可在生态蓝内植被成长稳定时再将其进行安装。

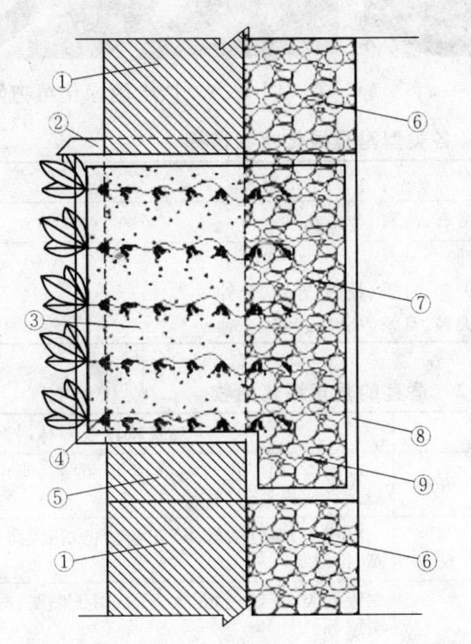

图 3-22　生态蓝系统示意

第二节　挡土墙立体绿化施工技术

一、挡土墙立体绿化植物选择

挡土墙立体绿化植物选择及配置依其坡度、表面平整度、植物生物学特性、生境条件不同而有所不同。

挡土墙绿化植物配置实例见图 3-23、图 3-24。

（一）植物选择

挡土墙绿化多采用攀缘和披垂类植物（表 3-1，表 3-2），攀缘植物最大的特征就是利用自身特有的缠绕、吸附的支持，向陡壁石面、垂直墙体上爬行生长，直至将所有垂直或陡坡光面全部覆盖，起到绿化、美化作用，攀缘类植物品种有很多，还有卷须类和蔓生类植物，但最为适应挡土墙垂直绿化造景的主要有以下三大类。

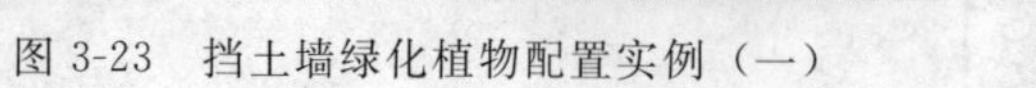

图 3-23 挡土墙绿化植物配置实例（一）

图 3-24 挡土墙绿化植物配置实例（二）

表 3-1 各类型垂直绿化植物选择

类型	植物
攀缘式	野蔷薇、紫藤、爬山虎、常春藤、络石、凌霄、金银花
下垂式	藤本月季、蔷薇、紫藤、迎春、金钟
悬挑式	苏铁、铺地柏、常春藤、南天竹、火棘、月季、杜鹃、迎春、金钟
穿插式	苏铁、铺地柏、常春藤、南天竹、火棘、月季、杜鹃、迎春、金钟

表 3-2 适宜的垂直绿化植物

序号	植物名称	科属	拉丁名	观赏特性及园林用途
1	爬山虎	葡萄科	*Parthenocissus tricuspidata*	吸附类，用于建筑物的墙面、围墙、假山置石、枯树、石壁、桥梁、驳岸、栅栏、灯柱等
2	紫薇	豆科	*Lagerstroemia indica*	缠绕类，落叶大藤本，花蓝紫色，花大而香。用于装饰棚架，花廊，拱门等
3	凌霄	紫葳科	*Campsis grandiflora*	吸附类，花红色，花大美丽，用于棚架、凉棚、花门、老树、石壁、墙垣等
4	葡萄	葡萄科	*Vitis vinifera*	卷须类，花黄绿色，果美多汁，味美宜人，既美化庭院，遮阳庇荫，又生产美味水果。适于棚架、凉廊等
5	洋常春藤	五加科	*Hedra helix*	吸附类，花淡白绿色，叶常绿，有叶金边，银边等观赏品种。用于岩石、假山及建筑物墙壁
6	野蔷薇	蔷薇科	*Rosa multiflora*	蔓生类，花白色或略带粉晕，常见栽培变种。用于花篱或棚架式、篱垣造景式或在坡地种植
7	爬墙月季	蔷薇科	*Rosa hybrida*	蔓生类，花红色、黄色等，用于花篱、棚架、篱垣
8	络石	夹竹桃科	*Trachelospermum jasminoides*	吸附类，叶常绿，花绿白色。用于岩石、假山及建筑的墙壁、围墙
9	金银花	忍冬科	*Lonicera Japonica*	缠绕类，花初白色后变黄色，芳香。绿化篱栏、花架、花廊、或攀附山石
10	野葛	豆科	*Pueraria lobata*	缠绕类，花朵紫红，美丽，多用于山坡、花架、绿廊、绿门等
11	何首乌	蓼科	*Polygonum multiflorum*	缠绕类，花小而多，白色，圆锥花序。绿化栅栏、花架等。茎、块根入药
12	茑萝	旋花科	*Quamoclit pennata*	缠绕类，花深红色，美化围篱和小型棚架、阳台、窗台等
13	裂叶牵牛	旋花科	*Pharbitis nil*	缠绕类，花红色，叶片经霜变红，用于花架、绿篱等
14	五叶地锦	葡萄科	*Parthenocissus quinpuefolia* (L.) planch.	吸附类，圆锥花序，果蓝黑色。入秋叶片红色，用于墙垣、栅栏、高架桥、棚架、楼顶、阳台绿化
15	扶芳藤	卫矛科	*Euonymus fortunei*	吸附类，花绿白色，用于岩石、假山、围墙等
16	枸杞	茄科	*Lycium chinense*	缠绕类，花浅紫色，果紫红色。是秋季观果灌木。用于池畔、河岸、山坡等
17	连翘	木犀科	*Forsythia suspensa*	缠绕类，花黄色，早春先叶开放，满枝金黄，艳丽可爱。用于池畔、河岸等
18	迎春	木犀科	*Jasminum nudiflorum*	缠绕类，花黄色，早春先叶开放，满枝金黄，艳丽可爱。用于池畔、河岸等

1. 吸附类攀缘植物

目前挡土墙垂直绿化中应用较多的为具有吸盘特性的爬山虎、五叶地锦，具有气生根的凌霄、薜荔、络石、常青藤、冠盖藤、扶芳藤等，主要依靠吸盘和气生根的作用向上攀缘生长，是城市垂直绿化造景最理想的佳品植物。适用于4m以上挡土墙的造景。爬山虎的生长特征为落叶木质藤本，多分枝，有卷须和气生根，卷须端有吸盘，附着力强。爬山虎原产我国，适应性极强，抗寒耐热，喜光耐阴。对土壤要求不严，生长快，攀附能力极强。播种、扦插、压条均可繁殖，但对肥力要求较高，在肥水充足的地方栽种各类攀缘植物，让植物在钢网上由下而上攀缘生长，并且让各种不同类攀缘植物一起在钢丝网上生长、开花结果，起到不同效果的造景美化作用。挡土墙上面栽植下垂生长的迎春花，以达到上下配合生长的绿化效果。

2. 缠绕类攀缘植物

这一类植物包括金银花、红花、紫藤、落葵、茑萝、何首乌、木通、牵牛、常春油麻藤等，通过缠绕支持而向上延伸生长，攀缘能力极强。

3. 披垂类植物

目前挡土墙垂直绿化中最常见的披垂类树木多以“迎春”为主，栽培在高处利用披垂长条遮挡墙体，起到绿化、美化作用。迎春花长条披垂、金英翠萼，为新春之佳卉。宜配植池边、溪畔、悬崖、石缝；对4m以下挡土墙采用在上部砌筑较大花池，栽种下垂植物，如迎春花等，利用披垂枝条遮挡挡土墙墙体，以达到绿化、美化低矮挡土墙的效果。

（二）挡土墙植物配置

园林植物配置与造景，就是应用各种乔、灌、藤本和草本植物进行合理地配置和组织景观，使之在园林植物之间及与其他园林要素的配置过程中，充分发挥出各类植物的形体、线条、姿态、色彩等自然美的特点，满足人们的观赏要求。简单来说，挡土墙植物配置方式为上垂、下攀、中间作种植槽。

1. 按照挡土墙不同特性设计

（1）不同坡度配置　通常情况下，坡度越陡，攀附难度也越大，对绿化植物攀附能力的要求也越高。一般而言，在水泥面的条件下，植物的攀附能力与攀附器官密切相关，能力大小依次为具吸盘类、具不定根类、具卷须类、缠绕类，故在不采取辅助攀缘措施的情况下，近垂直的水泥面且表面光滑的宜选用具吸盘的爬山虎类植物，中等坡度30°～60°，且表面粗糙用缠绕攀缘的植物，如大花帘子藤和龙须藤等。

（2）不同平整度配置　表面光滑的宜用爬山虎类植物进行覆盖，表面粗糙且不太陡的则可选用具不定根或具卷须的种类。

（3）不同高度配置　低坡，指高度在1m以下的挡土墙，因上述多数植物均可较快覆盖到此高度，故可采用单层配置法，只需在挡土墙底部种植即可。中坡，指高度在1～5m之间的挡土墙，一般植物在短时间内难以全部覆盖，故可采用双层配置法，即在挡土墙的基部和中部同时种植相同或不同的种类，下攀上垂，以尽快达到绿化墙面的效果。高坡，指高度在5m以上的挡土墙，多数植物通常难以攀缘至此高度，故宜采用双层或三层配置法，高速公路的路侧经常采用这种办法，现在城市中由于道路扩建，这种高坡挡土墙越来越多，大部分为近垂直的水泥面，不适合采用此法。

2. 按照植物材料不同设计

（1）不同生物学特性的植物配置　为克服某些植物季节性落叶等缺陷以及达到种类多

样性的目的，可采用常绿与落叶种类相间种植，如爬山虎与薜荔、常春藤等，观叶、观花与观果种类搭配种植，如中华常春藤与栝楼、凌霄等，并且还可以混种观花植物，如络石、栝楼等，以达到绿化、美化和香化的良好效果。

（2）不同生境配置　强光照生境下宜配置喜光植物，如野葛、凌霄和龙须藤等，半阴生境宜配置中华常春藤、薜荔和钻地风等，背阴且湿度较大的地段则宜配置冠盖藤和常春藤等。

3. 按照绿地大小不同设计

绿地充足时，植物群落上层可以考虑种植乔木，选择分枝点高、冠幅大的，如香樟、鹅掌楸等；中下层种植耐阴的小乔木及花灌木，如鸡爪槭、桂花等；同时使用颜色鲜艳的草花作为地被层，如紫鸭跖草、红花酢浆草、马蹄金等。绿地不足时，可以选择种植姿态挺拔、树冠较小的乔木，或者种植喜光的花灌木同时在绿地边缘种植颜色鲜艳的草花，花灌木，如杜鹃、月季等，草花地被，如美女樱、三色堇等。

二、挡土墙绿化的基质要求

生态蓝系统是挡土墙绿化设计的重点。生态蓝是一个生态系统，要维持草皮生长并顺利进行自然更迭，必须考虑该体系的取水、取肥、以及培土、补苗、更换破损生态蓝等生长和养护问题。此外，生态蓝安装在挡土墙上，因此还要考虑生态蓝对挡土墙的结构稳定性及墙内土基的稳定性问题，如墙内土基排水、路面排水、生态蓝储水等。

1. 镶嵌式生态蓝

在很陡甚至是垂直地面的墙面上培育植被，首先要求土壤有一定强度，不脱皮、耐冲刷。植被混凝土能很好地满足这个要求。为降低造价，植被混凝土用于生态蓝时仅在表层5～10cm使用，起稳固土体作用，生态蓝内部仍使用含有机质的普通土壤。

图3-22是生态蓝系统的剖面示意图，生态蓝系统维持植被生长所需水分主要依靠路基内水分和路面排水。路基内水分渗透到墙后反滤层内，下渗进入到生态蓝的过滤层里，逐步进入土壤。当路基中水分较多，生态蓝的过滤层中充满水时，多余水分沿生态蓝顶部排水孔排出，不会对土基造成危害。一般来说，路基中的水分是十分有限的，不能满足植物生长需要，因此还应充分利用降雨时的路面排水。路面排水比较容易收集，经路肩汇流后，在挡土墙表面预留浅槽，水流即可沿槽流入生态蓝里。充分利用路基、路面排水，在不影响路基路面稳定的前提下，能减少人工洒水次数，降低养护造价。

2. 悬挂式生态蓝

悬挂式生态蓝是挂靠在挡土墙外部的一种绿化形式。其土壤四周有外壳防护，因此使用普通土壤即可；水分来源与路基内部排水无关，主要依靠路面排水、雨水和人工洒水。

三、挡土墙立体绿化栽植方法

挡土墙立体绿化含墙面、地面、顶面的绿化，分台设置的挡土墙还应含平台面的绿化。此外，经艺术造型后的挡土墙尚应增加花池（台）及墙身空间等绿化部分。

1. 墙面绿化的栽植方法

（1）地栽　地栽一般沿墙种植，种植带宽度0.5～1.0m，土层厚0.5m以上。种植时，植物根部离墙0.15m左右。为了较快形成绿化效果，种植株距为0.5～1.0m，如果管理得当长势良好，当年就能见效。如采用垂吊植物绿化，可在墙顶按上述方法进行地栽种植即可。

(2) 容器种植　容器为砖砌种植槽，其高 0.6m，宽 0.5m。一般可根据具体要求调整种植池的大小和尺寸，$1\sim0.5m^3$ 的土壤可种植一株爬山虎。容器需留排水孔，种植土壤要求有机含量高、保水保肥、通气性能良好的人造土或培养土。在容器中种植同样能达到地栽种植的效果，像欧美国家应用容器种植来绿化墙面早已十分普及，且造型美观、形式多样。

(3) 植被混凝土上的墙面种植　随着植被混凝土技术在挡土墙的推广和应用，可直接在其表面繁衍花草，为挡土墙墙面绿化种植提供了又一种新的方法。

2. 地平面、平台面及墙顶面绿化的栽植方法

地被和花境的种植形式如下。

根据地被植物所具有的各种不同特征，如开花与不开花、木本与草本、落叶与常绿，在种植设计中，应充分考虑植物的色彩特性，进行色彩的组合与协调。在配置植物时，需结合春、夏、秋、冬的大地色调，选择适宜的花色、叶色来搭配衬托，将两种对比色配置在一起，利用其色彩的反差更能突出主题，更显搭配效果。

花境中所栽的花卉，以多年生宿根草花为主，一、二年生草花作适当搭配，这样只需适时作少量调整，不需每个季节更换，管理较为简单。由于花境主要供立面的欣赏，因此在花卉品种上应着重选择总状、穗状等垂直花序的植物。在布置上，花卉可以一直栽到花境的边缘，也可以用草皮、常绿低矮灌木作镶边材料。此外，花境在总的布局上要掌握里高外低、成簇成块、疏密相间、层次分明的原则，以获得最佳的观赏性和艺术效果为目标。

3. 花池（台）及墙身空间的绿化栽植方法

(1) 绿化植物的选择　对挡土墙上的花池（台）及墙身空间的绿化植物选择主要有两种：一是以一、二年生的草花植物为主，选用同一花期、高矮一致、花朵繁茂、色彩艳丽的品种，组成简单粗犷的图案或呈自然块状组合，以供人欣赏总体的色彩效果；二是以观叶植物为主，用各种植株本身特有的色彩组合成赤、橙、蓝、绿等纹样。所应用的植物材料除整株叶色具有单一彩色效果外，还要求具有植株比较低矮，叶片纤小，枝叶密集，萌蘖性强等特点。

(2) 种植形式　挡土墙上的花池（台）及墙身空间的绿化植物种植形式分为两种：栽种、盆放。当所栽种或盆放的花卉趋于凋零，需及时更换第二批正要开放的花卉，使花池（台）及墙身空间四季有花并保持持续的观赏效果。

第三节　挡土墙立体绿化养护管理

一、挡土墙立体绿化植物材料养护管理

1. 浇水

水是植物生长的关键，在春季干旱天气时，直接影响到植株的成活。新植和近期移植的

各类植物，应连续浇水，直至植株不灌水也能正常生长为止。要掌握好三至七月份植物生长关键时期的浇水量。做好冬初冻水的浇灌，以有利于防寒越冬。由于攀缘植物根系浅、占地面积少，因此在土壤保水力差或天气干旱季节应适当增加浇水次数和浇水量。

2. 牵引

牵引的目的是使攀缘植物的枝条沿依附物不断伸长生长。特别要注意栽植初期的牵引，新植苗木发芽后应做好植株生长的引导工作，使其向指定方向生长。对攀缘植物的牵引应设专人负责，从植株栽后至植株本身能独立沿依附物攀缘为止。应依攀缘植物种类不同、时期不同，使用不同的方法。如：捆绑设置铁丝网（攀缘网）等。

3. 施肥

施肥的目的是供给植物养分，改良土壤，增强植株的生长势。施肥的时间：施基肥，应于秋季植株落叶后或春季发芽前进行；施用追肥，应在春季萌芽后至当年秋季进行，特别是六至八月雨水勤或浇水足时，应及时补充肥力。

施用基肥的肥料应使用有机肥，施用量宜为每延长米0.5～1.0kg。

追肥可分为根部追肥和叶面追肥两种。根部施肥可分为密施和沟施两种。每两周一次，每次施混合肥每延长米100g，施化肥为每延长米50g。叶面施肥时，对以观叶为主的植物可以喷浓度为5%的氮肥尿素，对以观花为主的植物喷浓度为1%的磷酸二氢钾。叶面喷肥宜每半月一次，一般每年喷4～5次。

使用有机肥时必须经过腐熟，使用化肥必须粉碎、施匀；施用有机肥不应浅于40cm，化肥不应浅于10cm；施肥后应及时浇水。叶面喷肥宜在早晨或傍晚进行，也可结合喷药一并喷施。

4. 病虫害防治

在防治上应贯彻“预防为主，综合防治”的方针。栽植时应选择无病虫害的健壮苗，勿栽植过密，保持植株通风透光，防止或减少病虫害发生。栽植后应加强植物的肥水管理，促使植株生长健壮，以增强抗病虫的能力。及时清理病虫落叶、杂草等，消灭病源虫源，防止病虫扩散、蔓延。加强病虫情况检查，发现主要病虫害应及时进行防治。在防治方法上要因地、因树、因虫制宜，采用人工防治、物理机械防治、生物防治、化学防治等各种有效方法。在化学防治时，要根据不同病虫对症下药。喷布药剂应均匀周到，应选用对天敌较安全，对环境污染轻的农药，既控制住主要病虫的为害，又注意保护天敌和环境。

5. 修剪与间移

对植物修剪的目的是防止枝条脱离依附物，便于植株通风透光，防止病虫害以及形成整齐的造型。修剪可以在植株秋季落叶后和春季发芽前进行。剪掉多余枝条，减轻植株下垂的重量；为了整齐美观也可在任何季节随时修剪，但主要用于观花的种类，要在落花之后进行。植物间移的目的是使植株正常生长，减少修剪量，充分发挥植株的作用。间移应在休眠期进行。

6. 中耕除草

中耕除草的目的是保持绿地整洁，减少病虫发生条件，保持土壤水分。除草应在整个杂草生长季节内进行，以早除为宜。除草要对绿地中的杂草彻底除净，并及时处理。在中耕除草时不得伤及植物根系。

二、挡土墙立体绿化辅助设施养护管理

挡土墙是具有重要防护功能的构筑物，对其进行立体绿化要建立在不影响其防护功能的基础之上。因此，在日常养护管理中不仅仅要注意植被的生长情况，同时要注意定期查找和预防可能对墙体结构造成影响的昆虫以及植物生长对墙体造成的破坏，并将此种破坏降低到最小程度，一旦发现，及时清理和修补，以保证挡土墙的完整性和功能性。

第四节　挡土墙立体绿化实例分析

一、深圳市盐田区靠山挡土墙绿化长廊设计

盐田区有着独特的山海自然环境优势，吸引了众多游客，然而，一些路段的石筑边坡防土墙却与青山绿水的形象格格不入。石筑边坡既在视觉效果上不利于山海景观的整体和谐，也不利于水土资源的保护。这一现象引起了政府有关部门的高度重视，对石筑边坡进行了绿化，构筑绿色长廊。并被确定成为 2009 年盐田区 6 件重点督办建议之一。

绿色长廊项目改造内容主要包括在石筑边坡上大量种植如炮仗花、垂叶榕等绿化效果较好的植物，稳固水土的同时，通过色彩层次的搭配，形成良好的景观效果。在有特殊情况的路段，如梧桐路东段，由于建筑时间较久，整个墙面斑驳不堪，且此处边坡主要为浆砌片石边坡，高度约 5～15m，部分路段有排水明沟，沟宽约 1.2m，改造时在靠边坡坡角处砌花槽，种植垂直绿化较好的垂叶榕，坡顶种植炮仗花，营造良好的竖向绿化效果。

“盐田区倚山靠海，拥有独特的地理环境。石筑边坡绿化，不仅有利于保持水土，更能充分发挥我区的环境特色，建设打造绿色生态盐田。”绿色长廊的建立着实成为了美化环境、打造和谐盐田的重要之举（图 3-25、图 3-26）。

图 3-25　未绿化前的石筑挡土墙

图 3-26　绿化后的石筑挡土墙

（图片与文字来源：http：//www.yantian.com.cn/yantian-news/contents/2009-07/21/content_3924599.htm）

二、重庆黄沙溪隧洞堡坎立体绿化设计

黄沙溪隧洞堡坎是修建嘉华大桥隧道时产生的混凝土挡墙，横向长 364m，纵向高

38.7m。2008年，渝中区政府为了完善城市绿色通廊，在挡墙上实施台地式垂直绿化，建成立面绿化6348m²，平面绿化3919m²。植物选择上采取“乔＋灌＋藤”相结合的复合生态景观模式，栽种了紫薇、红叶李、黄花槐、红枫、银杏、桂花等各类乔木，蚊母、红继木、大叶黄杨、毛叶丁香等灌木，迎春、九重葛、藤本月季、血藤等藤本植物，并设置了滴灌设施，充分有效地修饰软化了原有硬质景观，在增加城市绿量和绿化覆盖率的同时，对改善城市生态环境和防止水土流失也起到了不可替代的作用，更成为彰显渝中立体绿化特色的又一处亮点，如图3-27。

图3-27 嘉华大桥黄沙溪隧洞口垂直绿化概况

（图片与文字来源：http：//cqqx.cqnews.net/qxzt/yllhyxxmpx/cslt/200909/t20090911_3588919.htm）

三、其他挡土墙绿化

其他挡土墙绿化形式见图3-28～图3-34。

图3-28 框条式挡土墙，由小梁组合成，内部填充土壤或石块，构造成重力式挡土墙。在框条间种植植被，进行绿化

图3-29 石笼挡土墙，由内部填充石块的金属丝编织而成的笼子，逐层堆筑成堆叠式挡土墙。可栽植抗性植物，攀缘植物效果佳

图 3-30　砌石挡土墙，由石块之间的摩擦力及本身自重提供土壤水平压力的挡土墙，形态自然，易生植被，但需要攀缘植物以达到较高绿植覆盖度

图 3-31　加劲挡土墙，将加劲材料埋置于土壤内，以稳定边坡，表面适宜植被生长

图 3-32　打桩编栅，使用木桩等材料打入土中，并用铁丝网、竹、木等材料编织成栅栏，可以稳定坡面，表面亦十分适宜植物生长

图 3-33　使用五叶地锦等攀缘植物对挡土墙表面进行绿化，效果也十分显著，并且简单易行

图 3-34　绿植与陶制容器相结合可营造出有生机、有趣味的挡土墙绿化

第四章

河道堤岸立体绿化技术

第一节　河道堤岸立体绿化概述及设计

一、河道堤岸绿化概述

（一）河道堤岸概念

河道堤岸是水陆交错的过渡地带，具有显著的边缘效应，其地域活跃的物质能量流动，为多种生物提供了栖息地，并且是人们滨河活动的主要空间。河道堤岸主要包括堤顶、护岸两个要素。

其中堤顶是河道堤岸中固定不变的要素，与城市建成区衔接，是城市防洪的组成部分。而护岸部分则随着水位变化，是变化的要素，在河流的枯水位，岸包括部分河滩；在河流的中水期，根据水位的不同，有的河流的岸是河滩，有的河流的岸是护岸；在河流的洪水期，岸是护岸。按照相对高程，可将堤岸分为不同的地带：堤顶—堤顶带及以外的局部部分；护岸—岸底带与堤顶之间的部分；河滩—常水位河床与护岸之间的部分。

堤岸空间的范围是由水域边缘与城市开发建设用地所决定的，它是指由水际线至城市建设用地之间的范围，是由城市总体规划来控制其范围，在不同城市根据滨河区建设现况不同有所不同。堤岸空间一般包括：临近护岸的局部水域空间（河滩地）、护岸空间、堤顶步道以及滨河广场、滨河公共绿地等（图 4-1）。

（二）城市绿化规划设计应遵循的原则

（1）河道立体绿化建设是指在保证河道安全的前提下，通过建设生态河床和生态护岸等工程技术手段，重塑一个相对自然稳定和健康开放的生态系统，能长期维持河道及两岸植物多样性和生态平衡，最终构建一个人水和谐的理想环境。

（2）河道立体绿化设计都应该在遵循生态学原理的基础上，根据美学特征和人的行为

图 4-1　对河道堤岸的绿化构建了和谐的自然景观

游憩学原理来进行植物配置，体现各色的特色。植物配置应视地点的不同而有各自的特点。

（3）河道绿化设计应处理好河道作业以及河道交通设计的关系；河道绿化设计时，要选择适合本地生长的乔灌木和地被植物，树种要耐湿、耐修剪，抗病虫害能力强。以乡土树种为主；在河道绿化设计时，还要注意保存原有树木和树林，特别要保护古树名木，以改善和美化河道环境为目的。

（4）河道绿化宽度应根据河道的实际情况设计一至多行的种植规格，宽度在约 1m 以上，景观性河道绿化可以加大到 10m 以上；河道绿化地段应以绿化为主，除园林景观式河道外，还可适当配以一定的灌木和花草。

2009 年，我国第一部规范城市河流生态修复和滨水景观绿化建设的政府指导性文件——《上海市河道绿化建设导则》开始实施。该导则是由上海市水务局、市绿化和市容管理局研究制定。

《上海市河道绿化建设导则》有关河道规划设计做出以下规定。

1. 河道规划

① 根据河道的基本功能、立地条件和周边环境，确定绿化的范围、功能、布局和类型，并统筹实施计划。

② 河道绿化范围原则上应控制在河道蓝线内，但可根据生物多样性保护、减少径流污染和水土流失等生态环保功能的需求适度调整陆域部分的绿化带宽度，并与蓝线外已有规划绿地协调，统一实施，以期发挥整体效益。

③ 河道绿化应在符合防汛、航运安全，体现生态功能的前提下，根据河道的具体情况，统筹兼顾保土、固坡、净化、美化、休闲、生产功能；对水流急、流量大、水位变动大，具有通航或引排水功能的河道，应优先满足保土、固坡功能；一般河道应突出绿化的净化和美化功能；城市河道绿化应注重景观和休闲的使用功能，农村河道绿化应兼顾水土保持和生产功能。

④ 河道绿化布局应尽可能实现沿河绿化带的连续，以发挥其生物廊道功能，从水域到陆域应构建完整的植物群落梯度，充分发挥河道绿化在水生态修复和吸收过滤陆源污染等方面的功能；同时应保护原有的自然边滩湿地，并注意与其他公共绿地衔接。

⑤ 根据河道功能及河道断面、水文、水质和护岸类型等立地条件确定绿化配置方式；

基调和骨干植物选择应以保土、固坡、耐湿能力强的乡土植物为主，慎重使用外来的新种类或品种；尽可能提高河道绿化配置方式和植物种类的多样性，营造有利于水生动物、微生物健康生长的环境，以减少有害生物的侵入和危害。

⑥ 河道绿化建设规划要纳入河道综合整治规划，并与河道其他建设规划统筹实施；河道绿化建设规划应经市或者区（县）河道主管部门审核后实施；规划阶段应有经费匡算，并明确分期实施目标。

2. 河道设计

① 设计是根据规划要求，在满足河道、堤防安全的前提下，研究分析河道特性、水文条件、岸滩结构和绿化功能需求，确定河道水体、边坡和陆域绿化种类（品种）、植物配置方式，完成工程设计，包括施工图设计和工程概算等。

② 河道绿化的竖向设计应满足河道规划断面要求，兼顾防汛和亲水设施需要，创造多种空间形态和丰富景观层次，并尽量就地平衡土石方；同时应考虑植物的生态习性，特别是不同水生植物对水深和光照的要求；水生植物种植的坡面应在30°以下。

③ 应尽可能保留和利用基地内原有的天然河流地貌，应以生态型自然驳岸为主，必要时可因地制宜作适当改造，宜弯则弯、宜深则深、宜浅则浅、宜滩则滩，驳岸坡度适度，满足土壤自然安息要求，以丰富生境类型。

④ 植物种植设计应尽可能构建完整的适应水陆梯度变化的近自然的植物群落，体现水生植物、湿生植物和中生植物分布的连续变化过程，以提高水岸结构的稳定性和群落的多样性；尽可能保存和利用原有的自然植被，特别是古树名木和体形较好的孤植树；熟悉水生植物的规格，科学确定其种植密度。

⑤ 水域绿化应根据水质、水文、光照等条件选择植物种类和配置方式；对水流急、流量大、有通航或引排水要求的河道应根据河道断面、水域宽度、水位变化、滩面状况等条件，因地制宜地进行水域绿化，一般河道的水域绿化应根据水生态修复的需要开展，适当布置浮水、沉水、浮叶植物种植床、槽或生物浮岛等，避免植物体自由扩散。

⑥ 边坡绿化应根据护岸类型、水深、淹水时间等条件，选择不同耐淹能力的植物种类；水位变动区部分应选用挺水植物和湿生植物，以减缓水流对岸带的冲刷，水位变动区以上部分化应以养护成本低、固坡能力强的乡土中生植物为主。不应大面积使用养护成本高的草坪，不宜大面积采用整形植物。

⑦ 陆域部分应根据河道功能定位开展绿化，植物种类选择和配置方式要反映河道特色，以自然式的群落为主；对景观要求较高的河道，应增加植物群落的通透性；农村地区的河道以水源涵养林和防护林为主；其他河道可兼有防护和经济的功能；对有防汛要求的河道，应严格遵循防汛通道有关规定。

⑧ 不能进行改造的直立防汛墙，在不影响安全的前提下，可选择合适的攀缘植物或柔枝植物进行墙面垂直绿化，以软化硬质墙体，增强绿视效果；为避免垂直绿化过于单调，应尽可能丰富植物种类和配置方式。岸堤上的路面铺装、栏杆等应尽可能地采用透水透气、维护成本较低的材料，不宜使用花岗岩、大理石、不锈钢、玻璃、金属等材料。

⑨ 河道绿化设计应由水利和绿化两方面的工程技术人员参与，绿化设计深度要符合《城市绿地设计规范》及《风景园林工程设计文件编制深度规定》要求。河道绿化建设项目设计方案应经市或者区（县）河道主管部门审核后实施。

（三）河道堤岸功能

河道堤岸在满足城市防洪要求的同时，要注重与城市环境的结合及人们对空间的使用要求，满足河道生态环境的保护与可持续发展。概括而言，河道堤岸有以下几大主要功能：城市防洪、交通组织、亲水活动、生态景观。

1. 城市防洪

防御洪水灾害是城市河道堤岸的首要功能之一，所有景观工程的规划设计都要在确保防洪要求满足的条件下进行。防洪堤岸的设计首先应根据国家标准规范的要求，合理确定防洪的标准和工程的等级；断面设计应满足安全稳定的条件，基础处理要结合堤岸的地质条件，因地制宜采取不同的方案。

2. 交通组织

滨河堤岸是城市交通系统的重要组成部分，它组织了道路交通、步行交通、水上交通、桥体交通和码头等交通系统与设施，同时加强了水体和周边城市环境的关联。

3. 亲水活动

河道堤岸所处的城市水陆相交的边缘地带，是人们进行亲水活动的主要空间载体。堤岸类型的选择及一些设施设计的目的之一就是为了满足人们的亲水活动需要，创造人与自然和谐互动的滨水空间。

4. 生态景观

河道堤岸位置的物质、能量的流动与交换过程频繁，是自然因素密集、自然过程丰富的生态交错带。因而，河道堤岸除了城市防洪功能外，需保护河道边缘生态，注重生态景观的塑造，为动植物的生长提供空间。堤岸上提供了绿化空间，种植各种乔灌木，给人们提供了视觉欣赏的对象，同时展现河道堤岸极富自然野趣的生态景观。

绿色植物被称之为“生物过滤器”，在一定浓度范围内，植物对空气中的粉尘、细菌及有害气体均有较强的吸附、杀灭和化解作用。

植物的根可固着土壤，提高土壤持水性，增加土壤的有机质含量，既改善土壤的结构与性能，增加抗侵蚀能力和抗冲刷能力，起到固土护坡的作用，又能提高河岸土壤肥力，改善生态环境。而且随着时间的推移，植物不断生长，这些作用将会不断增强。植物枝叶可截流雨水，过滤地表径流，水边植物的枝叶能抵消波浪的能量，从而起到护坡、净化水质、涵养水源的作用。植物给予人们的美感效应，是通过植物固有色彩、姿态、风韵等个性特色和群体景观效应所体现出来的。一条河道如果没有绿色植物的装饰，无论两侧的建筑多么的新颖，也会显得缺乏生气。美的河道除了建筑风格的一致和变化外，用绿色植物构成的连续构图和季相变化也能使人产生美感。一个城市河道绿化的质量水平是形成城市印象的关键和构成自然的城市轮廓线、创造美好市容和提高城市建筑景观质量的关键。

河道绿化建设是指在保证河道安全的前提下，通过建设生态河床和生态护岸等工程技术手段，重塑一个相对自然稳定和健康开放的生态系统，能长期维持河道两岸植物多样性和生态平衡，最终构建一个人水和谐的理想环境。

（四）河道堤岸绿化的意义

1. 环境改善

对于城市整体环境而言，实施绿化后植被覆盖良好的河道两岸对提高整个城市气候和局部小气候的质量具有重要作用。河道堤岸的植被能更好地改善城市热岛效应。对于河道小环境而言，河道堤岸绿化不仅有提供遮阳、防风的功能，还对噪声和污染控制等都有许多明显的效益。

2. 水体净化

实施绿化后，河道堤岸可以结合城市水系环境综合治理，过滤污染物，净化水质或者是降低人为的净化水质的成本。可以预见，河流实施绿化后，许多植物都具有净化水体的功能，可以很有效地通过各种作用使河道的水质变好。

3. 水土保持及防洪减灾

实施河道堤岸绿化后，通过植物根系的锚固作用，控制水的流速，减少了水土流失的程度，同时滨水植物种植使得水的流速降低，减低洪涝灾害发生的程度。

4. 增加城市绿地

城市绿地的发展受到城市土地面积的制约，而河道堤岸的绿化为城市绿地建设提供了发展空间。将城市河道改造成具有重要意义的绿色生态廊道，能增加城市绿地面积，河道堤岸的绿化在城市绿地中的生态功能在未来会愈发显著。

5. 丰富城市景观与物种多样性

河道堤岸的绿化可以营造自然的河岸线，植物配置良好的河道堤岸绿化及其自然特征，为城市的舒适性、稳定性、可持续性提供了一定的基础。对城市河道进行绿化布置，在增加了河道稳定性和安全性的基础上，可以很好地形成赏心悦目的城市绿色景观。滨水环境为动植物的生长提供了丰富的条件和多样化的生境，相较其他城市景观，河流景观的异质性形成城市中物种多样性较高的区域。植物配置良好的河道绿化，可以形成合理的生态系统，增加景观的异质性，对于保护城市河道的物种多样性，维持城市生态系统的持续、稳定和发展有支持作用。

6. 改善人居环境

城市绿地影响着人居环境的质量，绿化良好的河道堤岸可以提供优美滨水自然景观，提供让人可以亲近自然地场所。在城市居民单调的生活环境中，城市河流的自然特征，对改善人居环境具有重要意义。实施河道堤岸绿化后的河道可以为居民提供更多的亲近自然的机会和更多的游憩和休闲场所，使得城市居民的身心得到健康发展。

二、河道堤岸绿化设计与施工

（一）河道堤岸绿化的设计类型

1. 护岸绿化设计

（1）自然护岸型河道绿化　自然护岸型河道绿化设计主要采用植被保护堤岸，通过在河道堤岸土壤中种植植物，以植物生长的发达根系来稳固堤岸，增加其抗洪、保护堤岸的能力，形成自然土坡式的结构。可以根据不同河道的立地条件，选取直接栽种植被或是借助工程设施来进行绿化。

在河道水流冲刷力不强、流速小于3m/s、堤岸坡比不高于1∶3的河段，可在河岸直接栽植柳树、黄金香柳、水石榕、水杉、落羽杉等根系发达的植物，不仅能绿化河道堤岸，更能有效固土。将芦苇、菖蒲等水生植物片植、混植形成良好的河流生态环境（图 4-2）。

图 4-2 自然堤岸型河道绿化

在河道水流冲刷力不强，堤岸坡比较高的河段，可采用石笼等透水性硬质护脚对河道堤岸采取护底措施，再在堤岸上栽植植物进行绿化，护脚底部的石笼等还可装置人工种植槽，种植水生植物，进一步固土、净化水质、营造良好的滨水景观（图 4-3）。

图 4-3 采用硬质护脚护底的自然堤岸型河道绿化

（2）*硬质护岸型河道绿化* 硬质护岸型河道绿化设计主要针对因流速、泄洪等原因河道堤岸已硬质化的河段，主要采取攀缘植物覆盖和硬质护坡改造两种绿化方式。

在流速和水位变化较大、或者泄洪空间受限而不宜对硬质护坡进行过多的改造的河段可利用栽植攀缘植物覆盖堤岸而达到绿化效果。可在河滩种植向上攀缘的植物，也可在堤岸顶端设置种植场地，使攀缘植物向下生长，从而覆盖堤岸。采用此方式，能够在短期内通过较为经济的方式，获得一定的生态效果和较好的景观效果，但并不能从根本上恢复河流水岸的生态功能（图 4-4）。

在流速和水位变化较小的河段，可使用网格框架的种植槽、生态混凝土、三维网等对硬质驳岸进行改造。在这些设施上客土再进行种植。由于土层较薄，因此不宜种植乔木，在其

图 4-4　使用攀缘植物覆盖对硬质堤岸进行绿化

表面喷播狗牙根、假俭草等固土能力强的草本植物，点缀扎根性好的小灌木。这样的绿化方式使硬质驳岸在一定程度上恢复了生态功能，重新使河流成为具有良好景观效果的生态走廊（图 4-5～图 4-7）。

2. 河心岛的绿化种植

河心岛地处河道的中间，往往是河道景观的视觉中心，对河道护岸景观的营造有着重要的地位。但是，这样的地理位置也给绿化施工带来了困难。一是距离河岸较远，施工机械难以操作；二是人员进出河道极不方便，给绿化种植及后期的养护增加了困难。因此，河心岛的绿化种植要充分考虑这些因素。在地形整理的时候，要利用好原有的植物材料。这些植物长期生长在岛上，已适应了这个自然环境。对其进行必要的修枝或造型，用作景观的主体。在选择配置的小灌木和地被时，要挑选自然更新和覆盖能力比较强的品种，这样的植物粗生快长，不容易被杂草覆盖，对保持景观设计的组合效果十分有利。

3. 河道两侧坡面绿化的主要形式

（1）人工式坡面绿化

见图 4-8。

图 4-5　使用植物种植槽悬挂于河道堤岸两侧进行绿化

（2）自然式坡面绿化

见图 4-9。

（3）台阶式坡面绿化

见图 4-10。

（4）综合式坡面绿化

见图 4-11。

（二）河道堤岸绿化的施工方式

在河道堤岸绿化工程中，借助工程设施能有效固定和促进植物生长，从而能较为迅速地形成绿化效果。《上海市河道绿化建设导则》中有关施工方面的规定如下。

图 4-6　使用生态混凝土、三维网等对河道硬质堤岸进行绿化

图 4-7　使用鱼巢砖对河道硬质堤岸进行绿化

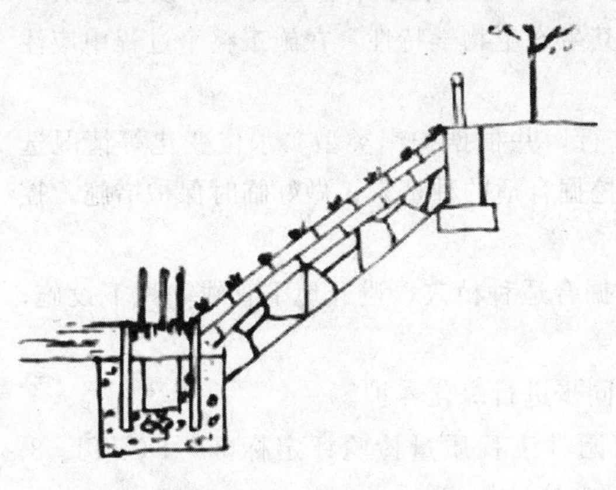

图 4-8　人工式河岸坡面绿化
（图片来源：张宝鑫．城市立体绿化［M］．中国林业出版社，2004，1.）

图 4-9　自然式河岸坡面绿化
（图片来源：张宝鑫．城市立体绿化［M］．中国林业出版社，2004，1.）

(1) 施工是根据设计要求，做好施工前的准备，编制并实施施工方案，施工直至完成初期养护和竣工验收。

(2) 河道绿化施工前应仔细研究设计施工图，理解设计意图；严格按照设计要求编制

图 4-10　台阶式河岸坡面绿化
（图片来源：张宝鑫．城市立体绿化［M］．
中国林业出版社，2004，1.）

图 4-11　综合式河岸坡面绿化
（图片来源：张宝鑫．城市立体绿化［M］．
中国林业出版社，2004，1.）

施工组织方案，制定应急预案；考察和分析场地环境；做好场地整理，清除建筑垃圾及有毒有害固、液体；对原有良好的滨水资源如自然植被、古树名木、体形较好的孤植树应采取必要的保护措施。

（3）合理处理陆域与水域场地整理工程先后次序，安排好机械台班及进出场顺序，避免施工对护岸、挡墙基础的破坏。

（4）地形营造应根据竖向设计施工图，计算挖、填方量和土方体积折算系数对土方进行综合平衡与调配；根据设计定位图计算水域、陆域土方内部调运的范围及数量，并确定好交通流程操作线路；要及时清污，避免对水体造成污染。

（5）保存好质地优良的疏松表土，集中堆放保存，回土时宜充分利用；为使原生植被早日生长，宜用施工现场的良好表层土覆盖；或选用改良的土壤或客土，以满足植物生长的要求，水生植物的种植土以淤泥最好。

（6）水域部分植物种植应按照设计定位图放样，布置安装水下种植装置、填充基质和播种繁殖体或苗木；水生植物的种植深度应遵循其生态生物学特性，在施工整个过程中应注意保水保湿；种植后要预防植株倒伏。

（7）边坡部分植物种植应与护岸建设同时进行，并根据护岸类型、水位变化等情况选择适合的植物种类；按设计定位图铺设种植床或挖掘合适的种植穴；做好临时保护措施，控制扬尘和水土冲刷。

（8）陆域部分植物种植应根据设计定位图挖掘合适种植穴，避开地下管线和地下设施；为防止表层水土的流失，应及时进行表层覆盖。

（9）施工完成以后，及时进行场地清理，并同步进行绿化养护。

（10）工程验收按照上海市工程建设规范《园林工程质量检验评定标准》DG/TJ 08-701—2000 及《上海市绿化工程质量安全监督实施办法》执行。

其中主要施工方式包括利用网格框架种植槽绿化、土工格栅绿化、铁丝石笼种植绿化、三维网垫固种植绿化、生态袋种植绿化等。

1. 土工格栅绿化

主要是应用土工格栅进行河道坡面的加固，并在边坡上植草固土。设置土工格栅，增加了土地摩阻力，同时土体中的孔隙水压力也迅速消散，所以增加了土体整体稳定和承载力。

而且，由于格栅的锚固作用，抗滑力矩增加，草皮生根后草、土、格栅形成一种复合结构，更能提高河道边坡的稳定性，达到固土护坡的作用（图 4-12）。

2. 网格框架种植槽绿化

在城市河道护坡的上下坎间用混凝土浇筑成网格状的护坡板，在板的网格中填土，然后进行植物的种植。这种护坡的种植方法简单粗放，主要适用于一些河道的缓坡。这种护岸的优点在于整个河道的斜坡可按水位的情况布置各类护岸地被植物，甚至可以栽植一些乔木（图 4-13）。

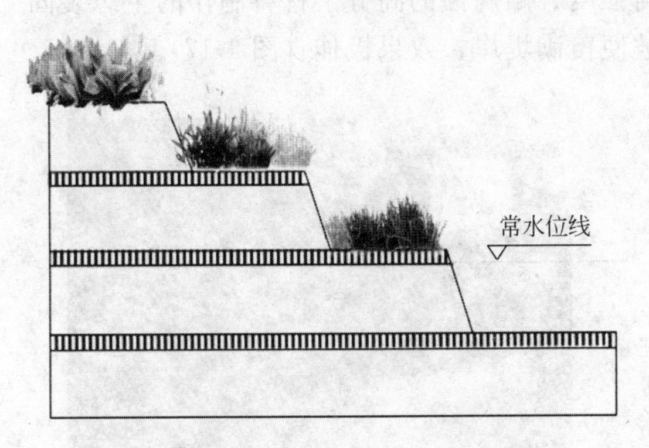

图 4-12 土工格栅绿化

图 4-13 网格框架种植槽绿化

3. 植草砖绿化

这种护岸在大型的河道护坡、水流湍急的河道中有较为广泛的运用，目前比较先进的施工方法是用混凝土一次性浇筑。这种一次性浇筑的植草护岸解决了一般植草砖的难透气与难扎根的问题，且坡岸平整，植草面整齐、牢固（图 4-14）。

4. 三维网垫固种植绿化

三维网是一种以塑性聚乙烯、聚丙烯等为原料制成的层状结构孔网，其蓬松的网袋内有较大的容土空间，植草覆盖率高，这种三维结构保证草籽更好地与土壤结合。根据坡岸地形地貌、土质和区域气候等特点，在岸坡表面覆盖一层三维植被网，并按照一定的组合与间距种植多种植物。该绿化方式可在河道堤岸形成茂密的植被覆盖，在表层形成盘根错节的根系，能有效抑制暴雨径流对堤岸的侵蚀，大幅度提高岸坡的稳定性和抗冲刷能力（图 4-15）。

图 4-14 植草砖绿化

图 4-15 三维网垫固种植绿化

5. 铁丝石笼种植绿化

该绿化方式即利用铁丝网笼装碎石、肥料及种植土，将生根的灌木、柳枝栽插在石笼之间或之中的土坡中，形成石笼-灌木层插复合的土壤生物工程固坡结构，比较适合于流速大的河道，抗冲刷能力强、整体性好、适应地基变形能力强，同时又能创造生物与微生物生存，营造出多样的生态景观（图 4-16）。

6. 生态袋种植绿化

生态袋种植绿化相较其他工程设施，取材方便，用料简单，成本低廉，适用于各种不同类型的河岸，特别适用于较陡的岸坡。一般以高强度、耐腐蚀的高分子材料制作的生态袋固定于河道堤岸上，然后播种，待种子萌芽后植被便覆满堤岸，效果极佳（图 4-17）。

图 4-16　铁丝石笼种植绿化

图 4-17　生态袋种植绿化

7. 鱼巢砖种植绿化

该绿化方式利用鱼巢砖这一新型结构对河道堤岸进行绿化，利用鱼巢砖独特的后缘设计使得墙体砌筑成了简单的“堆码”，楔形结构可形成任意曲线墙体，具有传统钢筋混凝土或毛石挡土墙无法比拟的环境装饰效果。在河道环境应用时，其水下部分可以种水草，特有的空洞形成天然鱼巢，为鱼类生存提供保障，长期的水力作用带起的泥沙等物遇到墙体的阻挡减速后，在重力的作用下会沉积在空腔内，提供水生植物生长的土壤，而积淀的矿物元素更是植物的生长所需，实现可持续的绿化效果，块体本身、水生植物体系、鱼虾等水生动物共同组建的生态景观将更加明显（图 4-18、图 4-19）。

图 4-18　鱼巢砖种植绿化细部

图 4-19　鱼巢砖绿化效果

第二节　河道堤岸立体绿化施工技术

一、河道堤岸立体绿化植物选择与配置

（一）河道堤岸绿化植物选择原则

河道堤岸绿化中植物的应用主要是基于植物固土护坡、保持水土、缓冲过滤、净化水质、改善环境等生态功能，因此植物种类选择应把植物的生态功能作为首要考虑的因素，根据实际需要优先选择在某些生态功能方面优良的植物种类，如南川柳、狗牙根等具有良好的固土护坡效果。

此外，需根据河道的立地条件，遵循生态适应性原则，选择适应生长的植物种类。平原区河道，雨季水位下降缓慢，植物遭受水淹的时间较长，因此应选用耐水淹的植物，如水杉、池杉、垂柳、紫薇、紫藤、小蜡、夹竹桃、牡荆等；山丘区河道雨季洪水暴涨暴落、土层薄、砾石多、土壤贫瘠、保水保肥能力差，故需要选择耐贫瘠的植物，如构树、盐肤木、马棘构树、樟树、乌桕、女贞等；沿海区河道土壤含盐量高，尤其是新围垦区开挖的河道，应选择耐盐性强的植物，如木麻黄、海滨木槿等。另外，河道岸顶和堤防坡顶区域往往长期受干旱影响，要选择耐干旱的植物，如合欢、野桐、黑麦草等。因此，根据各地河道的实际情况，选用具有适应性的植物种类。

平原防护林带造林树种，要发挥防风、固堤、保土的功能，必须具备主根深扎、根系发达、枝叶茂盛、抗风能力强、又能耐水湿的树种。

（1）防浪林　由于河滩地势低洼，汛期树木易淹易渍，因此，防浪林必须选择耐水湿树种，如柳树、枫杨等。柳树、枫杨不仅耐水湿，而且具有冠幅大，枝密，消波能力强等优点，应作为防浪林。

（2）背水面林带　背水面林带多以用材为目的，也有发展经济林或结合城市建设成滨河观光带。背水面虽不像防浪林汛期淹没水中，但其地下水位高，因而要根据地下水位情况来选定树种。

（3）坡绿化　堤坡绿化的目的是固堤保土、防止冲刷、美化堤坡。绿化植物选择以草坪为主，草坪的种类可选择马尼拉、狗牙根等根系发达、生长快、适应性强、生长较矮、管理容易的草种，可选择金银花、枸杞、萱草、紫穗槐、白蜡条等在坡面上种植，既达到绿化的目的，又可增加经济收入。

（4）堤顶绿化　对于作为景观性河道绿化，可规划堤顶花坛，栽植小灌木色块，形成美丽的图案，供人们休闲游憩观赏。不可栽植乔木，可选择月季、黄刺玫、瓜子黄杨、雀舌黄杨、红叶小檗、红花继木、鸢尾等。对于宽阔的堆土区，堤顶地势高，无水涝渍之虑，在选择树种时主要根据气候土质情况及群众生产生活需要而定。可选择栽植桃、李等经济树种，能取得较高的经济效益。

在边坡防护过程中，应灌木和草本植物相互搭配，可起到快速持久的护坡效果，有利于生态系统的正向演替。我国目前在边坡生态防护中使用的灌木较少，目前已使用的灌木主要有紫穗槐、柠条、沙棘、胡枝子、红柳和坡柳等。

灌木的种植可以采用扦插的方式，也可采用播种的方式。灌木宜和草本植物混合种植，以充分发挥两者的优势，又避免两者的弊端，达到快速持久护坡的效果，同时具有良好的景观效果。藤本植物的选择：藤本植物宜栽植在靠河道一侧裸露岩石下一般不易坍方或滑坡的地段，或者坡度较缓的土石边坡。可用于河道边坡立体绿化的藤本植物主要包括爬山虎、五叶地锦、蛇葡萄、三裂叶蛇葡萄、藤叶蛇葡萄、东北蛇葡萄、地锦、葛藤、扶芳藤、常春藤和中华常春藤等。

（二）河道堤岸绿化植物配置原则

1. 根据城市绿化总体要求来配置

城市河道绿化在绿化植物的配置上，要与城市其他绿化植物配置相协调，服从城市绿化总体要求。城市河道绿化配置绿化植物，在体现滨水景观特点的基础上，也要把代表城市地方特色、市民群众普遍喜爱的植物作为基调植物，然后再根据河道的具体特点来配置其他植物。

2. 根据河道的具体形式来配置

城市河道绿化配置植物时，还要考虑河流水道的具体形式，注意植物种类与河道环境的相互适应。例如，对于硬质的河流驳岸，可以考虑使用藤蔓植物或枝条下垂的灌木树种，以掩饰硬质驳岸给人的生硬感；对于平缓的河道坡面，可以考虑使用根系发达能耐水淹的乔灌木树种营造防浪林带，以减轻水流冲刷保护河道护坡。

3. 根据植物生活习性来配置

植物种类不同，其生物学特性和生态学特性也就不同。河道绿化要充分考虑不同植物的不同生活习性。例如，一些河道的土壤呈现酸性或碱性，在配置绿化植物时就要配置能耐酸碱的种类；一些河道的水流一年之内大小不均，在配置绿化植物时就要配置能耐旱涝的种类。

4. 根据植物色彩类型来配置

植物是以绿色为主的生命体，但也会表现出多样的色彩类型，河道绿化也要关注植物色彩类型对河道绿化景观的营造作用。河道绿化要以绿色为主调，但也需要其他颜色的点缀、对比作用。在确定绿色植物为基调植物的基础上，若再配置一些黄色的金叶女贞、红色的鸡爪槭、紫叶小檗等植物，就能够丰富色彩变化，令人赏心悦目。

植物种类：护坡与河岸绿化带。可以细分为护坡绿化带和河岸绿化带。护坡绿化的主要作用是护坡和防止水土流失，可选择那些根系比较发达、固着力较强的灌木、藤蔓植物和草本植物，常用种类有紫穗槐、簸箕柳、黄刺玫、常春藤、爬山虎、狗牙根、高羊茅等。河岸绿化的主要作用是景观美化，要以观赏乔灌木为主，常用种类有垂柳、玉兰、栾树、合欢、黄杨、月季、女贞、紫荆等。

水生植物配置：根据河道特点配置合适的沉水植物，浮水植物，挺水植物。并按其生态习性科学地配置。常用植物有：池松、水杉、水菖蒲、水葱等。河岸绿化带是构成河道绿化生态廊道的主体部分。河岸绿化带在植物配置时，既要考虑景观美化效果，也要考虑廊道生态功能，还要考虑其他社会作用。可以配置的风景植物有雪松、侧柏、泡桐、楸树、臭椿、香椿、苦楝、竹子等；可以配置的果树植物有苹果、红郁李、红叶梨、红叶碧桃、核桃、银杏、大叶樱等；可以配置的药用植物有木瓜、辛夷、麦冬等等。

(三) 华中地区滨水植物选择

耐水湿和盐碱树种，如垂柳、枫杨、刺槐、广玉兰、栾树等，林下密植一些耐阴的花灌木和地被类植物，主要有结香、玉簪、红花酢浆草和沿阶草。水系边多点缀一些呈簇状自然式布置的耐水湿花灌木，如海棠、金钟、迎春、鸢尾等。水面上的芦苇、蒲苇、水葱、香蒲、荷花，把水系装点得野趣盎然。

(四) 华东地区滨水植物选择与配置

1. 植物选择

见表 4-1。

表 4-1 华东地区滨水植物选择

生长习性		代表植物
乔木	常绿	雪松、五针松、马尾松、圆柏、龙柏、罗汉松、日本花柏、香榧、香樟、天竺桂、椤木石楠、石楠、冬青、女贞、杜英、广玉兰、棕榈、乐昌含笑、枇杷、杨梅
	落叶	银杏、无患子、黄山栾树、鹅掌楸、合欢、枫香、水杉、落羽杉、池杉、英桐、七叶树、臭椿、樱花、白玉兰、朴树、榉树、榔榆、垂柳、意杨、构树、乌桕、国槐、紫叶李、白蜡、喜树、红枫、三角枫、鸡爪槭、重阳木、苦楝、枫杨
灌木	花灌木	杜鹃、云南黄馨、连翘、丁香、蜡梅、紫薇、木槿、海滨木槿、棣棠、红花檵木、海棠、垂丝海棠、石榴、紫荆、八仙花、海州常山、木芙蓉、梅花、山茶、碧桃、绣线菊、伞房决明、金丝桃、金丝梅、琼花、木绣球、苦楝、枫杨
	常绿	红叶石楠、南天竹、金叶女贞、桂花、海桐、大叶黄杨、小叶女贞、珊瑚树、夹竹桃、枸骨、含笑、火棘、十大功劳、蚊母树、洒金桃叶珊瑚、凤尾兰、栀子、香泡
	落叶	羽毛枫、黄栌、山麻杆、木瓜、竹叶椒、黄连木、醉鱼草、荚迷、金银木
草本		麦冬、萱草、吉祥草、彩叶草、马蹄金、金叶过路黄、活血丹、红花酢浆草、紫叶酢浆草、紫花苜蓿、玉簪、紫萼、葱兰、石蒜、二月兰、大花美人蕉、郁金香、马蔺、鸢尾、黄菖蒲、美国薄荷
藤本		炮仗花、茑萝、常春藤、扶芳藤、薜荔、络石、五叶地锦、凌霄、金银花、紫藤
竹类		淡竹、刚竹、阔叶箬竹、菲白竹、孝顺竹、凤尾竹、毛竹
水生		芦苇、蒲苇、芦竹、水葱、石菖蒲、旱伞草、千屈菜、再力花、睡莲、荷花、凤眼莲、溪荪、白茅、香蒲、生荻、金鱼草

2. 水生植物

各种水生植物原产地的生态环境不同，对水位要求也有很大差异，多数水生高等植物分布在 100～150cm 的水中，挺水及浮水植物常以水位 30～100cm 为适，而沼生、湿生植物种类只需 20～30cm 的浅水即可。常见的水位为 30～100cm 的植物有荷花、芡实、睡莲、伞草、香蒲、芦苇、千屈菜、水葱、黄菖蒲等，水位为 10～30cm 的有荇菜、凤眼莲、萍蓬草、菖蒲等，水位为 10cm 以下的有燕子花、溪荪、花菖蒲、石菖蒲等。部分常见水生植物生态习性见表 4-2。

3. 典型植物配置模式

(1) 大型面状水景

① 乌桕＋旱柳＋垂柳＋樱花—深山含笑＋紫荆＋鸡爪槭＋李叶绣线菊＋红花忍冬＋花叶锦带花＋缫丝花—水鬼蕉＋扶芳藤＋中华常春藤＋狗牙根—黄菖蒲＋香蒲＋芋＋芦竹＋白茅＋菱角＋水鳖；

表 4-2　部分常见水生植物生态习性

植物名称	拉丁学名	科名	观赏特性	生长区域	生态习性	草本类型	分类
毛茛	*Ranunculus japonicus* Thunb.	毛茛科	植株密披绒毛，聚伞花序，花序具数朵花，花黄色	水边湿地或山坡草丛	喜阳光充足，忌高温	多年生草本	湿生植物
藨草	*Herba Scirpus triqueteris*	莎草科	茎呈三棱形，叶子条形，花褐色	水沟，山溪边或沼泽地	喜温暖，适应性强	多年生草本	湿生植物
香蒲	*Typha orientalis* Presl.	香蒲科	叶鞘边缘膜质。花单性，雌雄同株；花序始为黄绿色，花粉鲜黄色	池塘，河滩，潮畔，渠旁潮湿多水处	喜温暖，光照充足的环境	多年生宿根性植物	挺水植物
菱	*Trapa bispinosa*	菱科	叶分两类，聚生于短缩茎上，浮出水面的叫浮叶，倒三角形，花白色或红白色	水池，湖畔	喜温暖湿润，阳光充足，不耐霜冻	一年生浮叶水生植物	挺水植物
水蓼	*Polygonum hydropiper* Linn	蓼科	叶互生，披针形或椭圆状披针形，花具细花梗而伸出苞外	湿地，水边或水中	适应性强	一年生草本	挺水植物
泽泻	*Alisma orientale*	泽泻科	沉水叶条形或披针形，花序长	生于潮泊，溪流的浅水带	喜温暖耐高温	多年生草本	挺水植物
菖蒲	*Acorus calamus* Linn	天南星科	叶剑形挺立，具香气，肉穗花序黄绿色	生于池塘浅水，河滩湿地	生于池塘浅水，河滩湿地	多年水生草本植物	挺水植物
茭白	*Zizania aquatica*	禾本科	叶互生，线状剑形，短缩茎由茎基之叶鞘包被	生长于浅水中	喜高温多湿	多年水生草本植物	挺水植物
荸荠	*Eleocharis tuberosa*	莎草科	叶片退化成膜片状，着生于叶状茎基部及球茎上部，穗状花序。小坚果，果皮革质，不易发芽	生长在河沟、水田泥中	喜温暖湿润怕冻，喜充足的光照	浅水性宿根草本	挺水植物
野慈姑	*Sagittaria trifolia* var. *sinensis*	泽泻科	叶簇生，叶形变化极大，7～10月开花，花梗直立，总状花序或圆锥形花序，花白色	浅水沟、溪边或水田	适应性强，喜光照充足，气候温和的环境	多年生草本	挺水植物
雨久花	*Monochoria morsakowii*	雨久花科	叶片广心形或卵状心形，先端渐尖，花蓝色，花被离	池塘，沼泽靠岸的浅水处	性强健，耐寒	一年生水生草本	挺水植物
水葱	*Scirpus validus* Vahl	莎草科	圆锥花序假侧生，花序似顶生。苞片由秆顶延伸而成，多条辐射枝顶端	池塘，湖泊边的浅水处	喜温暖潮湿的环境，需阳光	多年生宿根草本	挺水植物
萍蓬草	*Lythrum salicaria* Linn	睡莲科	根状茎块状。花金黄色，花期5～8月份	池塘，湖畔	对土壤选择不严，耐低温	多年生草本	浮叶植物

续表

植物名称	拉丁学名	科名	观赏特性	生长区域	生态习性	草本类型	分类
芡实	*Euryale ferox*	睡莲科	根状茎短缩，叶从短缩茎上抽出	生于池沼湖泊中	喜温暖水湿，不耐寒霜	一年生草本	浮叶植物
睡莲	*Nymphaea tetragona*	睡莲科	叶丛生，纸质或近革质，花单生于细长的花柄顶端，多白色，漂浮于水面	池塘，湖畔	强光，通风良好	多年生水生花卉	浮叶植物
荇菜	*Nymphoides peltatum*	睡莲科	叶片近革质，边缘波状，伞形花序杏黄色	池塘，湖泊，溪沟中	性强健，喜静水	多年生水生	浮叶植物
凤眼莲	*Eichhornia crassipes*	雨久花科	叶全缘，光亮无毛，穗状花序。蓝紫色	潮湿通风处，浅水中	喜强光，耐微碱	多年生宿根草本	漂浮植物

② 南川柳＋旱柳＋柳杉＋落羽杉＋水杉＋水松＋樱花＋桃花—鸢尾＋扶芳藤＋活血丹＋天胡荽＋花叶美人蕉＋兰花三七＋杜若—芋＋慈姑＋萍蓬草＋睡莲＋水烛＋薏苡＋石菖蒲；

③ 麻栎＋冬青＋樱花＋无患子＋枫香＋乌桕—夹竹桃＋垂丝海棠＋浙江含笑＋山茶—狗牙根＋天胡荽＋酢浆草—蒲苇＋芦苇＋班茅＋白芒＋菖蒲＋荇菜＋田字萍。

(2) 小型面状水景可适当增加灌木层的植物种类和数量

① 构树＋枫香＋杨梅＋枇杷＋榔榆＋玉兰—桂花＋花石榴＋红枫＋鸡爪槭＋紫薇＋无刺枸骨＋南天竹＋毛鹃＋铺地柏＋云南黄馨＋红花檵木＋花叶杞柳—萱草＋麦冬＋狗牙根—梭鱼草＋花叶芦竹＋千屈菜＋水烛＋玉蝉花＋再力花＋黄菖蒲＋紫芋＋野茭白；

② 香樟＋鹅掌楸＋朴树＋垂柳＋栾树＋枇杷＋玉兰＋桃＋合欢—深山含笑＋桂花＋四照花＋山茶＋含笑＋南天竹＋棣棠＋红花檵木球＋毛鹃＋大花六道木—红花酢浆草＋麦冬＋狗牙根＋萱草＋兰花三七—香菇草＋梭鱼草＋香蒲＋千屈菜＋再力花＋菖蒲＋睡莲；

③ 无患子＋乐昌含笑＋桃＋垂柳—桂花＋鸡爪槭＋紫薇＋羽毛枫＋山茶＋大花六道木＋日本倭海棠＋毛鹃＋黄馨＋缫丝花＋梾木＋八仙花—玉带草＋麦冬＋狗牙根＋红花酢浆草＋天胡荽—黄菖蒲＋菖蒲＋玉蝉花。

(3) 大型线状水景

① 银杏＋桃树＋垂柳＋红叶李＋朴树＋合欢—桂花＋大花六道木—阔叶麦冬＋紫萼＋白花蝴蝶花—再力花＋玉蝉花＋蒲苇＋芦苇＋芒＋荻；

② 枫香＋鹅掌楸＋柳杉＋池杉＋香樟＋垂柳—玫瑰＋南天竹＋毛鹃＋云南黄馨—大吴风草＋麦冬＋狗牙根＋天胡荽—蒲苇＋芦苇；杜英＋珊瑚朴＋垂柳＋合欢＋水杉＋无患子＋红叶李—紫玉兰＋夹竹桃＋鸡爪槭＋桂花＋花叶锦带花＋海桐＋红花檵木球＋火棘球＋红叶石楠球＋黄馨＋缫丝花＋覆盆子—沿阶草—慈姑＋菖蒲＋泽泻。

(4) 小型线状水景

① 垂柳＋杜英＋朴树＋千层金—珊瑚树球＋金钟花＋无刺枸骨＋构骨＋含笑＋金边胡颓子—蟛蜞菊＋千日红＋狼尾草＋大花马齿苋＋花叶络石＋夏堇＋万寿菊＋日本绣线菊＋狗牙根—再力花＋梭鱼草＋灯心草＋荻＋蒲苇；

② 枫杨＋桃树＋无患子＋香樟＋合欢＋垂柳＋枇杷＋三角枫—红枫＋鸡爪槭＋桂花＋茶梅＋红花檵木球＋丝兰＋凤尾竹＋龟甲冬青＋海桐—扶芳藤＋狗牙根—美人蕉＋石菖蒲＋斑叶金钱蒲＋水葱＋浮萍＋黑藻＋穗花狐尾藻。

（五）华南地区滨水植物选择与配置

1. 植物选择

见表4-3。

表4-3 华南地区滨水植物选择

植物名称	种类	拉丁名	植物名称	种类	拉丁名
红豆树	乔木	*Ormosia hostel*	桂花	灌木	*Osmanthus fragrans*
腊肠树	乔木	*Cassia fistula*	美丽水鬼蕉	球根花卉	*Hymenocallis speciosa*
莲雾	乔木	*Syzygium samarangense*	红花文殊兰	球根花卉	*Crinum amabile*
无忧树	乔木	*Saraca indica*	石蒜	球根花卉	*Lycoris radiate*
海芒果	乔木	*Cerbera manghas*	葱兰	球根花卉	*Zephyranthes candida*
美人树	乔木	*Chorisia speciosa*	韭兰	球根花卉	*Z. grandiflora*
桃	乔木	*Amygdalus persica* Linn	宽叶香蒲	宿根花卉	*Typha latifolia*
李	乔木	*Prunus salicina*	马兰	宿根花卉	*Kalimeris indica*
山樱花	乔木	*Prunus serrulata*	红花蕉	宿根花卉	*Musa coccinea*
木槿	灌木	*Hibiscus syriacus*	玉簪	宿根花卉	*Hosta plantaginea*
扶桑	灌木	*Hibiscus rosa-sinensis*	鸢尾	宿根花卉	*Iris tectorum*
龙船花	灌木	*Ixora chinensis*	金针菜	宿根花卉	*Hemerocallis citrine*
含笑	灌木	*Michelia figo*	毛杜鹃	宿根花卉	*Rhodod ndron*
紫玉兰	灌木	*Magnolia liliflora*			

2. 典型滨水空间植物群落配置模式

（1）串钱柳—观赏小乔木—灌木—鸢尾（*Iris tectorum*）

主体：串钱柳（*Callistemon viminalis*）。

观赏小乔木：木芙蓉（*Hibiscus mutabilis*）、琴叶珊瑚（*Jatropha pandulifolia*）。

灌木：金叶假连翘（*Duranta repens* 'Dwarf Yellow'）、光叶子花（*Bougainvillaca glabra*）。

地被：鸢尾（*Iris tectorum*）＋小蚌兰（*Rhoeo spathacea* 'Compecta'）＋合果芋（*Syngonium podophyllum*）等。

配置应用：置于园内较宽敞水域旁，弱化水岸线，增加景观层次，围合空间，使游人豁然开朗。

（2）大叶紫薇＋凤凰木—花叶灌木丛—地被

上层乔木：大叶紫薇＋凤凰木。

中层灌木：雪花木（*Breynia nivosa*）、软枝黄婵（*Allamanda cathartica*）、锦绣杜鹃（*Rhododendron pulchrum*）。

下层地被：红背桂、蜘蛛兰等。

配置应用：可几个景观单元组合种植于水边，游人可围坐树下休息、观景。

（六）西南地区滨水植物选择与配置

滨水绿地配置较多的耐水湿植物，如水杉（*Metasequoia glyptostroboides*）＋枫杨

(*Pterocarya stenoptera*)+化香(*Platycarya strobilacea*)+构树(*Broussonetia papyrifera*)+迎春(*Jasminum nudiflorum*)+黄花鸢尾(*Iris pseudacorus*)。溪边小路旁点缀色叶植物红枫(*Acer palmatum* cv. Atropurpureum)+紫叶李(*Pruns cerasifera* cv. Atropurpurem)。慈竹(*Neosinocalamus affinis*)+刺槐(*Robinia pseudoacacia*)+夹竹桃(*Neriumindicum*)+圆柏(*Sabina chinensis*)+芭蕉(*Musa basjoo*);银杏(*Ginkgo biloba*)+加杨(*Populus canadensis*)+圆柏+木芙蓉(*Hibiscus mutabilis*)+蚊母(*Distylium* spp.)+芦苇(*Phragmites australis*)的植物配置。如图 4-20 所示。

图 4-20 滨水绿地植物配置

二、河道堤岸绿化的基质要求

近年来,在水利工程建设中,人们逐渐意识到河道堤岸绿化是河流生态系统的一个重要组成部分,它是河道水流生态系统向陆地生态系统过渡的一个通道。河道不仅仅具有防洪、航运等基本功能,还应具有生物栖息地和人文景观等功能。传统的浆砌石或混凝土河道点绿化基质虽然结构稳定,具有防止水流和波浪对岸坡基土的冲蚀和淘刷作用,但水体封闭在河道中,切断了水体和近岸陆地土壤之间各生态要素间的物质、能量及信息系统的有机联系,破坏了原有水陆交错带的生物群落。水生植物、水生动物不能正常生长而消失,生物多样性急剧下降,从而影响整个河流的生态环境。

此时就需要考虑发展能与自然和谐共生的建筑材料作为河道点绿化的基质。此护坡可保持水土,加固堤岸,又可维持甚至增加生物多样性并净化水质。这样,生态混凝土的概念就被引进了。生态混凝土又称环境友好型混凝土,又名亲环境混凝土,可以减轻环境负荷同时也与有机物相适应,它实质上是一种有着连续孔隙的多孔混凝土,水与空气能够很容易通过或存在于其连续通道内,能与生态环境相适应,可使水质得到净化。虽然与普通混凝土相比,它的强度和耐久性都有所不及,但是其有着极为广泛的应用前景,对人类社会的可持续发展有着深远的意义。

生态混凝土的净水功能主要由于它存在大量的孔隙,所以具有良好的透水与透气性。就目前国内外的研究现状来看,它的净水机理主要是物理作用、化学作用以及生态综合效应三个方面。

1. 物理作用

多孔混凝土的孔隙率在5%～35%之间，并且连通孔占15%～30%，平均孔径为4～5mm，并且孔隙弯弯曲曲，这就形成了很好的过滤材料，但是它的比表面积是远远小于如沸石、活性炭等良好的吸附净水材料。而且在实际应用中，我们可以想象到，它的孔隙会慢慢堵塞，从而丧失了过滤的功能。因此它通过物理作用来净水的效果是不会太明显的。

2. 化学作用

人们经常使用石灰来净化水质，因为它不但可以调节pH值，而且作为无机混凝剂可使污水中的悬浮物质絮凝沉淀，在澄清的同时也降低了水中污染物质的含量。混凝土组成材料中的水泥在水化过程中，以及混凝土浸泡在水中都会不断地溶蚀出$Ca(OH)_2$，从而起到净化作用。但是这会影响混凝土的耐久性，其碱性也会对生态植物产生影响。

3. 生态综合效应

由于生态混凝土是多孔结构的，所以它提供了适合微生物生长的生存环境。在其表面和内部有大量的细菌栖息繁衍，包括硝化菌、甲烷菌、脱氮菌等喜氧性和厌氧性细菌。而且多孔混凝土上形成的生物膜中生物种群较多，可以充分发挥生物膜的作用，降解水中的污染物质。另外水草等植物附着生长在生态混凝土上时，可以吸收水中的N、P等污染物质。

总之，生态混凝土在水中富集的微生物、动植物形成了一个综合的生态效应从而取得良好的水质净化效果，因此是人们研究的重点。

除生态混凝土外，较常用的河道堤岸绿化的基质还有生态袋基质，生态袋基质为永久的植被绿化提供理想的播种模块，装置于生态袋中，这些袋子具有透水不透土的过滤功能，而且对植物根系友好。每个袋子表面积会因袋子填充物的多少而变化。生态袋选用高质量的环保材料，易于植物生长，产品永不降解、抗老化、抗紫外线、无毒、百分之百可回收，使用寿命长达70年，为高科技材料制成的护坡材料。其主要要求为：

(1) 允许水从袋体渗出，从而减小袋体的静水压力。

(2) 不允许袋中土壤泄出袋外，达到了水土保持的目的，成为植被赖以生存的介质。

(3) 袋体柔软，整体性好。

生态袋护坡系统通过将装满植物生长基质的生态袋沿边坡表面层层堆叠的方式在边坡表面形成一层适宜植物生长的环境，同时通过专利的连接配件将袋与袋之间，层与层之间，生态袋与边坡表面之间完全紧密地结合起来，达到牢固的护坡作用，同时随着植物在其上的生长，进一步将边坡固定。然后在堆叠好的袋面采用绿化手段播种或栽植植物，达到恢复植被的目的。由于采用生态袋护坡系统所创造的边坡表面生长环境较好（可达到30～40cm厚的土层)，草本植物、小型灌木，甚至一些小乔木都可以非常良好地生长，能够形成茂盛的植被效果。近年被广泛应用于各种恶劣情况下的边坡防护施工以及其他一些防护和生态修复领域。

三、河道堤岸立体绿化的辅助设施

(一) 栅格墙

栅格墙是将帮助增大土壤摩擦力用于加固河道坡面的盒状体，分为土工栅格墙与活体栅格墙。土工栅格是以聚丙烯、高密度聚乙烯为原料，经挤压、拉伸而成，有单向、双向土工格栅之分。活体栅格墙是许多未经处理的圆木或树干连锁式排列而成，一旦它们生根并固定下来，新长出的植被将逐渐发挥出所有木材的结构性功能。使用栅栏墙的前提是河道的河床必须稳定。此方法可加固岸坡坡脚，防止岸坡水流冲刷，增强河道的自然性，为水生动物提供良好的生境。该技术可用于水流冲刷较强的凹岸，河道狭窄和需要设置垂直防护结构的河段，以及某些正受到侵蚀而可能最终形成裂隙的河岸（图 4-21）。

图 4-21　栅格墙

（二）生态混凝土种植基

生态混凝土种植基主要由多孔混凝土、保水材料、难溶性肥料和表层土组成。多孔混凝土由粗骨料、混有高炉炉渣和硅灰的水泥、适量的细料组成，是植被型生态混凝土种植基的骨架。保水材料常用无机人工土壤、吸水性高分子材料、苔泥炭及其混合物。表层土铺设于多孔混凝土表面，形成植被发芽空间，同时提供植被发芽初期的养分。在城市河道护坡或护岸结构中可以利用生态混凝土预制块体做成砌体结构挡土墙，或直接作用为护坡结构（图 4-22）。

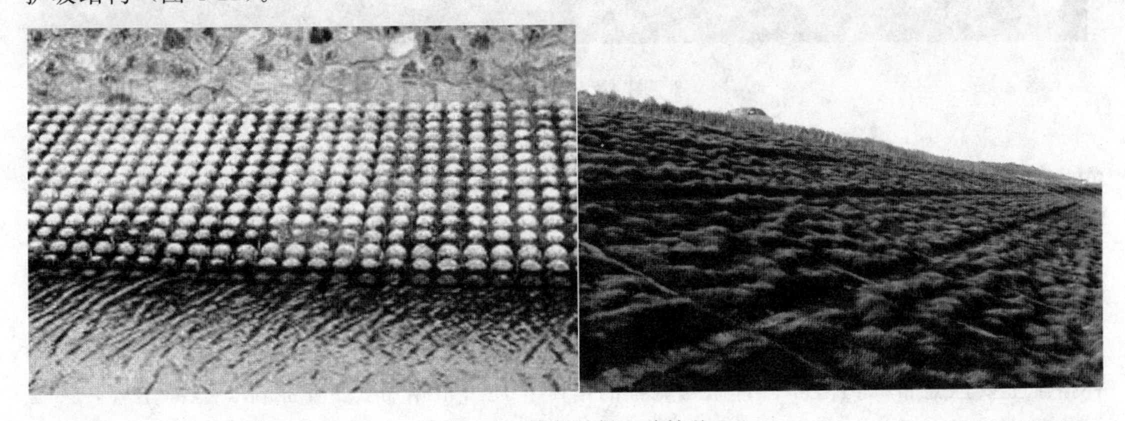

图 4-22　生态混凝土种植基

（三）三维土工网

三维土工网是一种塑性聚乙烯、聚丙烯等为原料制成的网垫和种植土、草籽等组成的两层或多层表面呈凸凹不平网袋状的层状结构孔网。网表面是一个起泡层，蓬松的网袋内有较大的容土空间，以作为植物萌芽、生长的填土，这种三维结构保证草籽更好地与土壤结合（图 4-23）。

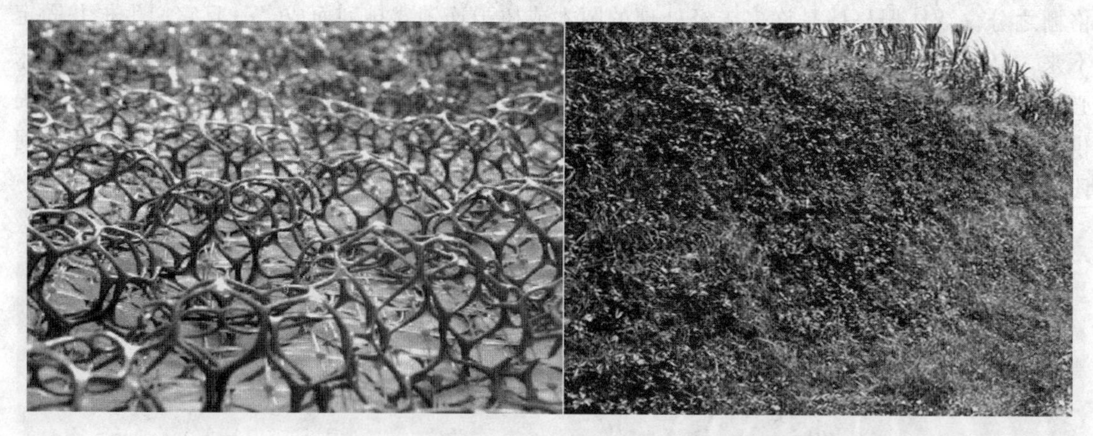

图 4-23 三维土工网

(四) 生态袋

生态袋以种植袋(一般用麻袋),也常用高强度、耐腐蚀的高分子材料网(网格以62mm×62mm为宜)固定于斜坡上,为堤岸上播种后种子萌芽提供稳定生境(图 4-24)。

图 4-24 生态袋

四、河道堤岸绿化的栽植方法

(一) 河道堤岸绿化的种植要求

河道两侧最少留土宽为 1m,作为单行种植用,一般单行宜种植高大直立乔木,这样既美观大方,又有利河道作业和交通安全;河道两侧留土在 3~4m 宽时,则可种植两行,品种搭配上要注意常绿与落叶、直立与宽幅的搭配,还可根据需要少量搭配一些灌木等;河道绿化通道建设一般在三行以上,要根据土地使用的情况而定,一般结合河道景观建设,布置与周围环境相协调的绿色风景线,可充分利用建设土地范围内平缓的坡面情况,布置种植有观赏价值的乔灌木花卉等。河道绿化间距:大乔木株距一般 2~5m,可根据不同的树种确定,水杉等直立小冠幅树种可小到 2m 宽,香樟等大冠幅树种可宽到 5m,种植两行以上的,行距一般 2~4m,也根据树种冠幅而定,根据此种植规格,河道绿化每公里(按单侧计)每行种植乔木应在 200 株以上;河道绿化的苗木规格要求:要选择树干挺直、树形美观、长势良好、规格整齐、无病虫害的一类苗木,苗木胸径不小于 4cm,树高不低于 3m,严禁利用三类苗木。

（二）河道堤岸绿化的栽植方式

河道堤岸绿化的栽植方式，主要利用扦插、柴笼、层栽、灌丛垫等植物栽植方式对河道堤岸实施绿化。

1. 扦插栽植

利用可以生根的植物活枝以直接扦插或按压的方式种植在河道堤岸的土壤中，待活枝生根后，新生根系可将植株和岸坡土壤团粒连固在一起，并吸收土壤多余水分。该绿化方式采用易于扦插、萌蘖性强的植物，生态问题比较简单，水力学问题不大的河段较为适用。

2. 柴笼栽植

该方式是将可生根植物（比如杞柳、山茱萸）的茎、枝用绳索捆成长条形扎束（柴笼），并用木楔或活枝固定在斜坡的浅槽中，浅槽一般是沿水平或等高线方向伸展，通常运用于常水位与设计洪水位之间的水位变动区域，易形成茂密而层次丰富的河道生境。

3. 层栽栽植

该方式是把活的有根枝条按交叉或重叠的方式水平栽植在河道堤岸土层间，其生态效果为枝条顶部向外，根部垂直埋入坡岸，可以有效延缓坡岸径流流速，截留悬浮物，较活枝捆扎更有效地改善坡岸植被环境。层栽的绿化方式可应用于当地先锋灌木物种较丰富的地方，适用于坡岸较陡、表面径流较大的河道。

4. 灌丛垫栽植

该方式利用覆盖在河岸上用来稳定坡岸的柴笼以及树枝的组合体。活枝条编织成网层结构，根部斜向下插入，枝条覆盖在坡岸表层，并且枝条的根部在堤岸土内深插，枝条可以发育生长根系，能够成活并在地表形成绿色植被覆盖层。

第三节　河道堤岸立体绿化养护管理

一、河道堤坝立体绿化植物材料养护管理

（一）栽植建设阶段养护管理

《上海市河道绿化建设导则》中有关养护管理方面的规定如下。

（1）养护内容包括建立管理制度，明确养护责任，制定和实施养护方案，落实监督检查等。

（2）河道绿化养护应根据河道分级管理要求，制定和实施养护方案，结合“万人就业”河道长效管理队伍的建设，健全河道绿化管理制度，落实绿化管理责任和费用，建立绿化养护责任制。

（3）对河道绿化中新引入的国内外其他地区的植物种类或品种，应监测其生态生物学

习性，确保其生长繁殖的安全性。

（4）河道绿化有害生物的防治应从提高乡土植物的比例、植物多样性以及增加植物的活力方面入手，对确有必要使用药物防治的，应选用环保型药物，禁止使用有毒有害农药，防止对人、畜的伤害和水体污染。

（5）河道绿化养护要按照“春播夏管、秋收冬藏”的要求，开春及时播种水生植物，入夏经常进行管理，秋冬及时清理枯死、倒伏的水生植物，保护根、茎安全越冬。

（6）定期检查河道种植床、生物浮岛的完整性，发现破损应及时修缮或更换；对繁殖较快的植物，要采用适当措施控制其数量，以免因植物体扩散影响正常航运及排水泄洪的功能。

（7）河道绿化养护同时要参照其他相关绿化养护标准执行。

河道堤坝养护管理内容如下。

1. 水分保持

在河道绿化中使用在堤岸的苗木，移植后或经过处理，根系会受到较大的损伤，吸水能力大大降低，导致树体常常因供水不足、水分代谢失衡而枯萎死亡。因此，使用草绳、苔藓等保湿、保温材料严密包裹树干避免强光直射和干风吹袭，减少树体蒸发，同时又可储存水分，使枝干保持湿润，还可调节枝干温度，避免温度伤害。在植物种植初期，若突遇高温暴晒天气，为缓解因水分大量蒸发而导致的代谢失衡，可以对植物个体采取适当的遮阳、均匀喷水等措施以保持植物体内代谢平衡和提高根系的吸水能力。

2. 发新根

堤岸绿化栽植后根系生长情况决定苗木的成活率及后期长势，因此需采取调控水分措施促进新根生长。①在生长初期需根据河道水位及水体渗透的影响谨慎浇水，防止种植穴积水。②需注意保护移植后树体新芽的萌发，让其抽枝发叶，待树体成活后再进行整形修剪，加强喷水、防治病虫害等保护工作，以保证嫩芽和嫩枝的正常生长。③堤岸需保持土壤通气性以促进新芽生长，但在河道迎水岸坡不提倡大量松土，特别在汛期，避免岸坡水土流失。

3. 树体保护

在河堤绿化苗木栽植初期，由于植物根系入土较浅，植株不易稳固需采用适当的固定支撑措施防止倾倒：如用细竹竿或其他木棍，以正三角桩的方式固定植株，对种植密度较高的乔木，也可采用细竹竿或其他木棍简易平行加固。对于特别易受冻害影响的植物，应采取适当的措施做好防冻保温工作。主要措施有：对植物根系适当覆表土，或利用植物树叶干草等进行地面覆盖，对枝干可采用石灰涂刷进行防冻保护，措施实施时间一般应在入冬寒潮来临之前。

此外，在人类以及动物活动集中的区域，可通过隔离带、警示牌等方式在植物外围进行隔离保护。

（二）日常阶段养护管理

1. 去除杂草

河道堤岸生境复杂多样，适宜杂草生长，这些杂草生长迅速，与移栽植物争夺养分与水分，同时还是多种病虫害的中间寄主，因此在日常管护中，需铲除速生杂草，保证新移栽苗木正常稳定生长。

杂草控制可采用物理方法、化学方法以及物理和化学相结合的综合防治方法等。为保护河道水体，应尽量避免化学类药剂的使用，最好采用生态除草技术，以保护河道水体的安全。

2. 整形修剪

修剪是指对植株的某些器官，如干、枝、叶等部分进行短截或去除的措施。整形是对植株施行一定的修剪、绑扎和支撑措施而形成某种树体结构和形状。整形是通过一定的修剪手段来完成的，而修剪又必须结合整形，两者紧密相关。在河道堤岸绿化中，对定植后的苗木进行正确的修剪整形，以创造和保持合理的群落结构，促进植物的生长，通过修剪、疏枝，使树冠内通风透光，光合作用得以加强，同时可减少病虫害的发生，形成优美富有层次变化的群落景观，对绿化的乔灌草植物适当地加以修剪，控制大小、形状，使其与水体等景观相得益彰、交相辉映，提高景观的质量和观赏效果。

3. 病虫害防治

河道植物在生长发育过程中，易遭受病虫害影响，造成经济损失和岸坡水土流失。因此，需及时防治病虫害，通过以下措施可有效保护河道免遭各种病虫害威胁。

（1）植物检疫　通过对从外地、国外引进的绿化植物进行植物病虫害方面的检疫，严防检疫对象流入当地，从源头杜绝一些危害大、传播快的病虫害危害河道堤岸生境。

（2）加强树木的管理和培育　要保护树木的各种伤口，修剪的伤口，断枝、折枝的伤口，树干的机械损伤要及时进行处理，防止病虫害的侵袭。

（3）物理机械方法防治病虫害　通过物理机械方法防治病虫害可以避免化学药剂对于河道的污染，如利用一些昆虫的趋光性，采用光诱杀法；高温处理土壤的有机肥，能有效消灭隐藏在土壤中的害虫和病原菌；去除植物病灶及感染病虫组织等。

（4）化学诱杀　该方法利用昆虫的趋化性进行诱杀。将性诱素放在诱杀器内，引诱雄虫或者雌虫进行捕杀。

（5）药剂防治　该方法是大面积迅速消灭害虫的方法，但该方法的使用会对河道环境造成不同程度的污染。药剂可分为化学农药、植物源农药、微生物农药等。有杀虫剂、杀菌剂、植物生长调节剂、昆虫生长调节剂、除草剂等。

（6）生物防治　生物防治的方法是环境友好型的方法。生物防治可以利用昆虫、微生物、鸟类等进行有效的防治。如赤眼蜂、瓢虫等昆虫可以寄生和捕食有害昆虫。一些有益的微生物也可以防治病原菌或抑制其发展，或使病原菌变形达到防治的目的。

二、河道堤坝立体绿化辅助设施养护管理

河堤绿化的基础是堤岸设施，应通过巡视保养维修加固等方法对堤岸及时进行养护。定期查找和预防白蚁等其他动物对堤岸可能造成的危害，一旦发现，需及时灭杀。堤岸的木桩河坎应保持无缺损，防腐层应维持良好，被破坏处需及时清理修补，保持桩的完整性和稳定性。对于石砌河坎需保持工程完好、表面平整清洁、块石无松动塌陷、无渗水、防止河岸背后掏空、产生流沙、水土流失现象以保持稳定性。植物基质的生态袋等需完整无破损无填充物外泄，连接扣或网格应连接牢固、背后填土密实，无水土流失。

第四节 河道堤岸立体绿化实例分析

一、上海浦东高桥港河道堤岸绿化设计

此案例位于上海浦东高桥港，作为黄浦江支流，它东起外环运河，西至黄浦江，横穿外高桥保税区和高桥镇旧城区，全长3.65km，是浦东新区北部的一条区级河道，其作为高桥镇中心区贯穿东西向的重要开敞空间，河道堤岸绿化和环境美化成为启动高桥镇发展的重要示范工程。在保护原有植被的基础上，结合该地域历史背景，营造具有荷兰风情的河道堤岸植物景观。以栅格墙种植绿化方式在河道堤岸展开绿化种植的基础，以花的王国为特色，通过色彩亮丽开花繁茂的观花或观叶植物、湿地生态林及水生植物来反映这种风貌，以此形成一个集色彩明快和自然、质朴、野趣为一体的河道景观（图4-25）。

乔木层以池杉、落羽杉等针叶混交林营造湿地生态林，在三至五年内长成自然的观赏群落，不但可以欣赏秀丽的锥形姿态和叶色丰富的季相变化，垂柳、黄馨等树种柔软下垂的枝条，柔化了河岸，也可以营造出水中美丽的倒影。结合宿根福禄考、石蒜、美人蕉、美丽月见草、重瓣美国薄等植物营造自然野趣。

图4-25 荷兰风情的河道绿化景观主题营造

图4-26 水生植物群落的营造

水生植物群落设计，根据在水中生长的深浅不同而选择相应的挺水植物、浮水植物、沉水植物如千屈菜、芦苇、花菖蒲、水葱、花叶美人蕉、水生鸢尾、玉带草、石菖蒲等等，这些植物与水中的各种鱼类、昆虫、两栖动物等一起形成良性的湿地生态系统，由此形成一个集色彩明快和自然、质朴、野趣为一体的河道景观（图4-26）。

二、美国休斯敦布法罗河道堤岸绿化设计

此案例位于美国得克萨斯州休斯敦市的布法罗河口，墨西哥湾以西往内陆50km处。该段河岸原本存在暴雨期的大量排水，河道带来的垃圾和淤泥，水体对岸线造成的严重侵蚀等问题。

对于该河岸处理以铁丝石笼绿化方式，石笼固定河岸的同时石头间空隙的大量透气性，为生活在浅水区域的生物提供了生存栖息的空间。石笼设置在高出河床的正常高度。当降大雨的时候，水位高于石笼，低矮灌木就起到了保护河岸，防止滑坡的作用。考虑到当地河道

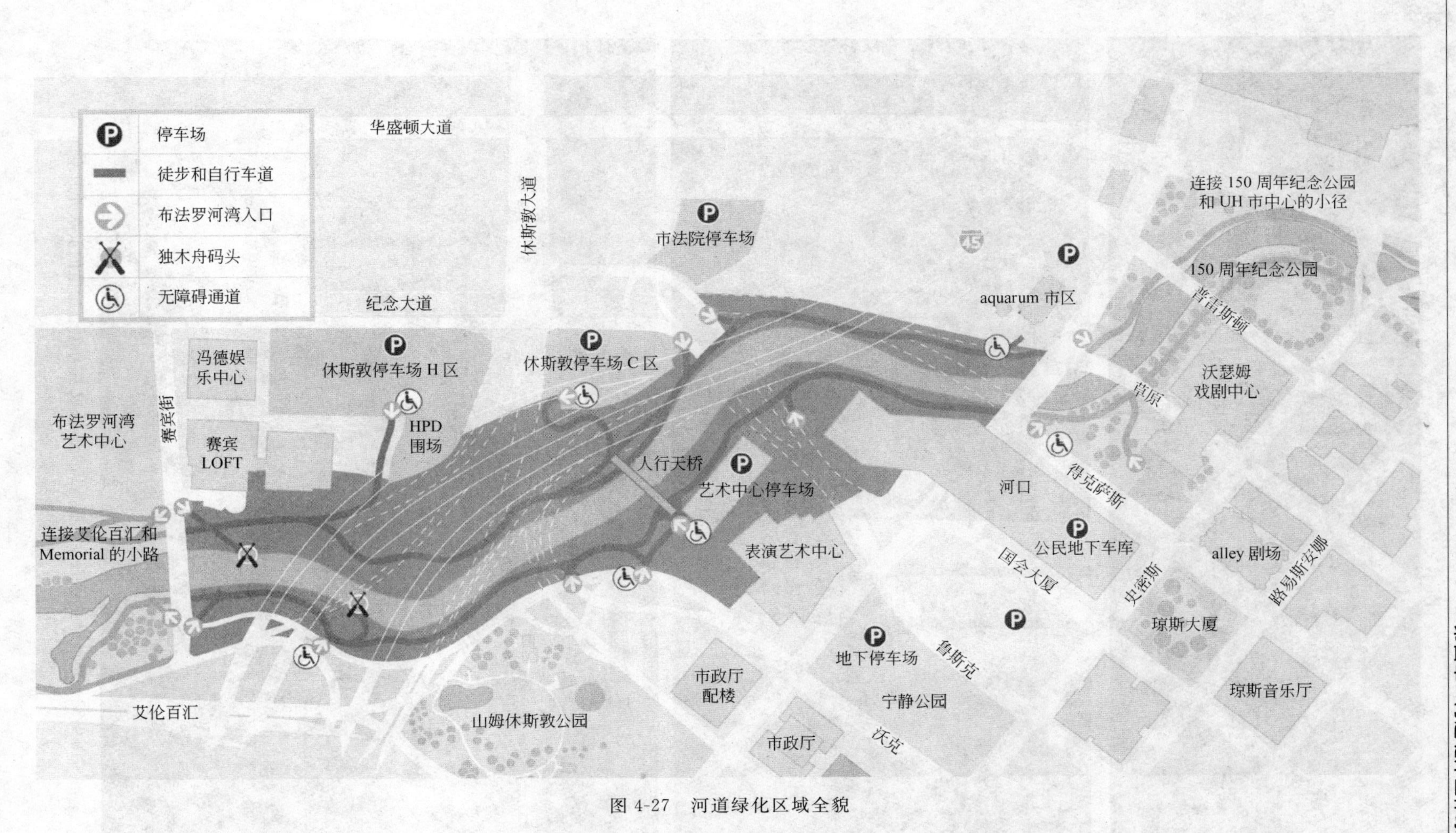

图 4-27 河道绿化区域全貌

图 4-28　经过绿化后的河口成为风景宜人又具有生态价值的滨水开放空间

（图片来源：SWA 网站）

汛期的雨洪情况，设计师选用根系发达的乡土植物长茎的墨西哥芦莉草（*Ruellia brittoniana* ‘Mexican’）、路易斯安那鸢尾（*Iris* ‘Louisiana’）、芦莉草（*Ruellia brittoniana* ‘Katie’ 和 *Ruellia caroliniensis* ‘Blue Shade’）、叶兰（*Aspidistra elatior*）、全缘贯众（*Cyrtomium falcatum*）、西洋薇（*Osmundaregalis*）等茂盛的多年生草本植物营造护坡植物群落，通过植物根系的锚固作用，控制水的流速，缓解水体对河道堤岸的冲刷，保护了岸线。此外，河道堤岸的植物滞留了河水带来的垃圾淤泥，起到了过滤水质的作用。通过对河道堤岸的生态处理和植物群落的营造，布法罗河口变成了一处风景宜人又具有生态价值的滨水开放空间（图 4-27、图 4-28）。

三、北京转河河道堤岸绿化设计

转河位于北京市西北部，西起点于北京展览馆后湖动物闸，终点于北护城河西端的松林闸，是通惠河水系的一条人工河流。2003 年 9 月 30 日，北京城市水系转河治理工程竣工，转河恢复了通航能力，游者可以乘船从德胜门乘船到达北京动物园和颐和园。同时对河道堤岸实施了绿化工程。

转河河道堤岸绿化施工技术采取生态袋护岸绿化、攀缘植物绿化等方式，将硬质墙面变为生态护岸，将原本直墙断面变为缓坡断面，使用生态河槽，恢复河道自然属性，河流两侧预留一定宽度的绿化，梯级断面模拟自然河流河漫滩的形式（图 4-29～图 4-31）。

图 4-29　堤岸硬质墙面的改造

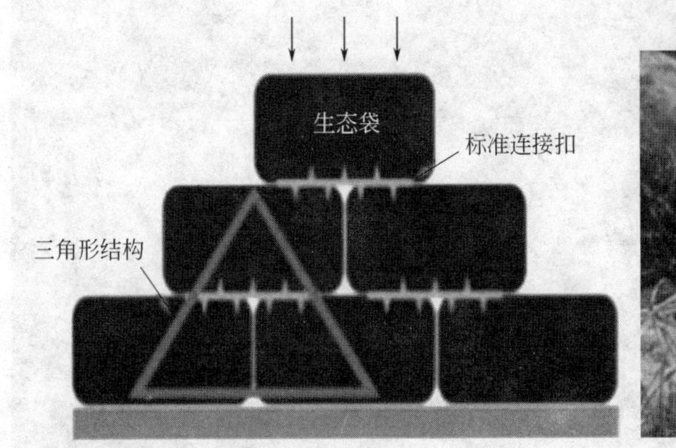

图 4-30　使用生态袋形成生态护岸

图 4-31 模拟自然河流河漫滩的河岸断面

通过对河道堤岸的改造，增加过水断面，解决在既有河流用地不变的情况下，而洪水流量增加的矛盾，河道堤岸的植物对洪水起到了良好的滞留作用。绿化后蜿蜒的岸线，更符合自然河流的水岸要求，有利于防浪或船行波，尤其可以缓解建成初期波浪对岸边的冲蚀。通过水生植物的种植，形成水绿过渡带，过滤雨水、保护水质、净化水体，为水生动物、两栖动物等提供了栖息和避难的场所，使河道回归自然，恢复生物多样性。利用构筑亲水栈桥、点缀岸边小品等，满足景观要求，并且以人为本，提供沟通与交流平台（图 4-32～图 4-34）。

图 4-32 自然式河岸创造生物多样性丰富的自然生境

图 4-33 亲水栈桥为人与自然提供互动空间

图 4-34 硬质堤岸以藤蔓植物覆盖结合水生植物种植槽的方式进行绿化

四、北京奥林匹克公园河道堤岸绿化设计

北京奥林匹克公园地处城市中轴线北端，位于北四环的边上，北辰桥附近。总占地面积 $1135hm^2$，分三个区域，北端是 $680hm^2$ 的森林公园；中心区 $291hm^2$，是主要场馆和配套设施建设区；南端 $114hm^2$ 是已建成场馆区和预留地。森林公园内的湖泊则与奥林匹克运河组成巨大的龙形水系，蜿蜒穿过公园的主体部分。

龙形水系的河道采取自然式堤岸为主，少量硬质透水性驳岸点缀其间。植物选择以净化功能强、观赏价值高的乡土水生植物为主，由完整的挺水、浮叶、沉水三大类植物组成，挺水植物主要有荷花、芦苇、菖蒲、香蒲、风车草、千屈菜、水生鸢尾、茭白、水生美人蕉等，浮叶植物有睡莲、浮萍等，沉水植物有苦草、金鱼藻、狸藻等。在植物配置上，根据水

图 4-35 丰富多样的自然生境

生植物对水深的不同要求，沿着水岸向着中心水面合理地选择植物，巧妙地组合常绿观叶植物与季相观花植物，形成错落有致、层次丰富的水面景观。配以亲水步道与游廊栈道穿插其间，营造人与自然亲近和谐的滨水游憩空间（图 4-35～图 4-37）。

图 4-36　滨水休闲空间

图 4-37　常绿观叶植物与季相观花植物搭配的水面景观

五、河北迁安三里河河道堤岸绿化设计

迁安三里河穿越迁安城，长达 13.4km，宽 100～300m 不等。三里河曾经多年作为附近的垃圾场和排污点，该项目将截污治污、城市土地开发和生态环境建设有机结合在一起，通过景观建设带动旧城改造和新城建设；把滨河带状绿地作为生态基础设施建设，发挥景观作为生态系统的综合生态服务功能，从而恢复往昔“芦苇丛生，绿树成荫，雀鸟栖息，鱼鳖丰厚，风光秀丽”的景观风貌。

对河道堤岸的处理通过营造湿地景观带，塑造凹凸流畅的岸线；以生态堤岸为主体，提高景观品质和亲水性，减轻河岸冲刷；丰富水体形态和水景类型，营造泉水、池塘、河道、溪流、湖面、堤岛等水景，同时结合城市雨水收集和中水的生态净化和回用，使河道具有雨洪调节功能；同时，深浅不一、蜿蜒多变的拟自然河道设计，在堤岸营造了一个多样化的生物栖息地；场地中原有树木都被保留，形成众多树岛，令栈道穿越其间；整个工程倡导野草之美和低碳景观理念，大量应用低维护的乡土植被，呈现出水草繁茂，野花烂漫的自然风貌。临水设置连续的步行路和亲水平台等设施供人停留观景（图 4-38～图 4-40）。

图 4-38　林下游步道

图 4-39　乡土植物群落营造野花烂漫的意趣

图 4-40　自然式岸线满足游人亲水性

堤岸上方规划连续的自行车道和滨水步行路，以疏林草地和林下活动空间为主体，设计中强调人群的参与和景观的优美，以剪纸艺术为主题的特色景观盒串联活动空间，形成一序列的游憩及观景场所，沿绿带建立了一个步行和自行车系统，与城市慢行交通网络有机结合，向沿途社区完全开放，营造出一派人与自然和谐相处的新时代城市景象。

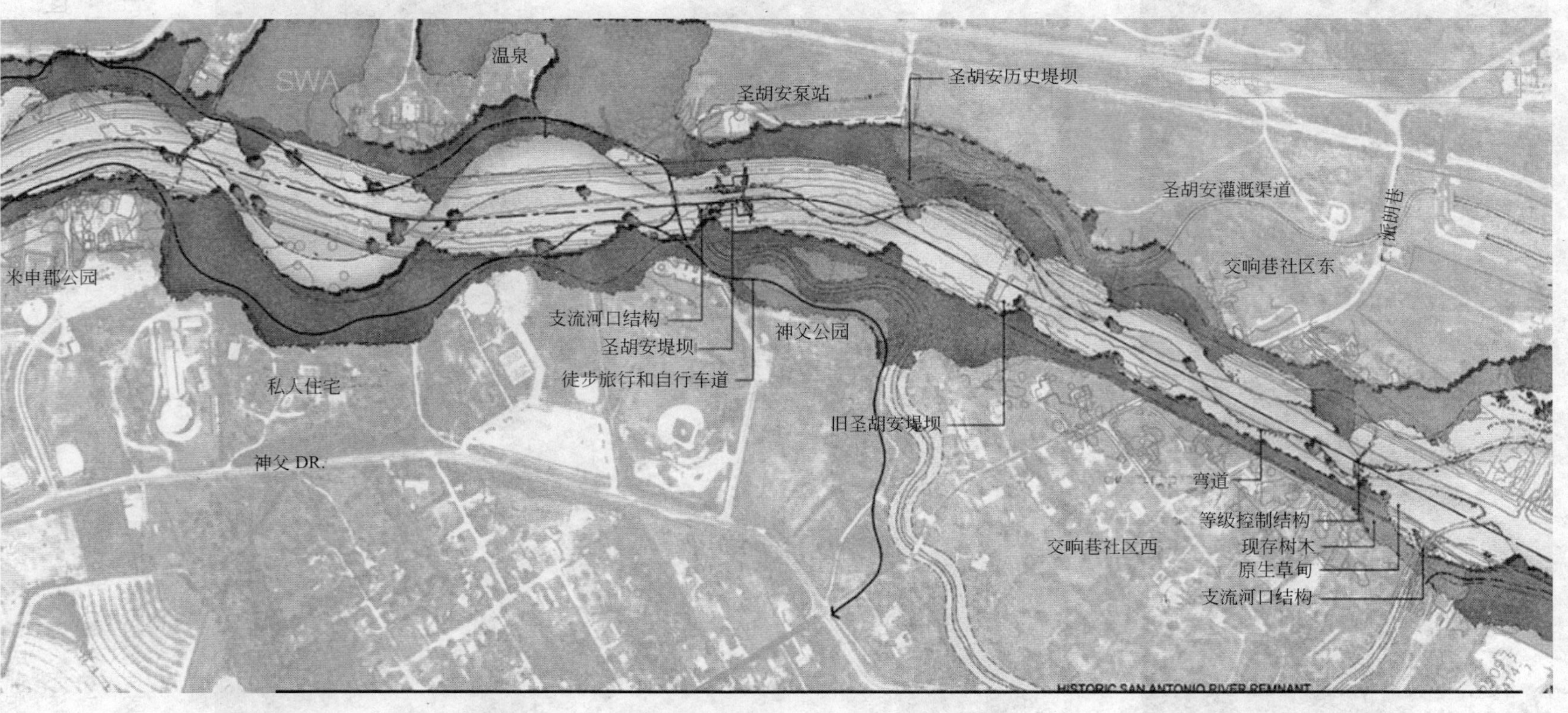
温泉
SWA
圣胡安泵站
圣胡安历史堤坝
米申部公园
圣胡安灌溉渠道
交响巷社区东
支流河口结构
圣胡安堤坝
徒步旅行和自行车道
神父公园
私人住宅
旧圣胡安堤坝
神父 DR.
弯道
等级控制结构
交响巷社区西
现存树木
原生草甸
支流河口结构
HISTORIC SAN ANTONIO RIVER REMNANT

图 4-41　项目总平面

六、美国圣安东尼奥河河道堤岸绿化设计

圣安东尼奥河（San Antonio River）位于美国得克萨斯州圣安东尼市，是一条宽度不及2m的湍急小河，本是得克萨斯平原上难得的水源。然而随着城市的快速发展，水资源的大量开采，使地下水位急剧下降，圣安东尼奥河在枯水季节的河道将基本处于干枯状态，不得不需要依靠抽取地下水以及由污水处理厂注入再生水来维持河道景观。而在汛期来临之际又洪水泛滥，不得不在两边筑起6～7m高的堤坝，使河道在汛期成为悬河。

整个改造的首要工程是对河流进行自然修复，将原有硬质的堤坝进行改造，拆除了原有河床的混凝土底面，并通过拓宽河道，采取生态护岸等方式，使河道接近自然河流的状态，使得其景观和生态环境质量得到非常有价值的改观。

通过对大部分河段硬质堤岸的改造，使得河道呈现出类似天然河流的曲流模式。蜿蜒的河岸线外侧自然形成适合鱼类栖息的深潭，河湾将为鱼类提供健康的栖息场所，水生植物群落的营造能够为鱼类提供保护，同时调节溪流的温度，并通过有机物的形式向河流输入能量、直接输入无脊椎动物作为其他水生动物的食物；岸边的潮湿环境同样也为水禽提供了栖息场所；岸边植被将为小动物和鸟类提供栖息场所，沿岸植被尽可能保留原有树木，新增加的乔灌木主要以乡土树种为主，林下则播种乡土草种，为野生动物创造丰富的栖息地环境，同时有效地减少了水流对驳岸的侵蚀（图4-41～图4-43）。

图4-42　改造后的生态的蜿蜒岸线

对于市中心无法改造岸线的河段，对其堤岸进行改造：将垂直水泥挡墙表面进行粗糙化处理，用石灰岩、漂石等材料砌筑驳岸内衬；在大块凸起的石块下面建造鱼巢等为水生生物提供栖息场所，并结合驳岸进行植被设计（图4-44、图4-45）。

图 4-43　改造后的自然式驳岸

图 4-44　改造后的堤岸，结合水生植物以及河边植树提供的遮阳作用，营造了良好的栖息场所

在河道堤岸的细部设计上，强调对当地材料的使用，河道内的挡水坝、北部河段的水堰石材，全部选用当地材质，使景观真正融入当地的自然环境中，体现地域景观特色。

整个河岸通过大量的植物以及观景平台、喷泉等各种设施，为附近社区居民营造一处环境宜人的休息场所（图 4-46）。

七、美国休斯敦西斯姆河道堤岸绿化设计

美国西斯姆河道位于美国得克萨斯州休斯敦市，该段河道处于易发洪水的平原地带，在改造前由美国陆军工程兵部队对其进行洪水管理，通过修筑了一个梯形的水泥通道，使得在汛期来临之时洪水能更快速地移动，但此做法的明显缺点是破坏了当地的自然栖息地和创造的无菌走廊。

改造后的西斯姆河道工程，对其堤岸进行绿化设计，模拟自然河流蜿蜒的形式，将其原有的混凝土垫硬质堤岸改造为自然式堤岸。在河道堤岸坡面撒播高羊茅种子，迅速对地表进行覆盖，减少堤岸坡面的水土流失，在此基础上营造灌草结合的自然植物群落，发达的根系

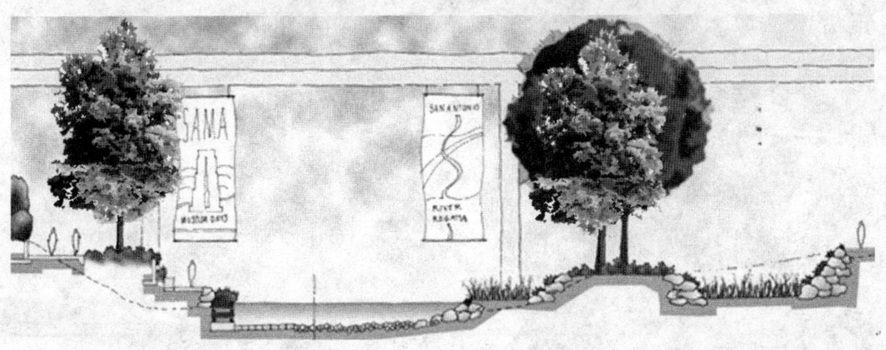

图 4-45　改造后的堤岸横截面

图 4-46　改造后的河道为附近社区居民营造一处环境宜人的休息场所

减少了河道坡面的冲刷侵蚀，同时提升了河流植被的景观效果，重建了鱼类、鸟类和其他沿岸动物的自然栖息地，也可作为当地受欢迎的休闲开放空间，实现了“水文，自然，人”的和谐（图 4-47～图 4-54）。

图 4-47　绿化前的硬质河道堤岸

图 4-48　对硬质堤岸的施工——拆除水泥板

图 4-49　西斯姆河道绿化总体规划

图 4-50　堤岸撒播刚结束

图 4-51　堤岸绿化一个月

图 4-52　绿化完成后河道堤岸

图 4-53 丰富的季相变化

图 4-54 实现人与河道的亲水性

八、太原市汾河城区段河道堤岸绿化设计

汾河贯穿太原南北，是太原人民的母亲河，太原市河道基本无绿化，只是岸边栽种零星乔木。河道内野草蔓延，污水横流。特别是近几年干旱少雨，变成了季节河，也就成了工业污水、垃圾堆放地，在河道整治上，侧重于防洪、灌溉等，只采用清淤、拓宽河道、石砌护坡、高筑河堤等工程措施，而忽视了河道绿化及其所带来的生态效益。

汾河堤岸在改造前基本无绿化，都是石块水泥砌成的硬质堤岸。改造时模拟自然河流修建自然式堤岸，并预留了河滩地。当较大洪水发生时，河道淹没滩地，湿地的水生植物可以起到减缓洪水流速、滞留泥沙、放置点不受冲刷的作用，而平时作为人们休闲游玩的场所。河滩湿地的植物群落营造采取了复式设计，铺设了草坪，种植了树丛、树群，形成了大批的绿地，形成一道“长堤飞绿”的亮丽风景线。在堤岸绿化植物的选择上，以堤岸原有的柳树、国槐为基础，根据不同植物的生长习性和观赏特性以及同一植物在不同时期的变化，构成乔、灌、草多层次、季相变化丰富的野趣景观；河滩湿地以芦苇等适宜北方气候的水生植物为主，并配以季相变化丰富的观花植物，为陆生水生及两栖动物提供生存空间，延续汾河的生物多样性，绿化改造使得往日干涸的河流变得波光粼粼，两岸绿草茵茵，生机勃勃，成为市民休闲散步的宜人去处（图 4-55～图 4-57）。

九、上海苏州河整治工程河道堤岸绿化设计

苏州河又称吴淞江，发源于太湖瓜泾口，是上海重要的河流之一，于外白渡桥汇入黄浦江，全长 125km，上海境内 53.1km，由西向东穿越 9 个行政区，市区段长 23.8km。由于

图 4-55　预留河滩湿地，对河道堤岸进行扦插绿化

图 4-56　以适宜北方气候的水生植物为主的群落营造

图 4-57　绿化后的堤岸成为野生生物栖息、人与自然和谐的空间

上海工业和人口的迅速发展，污染状况渐趋严重，到 1978 年苏州河在上海境内全部遭受污染，市区河段终年黑臭，鱼虾绝迹。因此随着苏州河整治工程的开展，作为河流生态改造的重要环节——河道堤岸绿化工程得以实施。

在改造之前，苏州河河道断面为老式的矩形断面（图 4-58），主要是考虑水位的潮汐变化和重要的航运、行洪排污功能而设计，其占地少、结构简单、易于施工，同时有利于提高河流的过水能力，这种河道断面的堤岸为光滑的直立式混凝土或浆砌石防汛墙，并经历了多次的加高加固，虽然这种堤岸可避免污水的滞留和渗透，在资金有限的情况下达到最好的防护效果，但是却完全破坏了河流长期形成的自然形态，导致水流多样性消失，阻碍了水生及过渡区生物的生长，以致绿化很少，通常仅在靠近防汛墙处零星布置了些高大乔木以及简单的乔灌搭配。

针对不同河段的具体情况，对苏州河河道堤岸的绿化采用了三种不同策略：在河道比较狭窄、堤岸防汛墙难以改造的河段，采用藤本植物覆盖光秃的防汛墙体，或设置种植槽栽植常绿植物来达到遮掩的效果。绿化的生态效果较差，但是在空间缺乏的情况下，这种改造方法在一定程度上增加了绿化面积，软化了驳岸的硬质线条，营造了特殊的河道绿化景观（图4-59）。

图 4-58　改造前的混凝土矩形河道断面

图 4-59　使用藤本植物绿化的防汛墙体

在河道狭窄，但对堤岸结构可以实施改造的河段，使用鱼巢砖等工程设施对河道堤岸进行改造，鱼巢砖的空腔结构可以充分利用，种植在内的植物吸收磷、氮以及重金属等物质，生长迅速，从而清除水体和土体的有害化合物，改善水质。鱼巢砖在河道中构筑起鱼巢，形成一个植物、鱼和各种生物共存的空间，促进挡墙外河水与挡墙内物质交换，提高了河道渠道的自净能力，有效抑制藻类的生长繁殖，进而防止河湖大面积爆发水华，重新建立河道以及河堤的生态系统，修复水环境（图 4-60、图 4-61）。

在有条件的河段将混凝土浇注的硬质堤岸改造为自然式堤岸，使用石笼等措施营造生态的河道堤岸。沿岸线营造植物群落，从湿生到陆生植物逐渐过渡，植物的种类和配置多样：靠近岸边可被水淹没的区域种植湿生植物，如：美人蕉、芦苇、水生鸢尾、密穗砖子苗、水花生、香蒲等；坡上由于受到稳定性的制约，避免种植根系较发达的大型乔木，而主要种植地被搭配小乔灌木，如柳树和杜鹃花、海桐、黄杨、珊瑚树和迎春花等，草本多种植沿阶

图 4-60　使用鱼巢砖改造堤岸刚铺设效果

图 4-61　鱼巢砖植物种养绿化堤岸效果

草、酢浆草、狗尾草和香附子等，并引入红槭、南天竹、石楠、山茶花、杜鹃花、云南黄馨和八仙花等观花以及彩叶植物形成丰富的色彩搭配和季相变化。植被覆盖的自然式护岸可涵养地下水源、稳固岸坡、调节小气候等，湿生植物还可以净化水质，合理的乔灌草搭配可使植被群落更加稳定，增加河岸绿化生态效果的同时也保证了景观性和亲水性的实现。公共活动密集的自然式护岸的附近可布置亲水平台和步道，满足人们亲水的要求（图 4-62～图 4-65）。

图 4-62　改造后的自然式斜坡护岸

图 4-63　石笼护底的自然式堤岸绿化效果

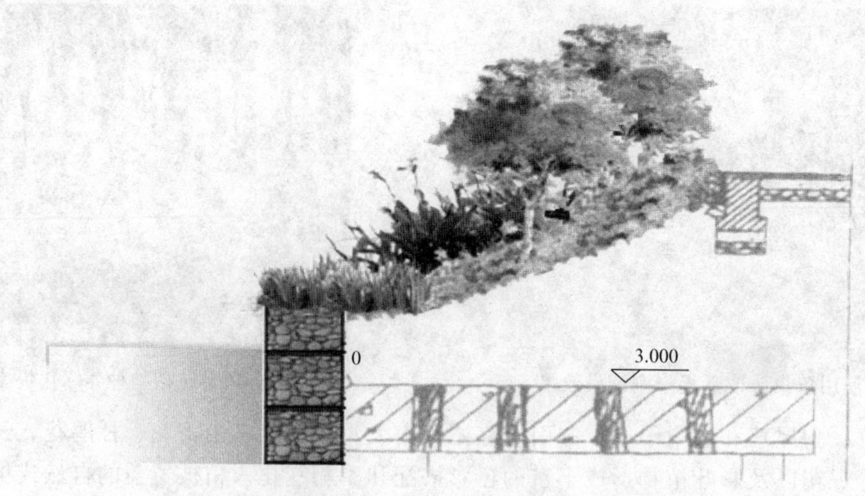

图 4-64　石笼护底的自然式堤岸断面（单位：m）

图 4-65　改造后的生态型河流堤岸

十、昆明盘龙江河道堤岸绿化设计

盘龙江东流穿蟠龙桥、三家村至松花坝水库，出库后经上坝、中坝、雨树、落索坡、浪口、北仓等村，穿霖雨桥，经金刀营、张家营等村进入昆明市区，过通济、敷润、南太、宝尚、得胜、双龙桥至螺蛳湾村出市区，经官渡区南窑川南坝走陈家营、张家庙、严家村、梁家村、金家村至洪家村流入滇池。从其主源到滇池全长 95.3km，径流面积 903km^2，多年平均年径流量 3.57 亿立方米，河道流域高程为 1890～2280m，径流面积最宽处为 23km，最窄处为 7.3km。

近年随着居民和政府环保意识的觉醒，昆明开展了城市河道综合整治工程，对包括盘龙江在内的城区河流实施了淤泥疏浚、生态治理、道路贯通、堤岸绿化等措施。其中河道堤岸绿化工程连接着城市生态系统，成为河道治理的重要步骤。

对盘龙江的河道堤岸绿化，基于各河段的防汛情况，在不改变防汛墙和防汛硬质堤岸的情况下沿河岸顶布置 1～2m 宽的绿化带，栽植单排垂柳、天竺桂、香樟、小叶榕等乔木，其间搭配红千层、毛叶丁香、海桐等灌木，并密植鹅掌柴、红花檵木、假连翘等地被植物，并在栏杆上放置花槽种植向下垂直生长的植物，如迎春、光叶子花等，或是在堤岸下方种植水生植物，以有效地实现对堤岸栏杆以及硬质堤岸的绿化（图 4-66～图 4-68）。

图 4-66　盘龙江两岸使用下垂生长的植物对河道硬质堤岸绿化

图 4-67　不改变防汛硬质堤岸的情况下沿河岸顶布置的绿化带

图 4-68　河岸顶布置的绿化带结合植物垂直覆盖软化硬质驳岸

这种在有限的土地资源中见缝插绿式的绿化，能迅速实现增绿的效果，但受护岸条件的制约，难以形成绿量丰富、生态健全的自然河岸绿化带；并且不能满足人们活动的亲水需求。滨河游憩功能也发挥有限。

在场地较为宽松的地域，有条件改造成较为完善的滨河绿色空间的河段，将部分河道的老式矩形断面改造成复式断面，将高大直立的防汛墙放缓形成混凝土台阶式的护岸结构，最低的一级混凝土平台在水位低时露出水面，形成亲水步道或者种植池，使人们可以和水近距离接触，多级平台由低至高过渡到堤岸顶部的绿化带（图 4-69、图 4-70）。

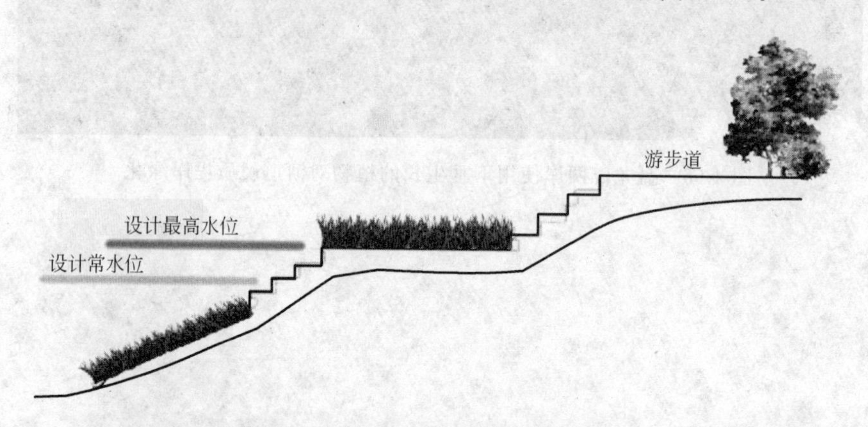

图 4-69　复式断面河道堤岸绿化设计

图 4-70　复式断面河道堤岸绿化效果

此外，在河水流速较为缓和的地域，将河道直接改造为自然式斜坡堤岸。自然式斜坡堤岸在常水位附近营造一定区域的湿生植被，允许每日潮汐淹没，在堤岸缓土坡种植根系发达的地被植物以及小灌木，使岸线更加柔化。在水生植物的阻滞作用下，减小了水流对土表的冲刷，减少了土壤流失。植物的根、茎、叶的生长可改良土壤，增强土壤持水性，从而涵养水源，改善河道水域的生态环境，同时优美的滨河风景林带也具有景观和游憩功能。堤岸顶端可以营造建设河岸防护林，常用的树种有小叶榕、香樟、球花石楠、广玉兰、天竺桂、桢楠、红花檵木、小叶女贞等（图 4-71、图 4-72）。

图 4-71　自然式斜坡堤岸绿化设计

图 4-72　自然式斜坡堤岸绿化效果

第五章

花坛立体绿化技术

第一节　花坛立体绿化应用设计（概念及设计）

一、立体花坛的概述

（一）概念

1. 花坛的概念

花坛，作为环境中的绿色装饰物，不仅具有悠久的历史，而其运用也极其普遍。花坛一词家喻户晓，花坛景观，随处可见（图 5-1）。随着时代的发展、科技的进步与人们审美情趣的变化，有关花坛的种种概念与实践，也被赋予了许多新的含义。关于什么是花坛，历来有各种大同小异的理解，花坛的最初含义是在具有几何形式轮廓的种植床内种植各种不同色彩的花卉，运用花卉的群体效果来体现纹样或观赏花卉盛开时绚丽景观的一种花卉应用形式。还有人认为，花坛是在园林绿地中划出一定面积、较精细地栽植草花或木本植物，不论赏花或观叶的均可称为花坛。在大百科全书中认为花坛是“在一定范围的畦地上，按照整形式或半整形式的图案栽植观赏植物，以表现花卉群体美的园林设施。”《中国农业百科全书观赏园艺卷》也持有相同的看法，将花坛定义为：“按照设计意图在一定形体范围内栽植观赏植物，以表现群体美的设施。”对于花坛的理解众说纷纭，虽然大多数解释意义相近，但至今仍未形成一个明确而完整的概念，这与花坛的迅速发展存在一定的关系。随着经济的发展和科学的进步，东西方园林的不同观点、思维、理念交织在一起，使人们对环境和园林景观的认识不断更新，从而促进了我国园林事业尤其是花坛的发展。花坛的形式、内容和涵义不断扩大。现代花坛普遍向立体化、形象化发展，或造型、或造景，或作为重大标志，往往成为景观中心，可供多方位平视或仰视，给人以层次丰富的视觉感受。立体花坛就是不断扩大和发展的花坛形式。立体花坛将花坛拓展到三维空间，为这一古老的花坛艺术带来了新的生

图 5-1　花坛

机。它将植物的装饰功能从平面延伸到空间，不同于直接用木本植物绑扎造型或在植物生长到一定年份时修剪出形状的植物造型。

2. 立体花坛的概念

立体花坛是园林设计者运用独具匠心的构思，创造出的美妙艺术形象，在一定程度上开拓了园林绿化的形式和语言，被人们誉为“植物雕塑”。完美的植物景观设计必须具备科学性与艺术性两个方面的高度统一，既满足植物与环境在生态适应性上的统一，又要通过艺术构图原理，体现出植物个体及群体的形式美及人们在欣赏时所产生的意境美。立体花坛是园林绿化中植物造景的一种特殊形式，它的设计和制作正是科学与艺术的完美结合。

立体花坛在国际上的名称叫法不一，目前大家比较认可的国际立体花坛大赛组委会对立体花坛英文的称谓：“mosaiculture”，mosaiculture 通常也被称为马赛克艺术或马赛克文化。立体花坛的国际定义也一直在不断的修正，直到 2006 年上海第三届国际立体花坛大赛，国际立体花坛组委会对立体花坛有了更明确的定义：指运用一年生或多年生的小灌木或草本植物，结合园林色彩美学及装饰绿化原则，经过合理的植物配置，将植物种植在二维或三维的立体构架上而形成的具有立体观赏效果的植物艺术造型，它代表一种形象、物体或信息。立体花坛通过各种不尽相同的植物特性，以其独有的空间语言、材料和造型结构，神奇地表现和传达各种信息、形象，体现人类运用自然、超越自然的美感，让人们能感受到它的形式美感和审美内涵，是集园艺、园林、工程、环境艺术等学科于一体的绿化装饰手法。立体花坛已成为构成整体园林绿化景观有机的一部分，能使观赏者真正融入到一种令人愉悦的环境中。

随着城市建设的逐步深入，人们对城市环境的绿化、美化的要求和标准愈来愈高，城市的园林绿化水平成为衡量一个城市发展水平的重要指标之一。立体花坛作为园林绿化的形式之一，已逐步进入我国的公园、街道绿地及工厂、学校，形成了引人注目的城市景观。

（二）立体花坛的历史及发展

花坛（flowerbed）源于古罗马时代的文人园林，“flowerbed”的最初含义是在平面的栽植床内按图案种植各种不同花卉供人观赏的一种花卉园艺的布置形式。到 20 世纪 90 年代初随着现代工业的发展，钢架结构施工技术的提高、盆钵育苗方法的改进、低矮花卉的规模生产，使立体花坛的三维空间的延伸拓展了空间，使得许多花卉布置设想得以实现，于是花坛由最初的平面花坛（如图 5-2 布鲁塞尔市政广场的花坛）、高设花坛拓展到三维空间的立体花坛，为这一古老的花坛艺术带来了新的生机。立体花坛是园林艺术的奇葩，是有生命的植物雕塑。立体花坛的定义随着现代科技的发展与人们审美情趣的变化，也被赋予了更新的内容。

图 5-2　布鲁塞尔市政广场的平面花坛

1. 国内立体花坛发展状况

立体花坛常被称为最具有生机与活力的“花卉雕塑”，它以鲜明的主题、绚丽的色彩、优美的造型成为现代街景中亮丽的景观（图 5-3）。立体花坛巧妙地把生硬的造型雕塑与柔软的花卉园艺结合在一起，采用挂泥插草或卡盆工艺把不同颜色的花草覆盖在结构造型的表面，从而形成了令人耳目一新、生机盎然的花卉雕塑艺术效果。由于其所使用的植物花卉种类和品种可达几百种之多，加上它的立体结构造型变幻多样，应用领域也日愈广泛，所表达的主题内容更丰富多彩，这一切为立体花坛的艺术创作提供了广阔的拓展空间。立体花坛的精髓之处在于对植物花卉合理的配置和运用，一件成功的作品在展示期间的初、中、晚阶段，会产生不同的观赏效果，它通过植物的生长、开花、变色等自然习性，展现出无比神奇的变化，营造出花团锦簇、欣欣向荣的景象，给人们视觉上美妙的享受，它积极向上的内在思想也可以激励着人们对美好生活的憧憬。因此，立体花坛的应用是人类充分运用了自然的力量创造出的又一园艺文明。

图 5-3　立体花坛

我国制作立体花坛起步于20世纪60年代，当时的立体花坛主要受欧洲古罗马模纹花坛的影响，花坛的图案基本是以模纹为主，可供立体花坛选用的植物材料种类极为单一，仅仅限于绿红黄草，颜色也局限于此三色，立体花坛的骨架结构也很简陋，造型也比较简单，景观效果一般。1964年国庆，紫竹院公园在东门广场上采用砖砌结构、挂稻草泥、外插五色草的工艺制作了一个立体花篮，这就是北京的第一个立体花坛。在随后的几年里，五色草立体花坛在节庆布展中也有所应用，由于当时经济条件及园艺水平的限制，施工水平极低，加上没经验，初级的立体花坛制作以一些简单物体造型为主。改革开放之后，随着经济的复苏加上城市绿化美化的内在要求，五色草立体花坛得到快速发展，花坛造型从最初简单的花篮发展到复杂的双檐亭、宝塔、龙、凤、大象、熊猫等，骨架结构从最初砖砌结构发展到钢木结构，花坛的造型把握更为准确，细部图案纹理刻画更为细腻。

1990年北京亚运会开始大规模采用五色草立体造型花坛装饰比赛场馆、美化环境，并取得良好的效果，标志着我国五色草立体花坛的工艺走到鼎盛时期。90年代中期，随着国内对外园艺交流的扩大，人们对立体花坛的更高的色彩要求，盆钵育苗的低矮新优花卉品种的培育和引种的逐步深入，单一的五色草被色彩斑斓的一、二年生草花取代了，卡盆技术代替了传统的挂泥插草工艺，五彩缤纷的立体盛花花坛设想得以实现。

在1999年昆明世界园艺博览会上，卡盆、一二年生新优草花品种、自动浇灌等新技术首次在立体花坛上的成功应用，大大地促进了花卉立体造型的发展。那年在世博园景观大道的花海上行驶着色彩艳丽的花帆船、矗立着高大的花柱等大型的立体花坛造型，起到很好的装饰效果及烘托出喜庆的游园气氛，给游人留下了美好而深刻的印象。1999年以后，国内立体花坛艺术得到蓬勃发展，天安门广场及长安街国庆立体花坛也开始大规模使用卡盆、钵床结构、低矮草花、微喷滴灌、夜景照明等新材料、新技术，保证了立体花坛色彩鲜艳、造型优美、花期延长、养护便利、夜景效果显著。可以说，这些新技术在立体花坛中的规模应用，标志着我国立体花坛施工技术已逐步走向成熟。

2006年第三届国际立体花坛大赛在上海隆重举办，除了国际赛区24件作品以外，其他57件作品均来自国内的各城市、地区，这些国内参赛作品几乎可以说是近年中国立体花坛精品的大荟萃、大检阅，这批精美的作品充分体现了我国较高的立体花坛制作综合实力：已经具备了专业的设计水准、成熟的施工工艺，并能够熟练运用上百种的花卉材料及较高的养护管理水平。

2008年，立体花坛在北京奥运会期间得到广泛的应用，在广场、街头、奥运场馆、公园、环岛、分车带、社区等都能见到以奥运为题材的立体花坛，不仅起到美化环境、烘托比赛气氛的作用，还宣扬“更高、高强、更高”奥林匹克的体育精神，提升了城市的品位及形象。

2009年4月，“美化上海迎接世博”2009上海花展作为2010世博会前的最后彩排，花展进行新优花卉品种、新型立体花坛等园艺展示，谋求立体花坛在世博会上应用，预想立体花坛这种园艺布置形式在第二年上海世博会大舞台上成为一个重要的角色。

2. 国外立体花坛发展状况

在国外，国际立体花坛大赛组委会挑起了立体花坛复兴的重任。1998年国际立体花坛大赛组委会在加拿大蒙特利尔成立，2000年该组委会在蒙特利尔举办了第一届国际立体花坛大赛，赛会吸引了世界各地人们前往参展，参展的作品花材以苋科、景天类等观叶或观花低矮密生的草花为主。大赛取得了巨大的成功，一举成为世界上最具有影响力和号召力的立体花坛盛事，蒙特利尔国际立体花坛大赛的组委会也成为最权威的立体花坛机构组织。自2000年成功举行第一届国际立体花坛大赛之后，该组委会决定每三年举办一届，2003年第二届国际立体花坛大赛依然在加拿大蒙特利尔举办，2006年第三届国际立体花坛大赛在上海世纪公园举办，来自15个国家55座城市的80余件作品闪亮登场，展览规模得到空前的发展，立体花坛艺术得到全球更广泛的重视。第四届于2009年6月在日本滨松市举行，国际立体花坛艺术水平又得到新的提升。还有一年一度的“切尔西花展”是英国的传统花卉园艺展会，也是全世界最著名、最盛大的园艺博览会之一，它与立体绿化有着紧密的联系，多处景观利用立体花坛造景，如图5-4的“梦之园”。

图5-4 梦之园

（三）立体花坛的特点

立体花坛作为花坛的一种形式，既具有花坛所具备的共同特性，又具有不同于其他花坛形式的自身个性。作为世界园林艺术天地的一朵奇葩，它具有独特的优势和旺盛的生命力。与传统园艺景观相比，立体花坛可视为园艺和雕塑的结合体，更具观赏性。

（1）不受场地制约　立体花坛使用骨架进行造型，可在不能进行地栽之处进行花坛布置，如贫瘠的土地、铺装的广场等，从而摆脱了土地的局限性，进一步扩展了园林绿化美化的区域。

（2）充分利用空间　立体花坛区别于平面花坛的一大特点，就是可充分利用空间，尤其是纵向空间，这对城市绿化向纵向发展非常有利。在同等的地平面上，立体花坛要比平面花坛的绿化量大，充分强化了绿化效果。

（3）观赏性强　特别是三维空间的作品，由于表现的是富有生命的“雕塑形态”，视觉观赏是全方位的，且栽植于介质土层的立面植物会随着时间延长而持续生长、变化色彩，有的还会开花。

（4）符合现代化城市发展的需求和效率　立体花坛的构图是根据设计者的创意，按照绿化美化的需求拼装而成，其构图变化无穷。既可以动物、人物或实物等形象作为构图中心来造型，也可以自然景观为构图中心进行造景，充分体现了创造的灵活性。在追求个性造景的今天，备受园艺设计师的青睐。

（四）立体花坛的分类

现代立体花坛类型根据实用的原则进行不同的分类，常见的可依据造型、组合、空间位置、时间花材等进行不同分类。

1. 以花材划分

（1）盛花立体花坛 主要由观花草本植物组合在立体骨架上，表现盛花时群体的色彩或绚丽的立体景观，可由不同花卉不同品种或不同花色的群体组成，也可由不同花色的多种花卉的群体组成。如在做规则的立体盛花花坛时，为了保证造型整齐，花期一致，质地统一，常常使用不同花色（酒红、红色、粉色、白色）的四季海棠进行组合，还常用诸如凤仙、矮牵牛等低矮、多花、多色的花卉；在做山水花坛时，为了能够体现出山花烂漫的自然之美，往往选择不同品种、不同质地、不同株型、不同花色、不同大小的花卉如：小菊、悬崖菊、串红、小丽花、叶子花、一品红等花卉进行艺术组合。立体盛花花坛在国外应用较少，在国内应用比较广泛，最具代表性的有：北京的天安门广场及长安街一年一度的国庆花坛，如图 5-5 2011 年国庆立体花坛，花坛整体造型简洁、热烈喜庆，表达了对祖国繁荣富强美好祝福。

图 5-5 2011 年国庆天安门广场的立体花坛

（2）模纹立体花坛 主要以矮生观叶植物密植在立体骨架表面，组成各种所要表现精细的纹理或图案。植物材料一般选用叶片或花朵细小茂密、耐修剪、观赏期长的低矮植物，如五色草、半支莲、彩叶草、香雪球等。在造型施工中，为了更明显地突出纹理和图案，花坛往往做出凹凸的阴阳纹样，因此有时候立体模纹花坛也叫做浮雕花坛。立体模纹花坛在国外应用很广泛，施工和养护技术也比较成熟，主要利用低矮的观叶植物（也有少数观花植物）组成各式各样精细秀美的艺术造型：各种动物、人、雕塑、建筑等。国内的立体模纹花坛也较常见，如用五色草扎出大象、龙凤、花瓶、城墙、宝塔、亭子等造型。这些模纹花坛无一不是表现出细腻的纹理以及精美的造型（图 5-6、图 5-7）。

2. 按造型划分

（1）造型立体花坛 强调花坛的外轮廓规则的几何造型，造型花坛的骨架结构一般是根据设计图纸的严格放样进行精密的加工而成，一般采用低矮、密集、整齐一致的观花或观叶的草本花卉，比如观叶的五色草、白草、半支莲、香雪球、彩叶草，观花的有四季海棠、凤仙、美兰菊等，国内常见到造型花坛：花卉、熊猫、大象、宝塔、亭子、龙凤等（图5-8、图 5-9）。造型花坛在国外应用非常广泛，国际立体花坛大赛的参赛作品主要以造型花坛为主，常见有：动物、名画、神话故事人物、教堂等造型。

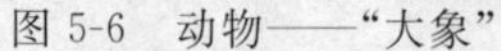
图 5-6 动物——“大象”

图 5-7 人物——“牛仔”

图 5-8 “玉兰”

图 5-9 “熊猫”

（2）造景立体花坛　突出花坛的外轮廓的自然造型，造景花坛深受中国传统园林造园技法的影响，一般做法是配合主景建筑或构筑物进行筑山引水，在山体骨架的等高线上有序布置植物花卉，经常配合瀑布、喷泉、弥雾等水景的使用，营造自然山水的优美景观，所以有时也叫自然山水花坛。主材植物一般采用大株的植物花卉：造型植物如榕树盆景、造型油松、槟榔等，观果植物如芒果树、柚子树、石榴等，观花的植物如叶子花、悬崖菊、一品红等，山脚平缓地带以常见的一、二年生花卉为主，水中也点缀有高低错落的水生植物花卉，以达到优美自然的园林景观，国内的造景花坛应用较为普及，二十年以来造景花坛一直成为天安门国庆花坛的特色之一（图 5-10、图 5-11）。

3. 按空间划分

（1）二维立体花坛　造型延伸空间为二维的立体花坛，二维立体花坛一般为两面观或单面观，常见的有景墙式花坛、镜框式花坛、浮雕式花坛等，2006 年第三届国际立体花坛大赛中上海市的参赛作品“高度与速度”（上海浦东新区）小巨人姚明与东方明珠塔争高，代表城市提升高度；奥运冠军刘翔跨越世纪长河，代表中国发展速度（图 5-12）。日本静冈县滨松“鲜花和绿色的街”（图 5-13）均属于此类花坛。

图 5-10　建国门西南侧——“百花争艳”花坛

图 5-11　东单东南角——“京花秋实”花坛

图 5-12　“高度与速度”

图 5-13　“鲜花和绿色的街”

（2）三维立体花坛　造型延伸为三维空间的立体花坛。我们日常见到的立体花坛绝大数为三维立体花坛（图 5-14、图 5-15）。

图 5-14　源远流长

图 5-15　合肥——九狮雕塑

4. 按时间划分

由于立体花坛的植物花卉展示受气候很大的影响，在国内外花坛展示期主要集中在春秋两季，其中以秋季为主。

（1）*春季花坛*　春季期间展示的花坛，如广州的迎春花坛展、上海春季花坛展、五一花坛等，国内常见的春季花坛展示规模比秋季的小，可选用的花卉品种也少，常用的几十种左右，色彩相对比较单一。

（2）*秋季花坛*　秋季期间展示的花坛，如国内国庆花坛等。秋高气爽、阳光充足的气候，为植物花卉健康的生长、延长盛花期提供了舒适的自然环境条件，同时凉爽的天气也便于游人的观赏，因此秋季最适合立体花坛的展示，国内外的立体花坛展示活动一般选在秋季举办，期间可选用的花卉种类丰富多样，数量达数百种之多。

5. 按功能划分

（1）*主题立体花坛*　主题性立体花坛顾名思义，它是某个特定地域、环境、城市的主题说明，它的形式与内涵必须与环境有机地结合起来，并点明主题思想，甚至升华主题，使观众明显地感到它们的主题。它可具有纪念、教育、美化、说明等意义（图 5-16）。主题性立体花坛揭示了城市地域和环境的主题。2006 年第三届国际立体花坛大赛美国雷丁的作品“西部牛仔”展现了西部牛仔骑术大赛，富有传统的雷丁每年举办此项盛事，吸引不少牛仔参与，考验其力量、速度及对时间的掌握；北京作品“通向 2008”，展现了 2008 北京奥运会的美好未来（图 5-17）。

图 5-16　一帆风顺

图 5-17　北京——通向 2008

（2）*装饰立体花坛*　装饰性立体花坛是城市中最常见的一个类型，它的题材广泛，内容比较轻松、欢快，体量小巧，常被称之为立体花坛小品。它的主要目的就是美化生活空间：所表现的内容极广，表现形式也多姿多彩；它创造一种舒适而美丽的环境，可净化人们的心灵，陶冶人们的情操，培养人们对美好事物的追求（图 5-18）。

6. 按组合划分

（1）*组合式立体花坛*　由多个主题一致的单体花坛或系列花坛组成群体的花坛。如由两条立体画卷花坛、中心水景花坛、组字灯箱花坛组成气势恢宏的天安门广场国庆立体花坛群；2008 年，长安街西单路口四角的国庆花坛分别以“日晷、司南、浑天仪、沙漏”为主景，形成以中国古代科技为主题路口花坛群（图 5-19、图 5-20）；2011 年，西单西南角——“渊源共生”花坛（如图 5-21），以一组大型竹艺“DNA”造型为主景，以植物、昆虫、小鸟为配景，呈现出多样生物相依生存的场景，体现共生、融合的理念。

（2）*独立立体花坛*　是相对花坛群而言，花坛群是多个或一系列，独立花坛是单体。

图 5-18　天安门广场的球型、柱状立体花坛（2012 年）

图 5-19　“日晷”

图 5-20　“司南”

图 5-21　“渊源共生”立体花坛

图 5-22　独立式花坛

独立的立体花坛常用在街头广场、标志性建筑前、环岛中、绿地里。起到点缀、装饰、美化等作用（图 5-22）。

以上所说的几种立体花坛分类并不是界线分明的，现代立体花坛艺术相互渗透，它的内涵和外延也在不断扩大，如节庆立体花坛也可能同时是装饰立体花坛和主题立体花坛。

（五）意义

随着生活水平的不断提高，人们爱花、种花、赏花已经很普遍了。遍及城市大街小巷中美丽的花坛成为人们的一种精神享受，立体花坛的使用也更加广泛。随着社会的不断发展，人们对花卉园艺艺术展示水平将有更高的要求，立体花坛这种展示形式可以满足人们的观赏要求。可以预料，在以后的城市绿化中，除了大面积的绿地外，立体花坛将在居民区的绿化、美化、彩化中占有一席之地。此外，随着各种新技术在花卉生产领域中的推广与应用，尤其是生物技术、工厂化栽培技术等的应用，使花卉生产向着更新、更高的方向发展，这也为花坛艺术向更高层次发展奠定了基础。使得立体花坛在城市里发挥的作用及意义越来越大。主要表现在以下几个方面。

1. 烘托气氛

立体花坛能在重大节日或大型博览会、运动会期间快速营造出五彩缤纷、花团锦簇的节日景观，并烘托隆重、喜庆氛围（图 5-23）。在北京，每年国庆节期间，丰富多彩的立体花坛点缀在北京的大街小巷，给古老都市披上五彩的节日盛装，为祖国母亲的生日渲染了热烈、祥和的气氛。

图 5-23 “天鹅之吻”营造浪漫气氛

2. 美化环境

立体花坛布置作为园林艺术的重要组成部分，在城市绿地、公园、广场、街头、宾馆饭店等城市重要节点适当点缀立体花坛，形成鲜艳、突出、独特的城市街景，起到增色添彩、美化环境的作用（图 5-24）。

3. 寓教于乐

立体花坛通过二维或三维的立体构架表面的植物艺术造型来传递出突出鲜明的主题内涵，神奇地表现和传达各种信息、形象，体现人类运用自然、超越自然的美感。将爱国教育、公益事业、体现人与自然和谐相处等活泼健康的美好内涵贯穿其中，达到寓教于乐的效果（图 5-25）。如天安门广场一年一度的国庆立体花坛，作品不仅突出当年发生的社会意义重大的事件，而且兼具时代感和民族感，形成独特的风格，每年前来观花者如潮，广场犹如欢乐的海洋，此时的天安门广场成为聚焦中心，同时也成为寓教于乐，进行爱国主义教育，激励人民开拓奋进的重要场所。可见，营造色彩斑斓的立体花坛景观，不仅成为美化环境、烘托节日气氛的重要手段和载体，同时也为丰富人们文化生活、宣传鼓舞群众、振奋民族精神发挥了重要的作用。

图 5-24 柔化了建筑，点缀了水环境，美化了整个空间

4. 园艺展示

立体花坛是户外展示园艺花卉的最佳方式。立体花坛的展示方式不仅能吸引观赏者的眼球，而且占地小节省空间，达到小空间多角度观赏的良好展示效果，它以独特的花语向人们描述着美好的生活，同时也陶冶人们的美好情操（图 5-26）。它除了可以展示覆盖在作品表面多达数百种一年生、多年生草本花卉或小灌木等植物品种，它的造型还可以兼顾展示结构工艺、喷灌设备、养护设施等园艺展品，利用这种活泼生动的展示手法，往往收到更好的广告效应。

图 5-25 齐心协力，一个好汉三个帮

图 5-26 彩色的“书”，意味着书里面的世界多姿多彩

5. 提升形象

由于立体花坛能够集中体现出一个国家、一个城市或地区的园艺艺术综合实力水平，因此立体花坛一直被视为园艺王国中桂冠上的璀璨的明珠，备受全球各大城市的重视。加上高品位的立体花坛作品能够突出当地历史底蕴和独特民俗文化，并与当地的文化背景相融，延续了当地的文脉，具有极强的区域代表性，往往让观众过目不忘，对提升城市形象起到良好的宣传作用（图 5-27）。比如广东省著名的侨乡——小榄，多次成功采用“政府搭台企业唱

戏”的模式来举办菊花大赛，以菊花为媒，以立体花坛唱主角，为当地打造了一个温馨的招商引资交流平台，在国内成为一个著名的成功典范。比利时首都布鲁塞尔市政广场的两年一度的秋海棠花坛展，已经形成当地的一种花文化，广受世界旅游爱好者欢迎，通常在短短的四五天里就接待游客20万人次，成为了该市一张知名的形象名片，为当地旅游创收做出了不菲的贡献。

6. 交流媒介

2000年以来，各种形式跨国交流的花坛大赛频频举办，成为各国城市之间以花为媒，进行文化、旅游、园艺展示、城市建设、城市发展交流的平台，来自世界各地的政客、专家、技术员、游人在立体花海中一边畅游一边进行温馨的探讨与交流，为建设同一个地球、同一个“家园”的和谐生活而出谋划策。随着时间的推移，立体花坛将日愈发挥她非凡的作用和意义（图5-28）。除了以上意义以外，立体花坛还有景观装饰、分隔空间、组织交通、生态保护、拉动花卉展业发展等作用，在此不再一一列举。

图5-27 “绿色城堡”会成为吸引游客的焦点

图5-28 立体花坛也可以是一扇门，通向美好

二、立体花坛设计

立体花坛从方案的设计，花卉的生产，骨架的加工到现场的施工，是一项系统而又复杂的工程，体现出高度的艺术性和科学性。方案的设计是立体花坛实施的前提条件，花坛的设计工作都要提前进行，为施工留出充足的时间。每年天安门广场的国庆花坛设计工作需要提前半年时间左右，4月开始方案的设计，同期进行花卉生产，6月份完成深化设计，7月完成施工图，8月完成结构骨架外加工，9月初进场施工，9月20日完工验收。国际立体花坛大赛由于是异国施工，设计工作往往要提前1年左右进行，比如2009年9月19日开幕的日本滨松第四届立体花坛大赛要求2008年7月开始方案设计工作。

（一）设计原则

立体花坛的设计要遵循以下几项原则。

1. 形式与环境相结合的原则

花坛设计就是把花卉艺术与环境巧妙结合的过程，立体花坛的形式是指外在美的造型与内在经典、向上、积极思想的统一体，不管是抽象还是具像的花坛艺术形式都要求与当地的地域文化、人文景观共生共息的，既不能破坏了原有的自然景观，又不能与当地的人文景观背道而驰，也不能破坏了原生态的历史文脉。人类历史一直在不断进步，让形式与环境完美结合从而达到保护传统的目的，任何生搬硬套的“大跃进式”的建设都会给城市带来不良的后果。立体花坛设计与园林设计一样要因地制宜，根据所要摆放的环境和立地条件，如土壤、光照、水源等，整体考虑所要表现的形式、主题思想以及色彩的组合等因素，要达到既与环境协调统一，又能充分发挥立体花坛本身的最佳效果（图 5-29）。同时还要注意花坛设置的具体位置，对所处环境的空间分隔产生的影响。尤其是节日和重大会议期间布置的临时花坛，更要考虑到这一点，否则就可能造成交通和人员的拥堵，甚至引起安全事故。

图 5-29　利用水环境

2. 立意为先

立意为先，这是任何艺术创作的前提。即立体花坛要表现什么样的主题，是以观赏为主、烘托营造气氛为主还是要表现更深的内涵等等，例如国庆花坛要体现节日的欢乐气氛，还要反映出国家的建设成就及繁荣富强的景象。确定了主题才能根据主题的需要来安排植物之间的比例关系以及其他方面。另外还应充分考虑立体花坛的宣传作用，以充分发挥设计人员的聪明才智，创造出具有新意的艺术造型（图 5-30）。

图 5-30　以“母子情”为主题

3. 注重和强调形式美的表现

人们对形式美的感知具有直接性，有关研究证明观察者审美态度的获得只需要很短的时间，得到广泛认同的观点认为这一时间只需要 5～8 秒。形式美的表现有一定的规律可循，例如，对称式的图案给人呈现出一种安静平和的美；均衡式的图案可以弥补对称式图案缺少变化的不足，在庄严中显得活泼而自由。掌握了创造形式美的法则和方法，就可以在立体花坛的设计中根据植物自身特点，选择不同花色的植物来进行设计，打破刻板与单调，营造重点与高潮，创作出优美的图案和造型。

4. 比例和尺度适宜

园林造景处处讲究比例与尺度，立体花坛的设计更是如此。立体花坛本身各部之间，立体花坛与环境之间，立体花坛与观赏者之间等，都存在着比例与尺度的问题。比例与尺度恰当与否直接影响着立体花坛的形式美以及人们的视觉感受，良好的比例关系本身就是美的法则。举例来说，设计一个花篮式的立体花坛，花篮造型的高、宽、篮柄的高度之间的比例怎样才合乎美的要求，这是比例问题；而这种花篮如设置在一特定的环境中，体量应该多大才与环境相衬，人们在哪个位置能获得最佳的欣赏角度和观赏效果，这就是尺度问题，这两种因素是不可分开的。

5. 视错觉的影响

在生活中常会出现由于环境的变化以及光线、形体、色彩等因素的干扰，加上人们本身的生理原因，对于物体的观察发生错误的判断，通常将这种错误感觉称为视错觉。当水平线与垂直线相等长度时，人们会感觉垂直线比水平线长，同样一件物品由于视觉不同，会产生近大远小的感觉。在立体花坛设计时应充分考虑到视错觉的影响，如要设计一个高度较高的动物造型时，应适当扩大头部的尺寸。

6. 合理选择植物的原则

“人靠衣裳，花坛靠植物”。植物的合理选择是花坛的成败关键。应适地适时选择植物花卉品种。这里的适地适时是指根据立体花坛造型的朝向及展示期间的气候等具体情况进行合理选择植物，植物只有在适宜的环境条件下才能发挥它的最大特点，才能更好地被立体花坛所应用并体现花坛的最佳观赏效果。在选择植物时首先要了解植物的生态习性，对于一些不耐阴的植物材料，尤其是观叶色、观花植物，如果使其处在半阴或全阴的环境下，会使其颜色变淡而失去彩化的效果，在立体花坛主观面背阴的情况下，必须选择耐阴性较好的植物，类似球体造型的花坛，建议上下不同部位，前后左右不同的朝向可以考虑不同习性的植物。适时即是要了解植物的生物学特性、观赏特性，根据展示的季节合理选择配置植物花卉，春季立体花坛就要考虑适合春季时期观叶或观花的植物，秋季立体花坛就要考虑适合秋季时期观叶或观花的植物。还有一点是在植物材料的选择时应考虑体现设计作品的整体效果，为突出一个立体花坛作品独特魅力，必须在植物选择上下功夫，根据植物花卉的生态习性，如株型大小、叶色、花色、花期等，最大限度地将植物花卉材料的质感、纹理与作品所要表现的整体效果完美结合起来。

（二）设计内容

立体花坛的设计内容主要包括主题思想、主体设计、色彩的设计、环境设计、植物的选择及搭配、施工图的绘制、设计说明、沙盘的制作等内容。

1. 主题思想的定位

立体花坛最令人回味的是花坛的内涵也就是主题思想，它是立体花坛的灵魂，立体花坛在不同环境、不同场合所表达的主题也不同。如 1999 年昆明世博会的立体花坛表现了“人与自然——迈向二十一世纪”；上海 APCE 会议花坛的主题是“人类和平，共同协作”；天安门广场国庆花坛则是反映当年发生意义重大的事件，反映鲜明的政治主题，如 2003 年东侧画卷花坛主题为：“与时俱进谱写绚丽篇章”，描绘经济建设取得辉煌成绩，西侧画卷花坛主题为：“众志成城共铸锦绣中华”，寓意抗击非典取得的伟大胜利；2008 年，广场西面以

“改革开放共谱和谐篇章”为主题，表现改革三十年成就。有创意的是花山上从心手造型流淌下一条花溪，点缀着象征56个民族的花簇，从高到低流过悬挂中国结的彩虹门，配以花柱和和平鸽，表现全国人民万众一心共建和谐社会的决心。广场东面以“万象更新祖国前程更辉煌”为主题，表达欢庆奥运圆满落幕展望未来的喜悦心情。“同一个世界同一个梦想”，花卉组成大字，巨型的世界版图造型前是熊熊圣火造型，北面是残奥吉祥物福牛和奥运吉祥物五个福娃的运动造型（图5-31）。广场中心是巨型中国宫灯，下边是祥云缭绕的花坛，有一圈喷泉，喷射着不高的水柱。

图5-31　立体花坛的主题思想

2. 主体设计

立体花坛中主体设计是关键，它影响到作品的成败，因此在主体设计之前要了解场所，把握好花坛的尺寸大小，以便与周围环境相协调，与花坛的层次与背景相呼应（图5-32）。

图5-32　比例合理，创造舒适度的视觉效果

主体的大小因摆放的地形、环境的变化而异。比如由于天安门广场属于被放大的正空间，因此立体花坛主体也需要放大一定比例，一般乘以1.3左右的系数，长安街的立体花坛主体乘以1.1～1.2的系数。设计的形状必须同周围环境协调，与现代或传统环境相吻合。在立体花坛的主体尺寸设计时一定要注意考虑到主体结构的外轮廓尺寸扣除掉植物花卉凸出部分的高度，考虑到植物成长的量，做到花坛外轮廓不因花卉的生长而变形。

3. 色彩的搭配

色彩搭配的好坏直接影响花坛的观赏效果。为了合理使用花卉色彩，设计者首先要了解色彩的相关知识及其相互间的关系。在用色中，整个花坛应有主次之分，即应有一种色彩作为主色调，其他色彩作为对比色或协调色。在选择主色时要根据设计的主题或立意选择。如天安门广场的国庆花坛，要体现的是欢快喜庆的节日气氛，主色调一般以红为主，如果花坛处于纪念性场所，则以冷色调为主。一般花坛内的色彩不宜太多，一般以二三种为主，尽量避免出现“五色乱目”的现象。当出现色彩不协调时可用白色作为调和色。2006 年第三届上海国际立体花坛大赛加拿大蒙特利尔的“蒙特利尔大舞台”作品（图 5-33），主景红枫叶选用红黄两色彩叶草的基调，衬托着欢庆的蒙特利尔人载歌载舞，沉醉在国际爵士乐节、电影节、欢乐节等节日的喜庆中，约请各国友人共同庆祝这一盛会。有时候为了更形象地体现花坛的色彩细部，在不影响主色及花坛整体效果的前提下，配色尽可能丰富；在布置花坛的色彩时要注意与周围环境的协调，如果背景为暗色，花坛材料则以明色调为好。

图 5-33 “蒙特利尔大舞台”

4. 环境设计

环境设计主要是配景及底花坛的设计。配景和底花坛是衬托主体花坛的产物，环境设计首要体现主次的关系，色彩上从属的关系，从色彩上配景的色彩不能比主体花坛艳丽，而底花坛的色彩要和主体花坛形成一定的反差，工艺上也要体现细腻与粗放的对比，起到更好烘托的效果（图 5-34）。

图 5-34 主题与环境之间处理得当

5. 绘制施工图

将以上设计成果汇总成施工图。施工图包括总平面图、平面详图、立面图、立面详图、放线图、剖面图、节点详图、植物花卉搭配图、结构图、喷灌图、供电图、花卉苗木表、设计说明等，图纸按相关规范进行绘制。

6. 制作沙盘

立体花坛最大特点是它塑造了丰富的三维或二维空间，光依靠平面图、效果表现图还不足以反映立体花坛的立体空间，为了更好掌握主、次、配景之间大小比例的关系，为了做到胸有成竹，在设计后期进行沙盘的制作是很有必要的。沙盘比例一般为 1∶50，沙盘所体现的主要景物的尺寸必须严格按设计图纸进行制作，主要花卉的色彩也尽可能全面反映。设计师根据直观的模型对原设计进行修正，不断完善设计，为施工做好充分的准备工作。

第二节 花坛立体绿化施工技术

一、立体花坛绿化植物选择

植物材料是立体花坛最重要的设计要素，设计师必须全面了解植物的特性，合理选择植物，保证花期交替的合理运用，保证株型高低的合理搭配。

1. 选择植物的要求

其一，以枝叶细小、植株紧密、萌蘖性强、耐修剪的观叶观花植物为主。通过修剪可使图案纹样清晰，并维持较长的观赏期。枝叶粗大的材料不易形成精美纹样，在小面积造景中尤其不适合使用。其二，以生长缓慢的多年生植物为主。如金边过路黄、半柱花、矮麦冬等都是优良立面造景材料。一、二年生草花生长速度不同，容易造成图案不稳定，一般不作为主体造景，但可选植株低矮、花小而密的花卉作图案的点缀，如四季海棠、孔雀草等。其三，要求植株的叶形细腻，色彩丰富，富有表现。如暗紫色的小叶红草、玫红色的玫红草、银灰色的芙蓉菊、黄色的金叶景天等，都是表现力极佳的植物品种。其四，要求植株适应性强。由于立体花坛造景是改变植物原有的生长环境，在短时间内达到最佳的观赏效果。所以就要求所选择的植物材料抗性强，容易繁殖，病虫害少。例如朝雾草、红绿草等都是抗性好的植物材料。

2. 植物的选择

近十年来，在科研人员努力下，经过精心选育，采用促控栽培、杂交育种技术手段，使不同的花卉品种在立体骨架上盛开，并能经受住各种天气的严峻考验，延长了花期。常用的立体花坛的植物材料，主要分为以下两类。

其一，小盆新优花卉。新优品种小盆径花卉一般适用于造型花坛。新优花卉一般种在 11cm 直径的小花盆中，这些新优花卉株高 20cm 左右，单株花量多、彩度高，具有花色丰富、花期长、植株低矮健壮、观赏效果好、色泽鲜明、花冠整齐等优点，能够适应自然环境，并易于繁殖、推广。近几年来，在保留优良传统花卉的基础上，我国相继引进了世界流行的新花卉品种 170 多个，筛选、繁殖出十几种、几十个品种的矮牵年、非洲凤仙、新几内亚凤仙、四季海棠、蓝花鼠尾草、矮生串红、串紫、彩叶草、丰花百日草、三色堇等，经近几年在花坛中的广泛应用，得到社会舆论的好评，相继开展了育种、选种、繁殖以及规模化生产等系统研究，并取得显著成果，同时，运用温控、短日照、控制掐头时间、叶面施肥、喷洒药剂等技术，开展了花卉花期控制研究。

在推广应用一、二年生花卉的同时，科研部门还对宿根花卉、球根花卉、彩叶植物等进行引种、繁殖、研究及应用，为立体花坛的配景增色添彩（图 5-35）。花坛的配景或底花坛可以配合以花境的形式，展示各种新优宿根花卉：八宝景天、莲子草、观赏谷子、醉蝶花、沿阶草、宿根福禄考、繁星花、蓝盆花、夏堇、花叶鸢尾、藿香蓟、银边八仙花、龙翅海棠、假龙头、鼠尾草、富贵草等，都具有很高的观赏价值。

其二，大株型植物材料。大盆径花卉植物适用于造景花坛，在国内比较常见。大株型植物材料指新优花卉品种以外的可用于花坛造景的植物，种植盆具直径 11cm 以上，包括桶栽大型植物，桶具直径 100cm 以上的大型植物。

传统观花植物：悬崖菊、叶子花、鸡冠花、黄小菊、粉小菊、白小菊、荷兰菊、鹤望兰、切花菊、一品红、天人菊、松果菊、美人蕉、金光菊、桂花、叶子花等。

绿色植物：造型油松、龙柏（图 5-36）、海桐、鹅掌柴、大叶榕、苏铁、香樟、橡皮树、叶榕、佛肚竹、早园竹、苏铁、刺葵、丝葵、蒲葵、旅人蕉、华盛顿椰子、地肤等。

图 5-35　这组立体花坛主要采用秋海棠、孔雀草、五色草等植物

图 5-36　以龙柏为植物素材制作立体花坛

观果观叶植物：柚子、石榴、山楂、海棠、梨树、苹果树、变叶木、紫叶李、紫叶矮樱、旅人蕉、芭蕉等。

水生植物：荷花、睡莲、旱伞草、水葱、千屈菜等。

二、立体花坛的基质要求

按照设计图纸，安装供水系统后，用铁丝将遮阳网扎成内网和外网（两网之间的距离根据设计来定），然后开始装土。土的干湿度以捏住一搓能散为宜。垂直高度超过 1m 的种植层，应每隔 50～60cm 设置一条水平隔断，以防止浇水后内部栽培基质往下塌陷。

装土时从基部层层向上填充，边装边用木棒捣实，由外向里捣，使土紧贴内网。外部遮阳网必须从下往上分段用铁丝绑扎固定在钢筋上，边绑扎边装土，并用木槌在网外拍打，调整立体形状的轮廓。

三、立体花坛绿化的辅助设施

（一）骨架结构

1. 骨架结构的加工

花坛的结构好比人体的骨架一样重要，花坛的结构要具有牢固性、安全性、可拆装性等性能。由于花坛施工现场一般不具备钢构加工条件，加上结构加工周期较长、加工地场占地大等原因，大型的立体花坛钢架结构一般在加工厂里进行预加工。结构加工要点：结构除了自身的荷载，还需考虑风荷载，强度按十级风计算；结构加工尺寸要严格按图纸进行；结构外形尺寸要减去植物花卉及盆钵的高度；结构要考虑喷灌管线、电缆线走线的预留空间；为了方便运输、吊装及现场组合，结构科学分块进行加工；结构要求在安全牢固的前提下体量尽可能轻巧；由于花坛一般不允许挖基础，因此花坛结构必须有自己基础结构，并预留好安放配重铁块的空间；支撑结构瘦高的结构要提前预留好防大风天气拉纤加固的设施；如果是选用结构表面栽植的施工工艺，在结构的外表面附加上厚度为 15～20cm 的栽植土层。立体花坛常用的骨架除了钢架以外，常见的还有塑料、木架结构等，结构材料应根据花坛的造型、大小、重量、工艺等进行合理的选择。

（1）钢架结构　钢架结构具有可塑性、牢固性、可组合拆装、可重复利用等优点，因此它最适合用作高大、复杂、精细的立体花坛造型（图 5-37）。如国际立体花坛大赛的作品一般是采用钢架结构，结构的设计和加工往往由雕塑家或艺术家直接参与，尺度和比例把握比较到位，大大提高了花坛的艺术性，所表现出的工艺水平几乎达到炉火纯青的地步。国内常见的立体花坛以钢架结构为主，如昆明世博园中五根巨大的花柱，如果没有牢固的钢架，恐难以实现。

图 5-37　钢架结构

（2）塑料骨架　塑料骨架常用在各种小体量的花坛中，如花球、花拱、花树、花蘑菇等。塑料骨架施工起来比较方便，而且可以组合应用，并能重复利用，相对钢架而言更具有灵活性，体量轻巧，造价更低廉（图 5-38）。

（3）木架结构　木架结构常用在大型的传统自然山水花坛中，木架结构对造型要求不是很精致。在自然山水花坛施工中常利用木板塔出一层一层的等高线木架（一般 0.5m 高为一层），然后将植物高低错落地摆放在各层木架上，摆成自然起伏的花山，天安门广场的传统山水花坛一直沿用此种做法（图 5-39）。

图 5-38　塑料结构

图 5-39　木架结构

2. 现场勘探及放线

现场勘探及放线是结构进场前必须进行的施工程序，放线可以进一步确定花坛主体结构的朝向，理顺与现场地上物如井盖、树木、栏杆、电箱等之间的关系，如发现设计与现场有出入，必须及时调整方案，保证花坛的最佳的观赏效果及施工顺利进行。

3. 骨架结构的安装

图 5-40　构架的安装

骨架结构加工好之后按照施工计划的日期运到现场，结构要按自下而上或自里到外分块编号，并按此编号顺序先后运输到现场进行安装，安装之前要按设计标高整地，保证地面水平且结实，然后水平满铺两层以上木板基础，木板基础边缘线要大于花坛钢架结构基础 20cm 左右。现场吊装的顺序按编号进行，先下后上分块拼装，拼装完毕后要及时加固：重新找平、加配重铁块、块体之间的焊接、支撑等，确保结构百分百的安全（图 5-40）。

（1）构架的制作材料　立体花坛的英文是“Mosaiculture”，直译为“马赛克文化”，形象地说出了它的制作特点。传统制作的立体花坛一般选用木制、钢筋或砖木等结构作为造型骨架，现在较多采用钢材作为骨架的主要材料。骨架材料要求轻盈，以轻质钢材为好，它具有易弯曲，能形象地反映出图案的形状等优点。

（2）构架的制作及固定　构架的制作是立体花坛成败的关键，应由结构工程师负责，主要解决构架承受力问题；由美术工艺师负责构架的造型，使框架结构富有艺术美，达到精确、生动的设计效果。

先用钢筋条搭建构架，之后用细钢筋条“编织”细节部位，形成网状结构，焊接的间距以15～18cm较为合理（据加拿大著名结构设计师雷蒙介绍：“每两根钢筋条之间不能小于15cm，这是植物生长的最小空间。”），并在构架上安装用来提升它的吊钩，以方便组装和运输。然后有两种方式，一种是直接栽种植物（事先需要在骨架内填充介质，如栽培土，即用蒲包、麻袋或棕皮等将泥炭土或腐叶包附、固定在底膜上）；另一种是先在骨架上固定卡槽等栽植容器，再通过卡槽栽种植物。如果采用第一种方式，在骨架内部填入介质后，每30～50cm高需设置一道防沉降带，防沉降带用钢筋焊接，间距20cm×20cm，用麻皮带进行固定，防止介质浇水后下沉出现立体花坛下部膨胀变形。

构架制作时，首先应按图纸上所标明承重、高度，按比例放样。但由于是在构架上栽种植物，成型后轮廓会放大，与原有参照物有一定差异，所以，在制作时，构架体积应小于设计体积，要充分考虑放大比例后结构造型的视觉尺度，提高作品的整体协调性。如样品展中制作鼎的把手和四条腿构架体量可以比实物适当放大；制作茶壶的嘴构架体量可以比实物适当缩小；制作牛头颈构架体量可以比实物适当延长。

构架制作时要充分显现作品的“凹”“凸”特色，富有立体感。立面图案最好直接用钢结构焊接勾画，便于种植植物。构架采取可拆卸的形式，便于搬运、安装。要充分考虑构架的可移动性和安全性（包括抗风能力、稳定性、承受荷载等因素）。一般不宜使用挖掘地基注硅的方式固定立体花坛。构架一定要牢固，基础一定要结实，技术的关键是连接好各支撑点，要求受力平衡。构架还要经过防锈、防腐处理，以提高其牢固性能（图5-41）。

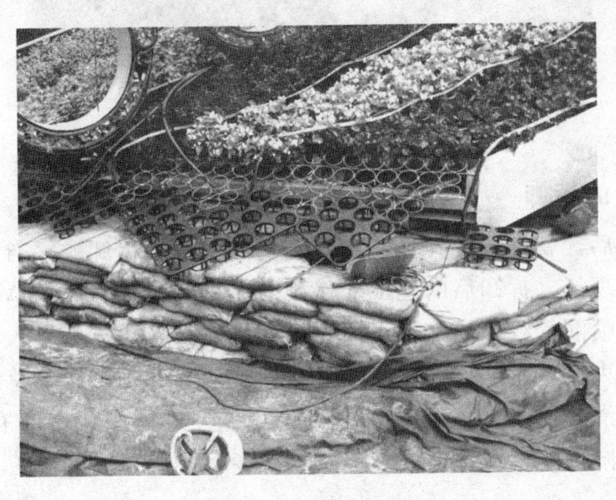

图5-41　构架的制作

① 填充物　填充物即介质，可分为营养土、无机固定材料（如矿棉等）或传统的加草泥土（图5-42、图5-43）。立体花坛对填充物的要求是营养丰富且较轻，现在的立体花坛较

图 5-42　陶化营养土

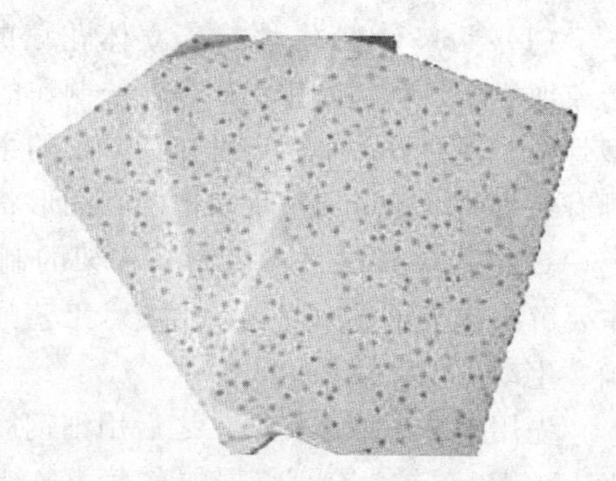

图 5-43　矿棉

多采用营养土，其配方为泥炭土＋珍珠岩＋其他（有机肥或椰糠或木屑或山泥或棉子壳等），参照比例为 7∶2∶1。pH 值 5.5～6.0，EC 值 0.55。填充物厚度一般约 15cm，根据作品大小可±2cm，太薄易失水，太厚易积水。体量大的作品内部可填充泡膜等。

② 绑扎技术　绑扎填充物的材料主要有遮阳网、塑料或麻布，固定绑扎可用铅丝、老虎钳、剪刀等工具（图 5-44）。立体花坛表面铺设遮阳网、塑料或麻布，一般要求遮阳网具有 80％以上的遮光率。网眼大，种植植物易出现松散。遮光率低于 50％的遮阳网易出现散网现象。遮阳网一般每 15cm×15cm 扎 16# ～22# 铅丝一道，以防止膨胀。

图 5-44　绑扎技术

（二）立体花坛的拆卸

花坛展示期结束后，就进行花卉、管线、结构的拆卸，拆卸顺序与施工程序相反。拆卸后结构分块装车运离现场，拆卸后的施工现场要及时进行清理并铺设草坪恢复地原貌。钢架结构、钵床、电缆、喷灌管线、滴箭等可回收再利用的材料要求编号入库，并建档存档。

施工全部工序结束后，施工技术员要及时整理施工、养护日志，总结施工经验，并与设计、花圃、钢构、喷灌、照明灯、运输等相关施工单位进行座谈交流有效解决提高施工效率、提高制作工艺、降低施工成本、减少浪费、减少污染等重要的施工难题，为来年的顺利工作做准备。

（三）其他设施以及技术

近 10 年以来，新技术的研究和开发得到大力的支持，新技术被广泛应用于立体花坛实践之中，取得显著成效。

（1）微喷、滴喷技术　花坛微喷、滴灌技术的应用，不但方便养护，延长花期，提高花卉欣赏水平，而且解决了立体花坛浇水问题。针对立体花坛需水量大，浇水困难，新优花卉不耐强水流冲击，费时耗工等实际问题，采用脉冲式微喷、滴杆滴灌、小管出流、网格式滴灌、渗灌等花坛微喷滴灌形式，不仅解决了花坛用水车、皮管浇水带来的诸多问题，而且节约了大量用水，降低了工人劳动强度，同时又保持和优化了花坛景观环境。达到方便养护、延长花期、提高花卉欣赏水平的效果（图 5-45、图 5-46）。

图 5-45　喷灌技术

图 5-46　滴灌技术

（2）照明技术　为了使花坛达到“白天赏花，晚上观灯”的艺术效果，在花卉布置中除了采用投光灯、泛光灯、镁氖灯、彩灯、霓虹灯等传统灯光，还增加了各种各样新式的艺术灯饰（光纤灯、镭射灯、频闪灯、变色灯等），并采用全方位立体照明系统，将花卉和灯光完美融合在一起，使花坛夜景更加亮丽多彩，为夜间的游人观赏提供了方便（图 5-47）。

图 5-47　立体花坛夜景效果

但花坛夜景观的照明方面也有一定的限制因素：自然山水花坛的山体照明难度较大；花坛不定期的微喷灌给很多灯具带来的防水、使用寿命问题；投光灯灯具体量仍显过大，且有眩光问题；花坛特殊的地理位置要求所有灯具安装检修方便，以便随时更换。所以在考虑景观的同时还要克服以上的限制因素，让照明技术在立体花坛中充分发挥它的特殊作用。

（3）新工艺、新容器、新结构的应用　穴盘苗栽植、新型种植容器、带蕾扦插、种植基质新配方等施工新技术的应用大大增加了立体花坛的科技含量。新工艺、新容器、新结构技术的应用，丰富了花坛花卉应用植物种类和展示手段。设计、施工技术人员在学习外来经验的基础上，相继研究开发出与卡盆配套的新工艺——钢圈钵床结构（如图 5-48），取代了塑料钵床，不仅省工、省材、省时，而且使花坛结构更加严紧，为立体花坛的三维造型提供了更大的方便；新容器——卡盆的应用（如图 5-49），新型种植容器体现了当今花卉高新技术的自吸、自控肥水的先进技术，也方便于施工，并有利于展示花卉特性。可组合、拆装，又可重复利用的钢材、塑料结构的应用，对立体花坛的快速发展起到至关重要的作用。如近两年使用了一种可以灵活组合的小花拱，可以重复利用，体现了生态环保意识；2002 年天安门广场东北角“走向未来”花坛的主景——地球，体现了花坛新工艺、新容器、新结构的无穷魅力，同时体现出了花坛艺术的完美性。

图 5-48 钵床结构

图 5-49 卡盆

（4）*其他新技术在施工中的应用* 近几年来在立体花坛还应用了智能化喷泉花坛、无土栽培新基质等新技术，这些新技术的应用大大提高了花坛的科技含量。

四、立体花坛的栽植方法

根据施工图的要求进行植物花卉量的统计工作，并按设计的数量、株型规格、花色等要求进行植物材料的准备。植物材料的准备工作要点：考虑到运输、施工等因素的损耗，植物的数量为设计量的 1.1 倍；提前计算好花材的盛花期，所准备花材的花朵以含苞待放为主；将选好的花卉植物按种类按花色分块码放整齐，并搭建临时遮阳网，防止日晒烧灼花朵及嫩芽；要及时进行浇水养护；为了保全花材，花材要装框运输，搬运时要注意轻装轻放。

植物的安装或栽植在施工环节中尤为重要。根据设计图要求进行植物花卉的安装或栽植，自上而下，自里而外有序进行安装或栽植，同时要安插喷灌的滴箭，保证每盆花一个滴箭头。11cm 盆径的花卉每平方米按 64 盆标准摆放，红绿草每平方米栽植量为 2000 株左右。主体结构花卉安装或栽植完毕之后再进行平面花卉的摆放，底花坛的外边沿一般用一到两层垂盆草进行围边，做到自然花边，达到不露盆的要求。

种植植物材料一般先栽植花纹的边缘线，轮廓勾出后再填植内部花苗。栽植时用木棒、竹签或剪刀头等带有尖头的工具插眼，将植物栽入，再用手按实。注意栽苗时要和表面成锐角，防止和表面成直角栽入。锐角栽入可使植物根系较深地栽在土中，浇水时不至于冲掉。

栽植的植物株行距视花苗的大小而定，如白草的株行距应为2～3cm，栽植密度为700～800株/m^2；小叶红、绿草、黑草的株行距为3～4cm，栽植的密度为350～400株/m^2；大叶红为4～5cm，最窄的纹样栽白草不少于3行，绿草、小叶红、黑草不少于2行。在立体花坛中最好用大小一致的植物搭配，苗不宜过大，大了会影响图案效果。

栽苗最好在阴天或傍晚进行。露地育苗可提前两天将花圃地浇湿，以便起苗时少伤根。盆栽育苗一般先提前浇水，运到现场后再扣出脱盆栽植。矮棵的浅栽，高棵的深栽，以准确地表达图案纹样。在具体施工中注意不要踩压已栽植物，可用周转箱倒扣在栽种过的图案部分，供施工人员踩踏。夏季施工，可在立体花坛上空罩一张遮阳网，可以防止强光灼射，有利早期的养护生根。

构成本系统的主要部件是具有一定大小规格卡盆穴的卡盘和符合卡盆穴规格的卡盆。针对卡盆部分，还进一步制作了规定大小和强度的收装盘，每个收装盘中有一定数量的卡盘，从而构成一个单元。比如，高250mm、宽125mm的卡盘为32个组成1m^2。另一方面，卡盆是侧面构成一周网状的特殊材料，而且，在其上边装有卡子，所以，无论在什么状态下使用，植物都不会脱落下来。

卡盘部分经过防锈处理（亚铅镀金），放置到钢制收装盘中，用螺丝等固定。此时，在各卡盘的顶部预先配置滴灌系统。内径1mm的滴灌管在通常的上下水管的1.5～2.0kg/cm^2水压下，1分钟可以出水50mL左右。

用海绵和岩棉等把规格10cm左右的植物根部包起来，放入卡盆里。这时候，在植物的根部安装阻塞物，起固定作用，目的是让植物不管在怎样的状态（比如倒过来）都不会从卡盆脱落下来。把卡盆插到收装盘中的卡盆穴中，卡盆侧面突起的部分像皮筋一样活动后，随着啪唧一声，卡盆就装入卡盘中了。

从收装盘的下部开始，依次装入卡盆，在盆与盆之间的缝隙中填入珍珠岩、黑曜石等组成的轻质人工堆肥。这样填充堆肥之后，各个卡盘就不是单独的个体了，比如栽有1m^2植株的收装盘单元与植株种植在1m^2的地上可获得同样的效果。

根据采用植物的种类和大小，在没有植物时也可以使用卡盘。比如，采用常春藤（5～6株）的时候，4盆左右就能很丰满了。现场施工前6个月左右开始种植并养护的话，可为绿化墙面提供理想的植物材料。在此期间，没有植物的卡盆为防止土壤脱落，可用阻塞物固定住。而且，该阻塞物对牵引和固定常春藤等攀缘植物也可以同时发挥作用。

垂直绿化的一部分需要用季节性花卉和其他植物装饰，或用于大型活动时，把希望更换位置的卡盆取下来，换入草花等花卉后再插装到卡盘上，这样，一部分的更换就完成了。按收装盘单元（比如1m^2）更换当然也是可能的。卡盘系统对绿色的植物适用，对同时使用花卉的景观美化也是可行的并具有很大优势的。

第三节 花坛立体绿化养护管理

一、立体花坛植物材料的养护管理

设计是前提，施工是基础，维护是保障。勤快的日常养护，保证了娇艳的花儿开放，保证了花坛的最佳观赏效果。立体花坛的后期养护主要包括：喷灌，施肥，换花，安全检查等。花坛的后期养护要设专人专岗，定时定点。制作养护计划表，填写养护日志。

（一）灌溉

在栽植完毕后，需立即浇一次透水，使植物根系与土壤紧密结合，提高成活率。不管何种方式，在浇水时要以人工浇水为宜，采用喷洒喷雾的方式，浇水次数不宜过多，否则易造成高湿而引起病害，一般在叶、花出现轻微萎蔫时才浇水，一次灌透。立体花坛浇水有人工浇水、喷灌、滴灌和渗灌。无论是人工浇水还是自动喷滴灌，往往容易产生顶部的苗干死，底部的苗淹死的情况，所以浇水时要注意上部勤喷，并适当多喷，下部少喷。浇水的时间宜在早上进行，日间要补水，尽量在下午三四点钟以前完成，让叶片吹干。傍晚浇水会使叶片带水过夜，容易滋生病害。

灌溉是花坛最重要的日常养护工作。大型的立体花坛一般都采用先进的浇灌技术、新容器技术再加上完备的养护设施。养护上采用现代浇灌技术——微灌、喷灌、滴灌和渗灌等浇灌技术，管理上实现了自动化浇水，可使花坛花卉常开不断，自吸、自控肥水的先进技术及新型容器在立体花坛广泛的应用，为花卉展示丰富的花色、延长花期提供了必要的技术支撑，从而达到延长了花坛的寿命并达到节水目的。手动喷灌一般一天早晚各灌溉一次，忌午后烈日暴晒时灌溉花坛。没条件设计灌溉设施的花坛，可选用水车灌溉，水车灌溉时要注意细水喷灌（图 5-50）。

图 5-50　工人浇水

（二）施肥、除草

立体花坛可利用叶面喷肥的方法进行追肥，也可结合微喷和滴灌补充营养液，保证培养土中含有足够的养分，观赏期较长的立体花坛可追施化肥。

由于立体花坛内水肥条件充足，易滋生杂草与花坛植物竞争水肥，杂草不仅影响植物的生长，而且影响观赏效果，必须及时清除，一般采用人工拔除的方法。

（三）定型修剪

植物栽植完后，根据设计要求和植物生长情况对植物进行精修剪，修剪时尽量平整，同时将图案的边缘线修出，使轮廓边界更清晰、自然，造型更加生动，达到设计要求。开花的植物要及时摘除残花、残叶、病叶；及时修掉徒长部分，保持造型完整。对使用花灌木作为背景的，要同步进行整形修剪以保证总体比例得当，并去除枯枝、徒长枝等。

栽种后要修剪。修剪的目的一方面是促进植物分枝，另一方面修剪的轻重和方法也是体现图案花纹最重要的技巧。栽后第一次不宜重剪，第二次修剪可重些，在两种植物交界处，各向中心斜向修剪，使交界处成凹状，产生立体感。特别是人物和动物造型，需要靠精雕细琢的修剪来实现。如在制作马、牛等动物造型时，很容易产生下列问题：将马的肚子制作得滚圆，变成了一匹肥马，没有精神；开荒牛本来应该肌肉肋骨突出，脊梁高耸，但制作出来的作品却找不到那种奋发上进的感觉。红绿草宜及时修剪，使低节位分蘖平展，尽快生长致密。晚修剪会造成高位分蘖，浪费植物的养分，延迟成型的时间。

（四）补植缺株

立体花坛应用的植物材料如果栽植后出现萎蔫、死亡，要及时更换花苗。造成缺苗现象的，应及时补植，补植的规格、品种与颜色要与原来的花苗保持一致，否则会影响立体花坛的整体效果。

（五）病害控制与保持观赏性

由于立体花坛观赏时间有限，所以花苗的病虫害防治以预防为主，及时拔除病虫苗株，以免影响其他的花卉。定期给花卉喷洒追肥、药剂，增强花卉的抗病能力，预防病虫害发生，一般一周喷洒一次虫害药剂。防治工作要根据天气因素及病虫害的影响程度进行有效地操作。换花：由于花坛观赏期较长，局部烂叶烂花等需要及时更换以保证花坛的整体效果。

适用于立体花坛的植物多种多样，为防止病害发生，除降低小环境湿度外，应改善通风透光条件；发生病虫害时，有针对性地采用生物农药防治。主要是对蚜虫、螟虫、青虫等适时进行无公害防治。梅雨天要注意病菌的感染，及时喷施杀菌剂。

二、立体花坛辅助设施养护管理

立体花坛的骨架材料一般是钢架、塑料、木架等几种，根据立体花坛骨架所用的材料进行养护管理。

1. 钢架结构

钢架结构必须注意防护，特别是薄壁构件，因此，处于较强腐蚀性介质内的建筑物不宜采用钢结构。钢结构在涂油漆前应彻底除锈，油漆质量和涂层厚度均应符合相关规范要求。在设计中应避免使结构受潮、漏雨，构造上应尽量避免存在检查、维修的死角。新建造的钢结构一般隔一定时间都要重新刷涂料，维护费用较高。目前国内外正在发展各种高性能的涂料和不易锈蚀的耐候钢，钢结构耐锈蚀性差的问题有望得到解决。

钢结构也有损坏的时候，要即时发现即时解决问题，钢结构网介绍钢结构损坏的主要因素有：①由荷载变化，超期服役，规范和规程改变导致结构承载力不足；②构件由于各种意外产生变形、扭曲、伤残、凹陷等，致使构件截面削弱，杆件翘曲，连接开裂等；③温差作用下引起构件或连接变形、开裂和翘曲；④由于化学物质的侵蚀而产生腐蚀以及电化学腐蚀致使钢结构构件截面削弱；⑤其他包括设计、生产、施工中的失误及服役期中的违规使用和操作等。

钢结构的加固技术措施主要有三种。截面补强法：在局部或沿构件全长以钢材补强，连成整体使之共同受力；改变计算简图：增设附加支承，调整荷载分布情况，降低内力水平，对超静定结构支座进行强迫位移，降低应力峰值；预应力拉索法：利用高强拉索加固结构薄弱环节或提高结构整体承载力、刚度和稳度。钢架结构可100%回收，进行再利用，真正做到绿色无污染（图 5-51、图 5-52）。

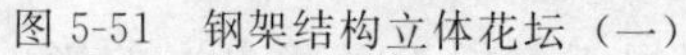
图 5-51　钢架结构立体花坛（一）

图 5-52　钢架结构立体花坛（二）

2. 木结构

木结构防护管理与篱笆与栏杆立体绿化所提到的管理措施差不多，主要是防火、防腐、防虫（图 5-53）。

3. 塑料结构

塑料结构是比较方便利用的材料，但是它也有缺点，耐热性能等较差，易于老化。虽然塑料应用起来方便，但从保护环境的角度来讲，还是尽量少用塑料结构，难以降解，对环境污染大（图 5-54）。

图 5-53　木结构立体花坛

图 5-54　钢架结构和塑料结构组合

第四节　花坛立体绿化实例分析

一、国际立体花坛大赛

1998年加拿大蒙特利尔市，国际立体花坛大赛组委会成立，并开始致力于国际立体花坛大赛的举办。随后2000年国际立体花坛大赛在蒙特利尔隆重举办，此项赛事三年举办一届，由世界各大城市的政府部门主办，各城市的园林部门以及园林、园艺协会组织展品参加。2003年第二届国际立体花坛大赛还在加拿大蒙特利尔在举办，2006年移师中国上海举办第三届立体花坛大赛，并取得空前的佳绩。国际立体花坛大赛现已成为当代世界园艺最高水准的比赛，在国际上具有极高影响力和号召力。

（一）第一届国际立体花坛大赛

加拿大蒙特利尔市利用一个废弃的港口改建成立体花坛公园，并于2000年举行第一届国际立体花坛大赛，展期为113天，养护期间可以局部更换植物花卉。第一届展览吸引了不少的城市，其中我国的上海、哈尔滨市也应邀参赛。参展的作品花材以苋科、景天类的观叶低矮密生的花卉为主，花坛骨架都是经精细加工的钢架结构，并进行修剪整形，成型之后还需要精心的养护。参展的作品丰富多彩：栩栩如生的大乌龟、高大抽象的巨人、名人的立体画像、各种精美的生肖面具、神秘的图腾柱、展翅高飞的水鸭、可爱的大天鹅、憨态可掬的大熊猫、美丽的大鸟以及各种建筑、标志物等，从一两米到十几米的高度，应有尽有，无一不是精雕细琢的佳作，体现出较高的艺术水准。在这次大赛上，哈尔滨的“龙凤呈祥”获金奖，作品高11m，宽7m，占地400m^2，框架用钢材制作，共栽培植物52万株（图5-55）。上海市的作品“双龙戏珠”也荣获大奖（图5-56）。

在本届花坛大赛上，着重突出了“园艺”与“艺术”的融合，赋予立体花坛新的活力。

图5-55　哈尔滨——“龙凤呈祥”

图5-56　上海——“双龙戏珠”

（二）第二届国际立体花坛大赛

2003年，第二届国际立体花坛大赛仍然在蒙特利尔市的港口举办，共有32个国家参赛。本届立体花坛大赛以“神话与传说”为主题。来自各国的园艺工作者大显身手，创作了60多个个性鲜明、精美动人的作品，使整个“老港口”区成为生意盎然、五彩缤纷的神话世界。其中，中国上海市的代表作“女娲补天”技压群芳荣获大奖。蒙特利尔作品“大地——母亲”也大受欢迎，栩栩如生母亲造型具有强烈的震撼力和艺术感染力（图 5-57）。比利时、罗马尼亚、西班牙等国的作品都给人们留下难以磨灭的印象。

图 5-57 “大地——母亲”

“女娲补天”立体花坛：该作品以绿色、红色植物为主要材料，以中国古代神话传说“女娲补天”为题材，作品描绘了女娲为不让人类受灾，炼出五色石修补天空，人类始得以安居（图 5-58）。

图 5-58 “女娲补天”

其他作品也是根据“神话与传说”的主题进行设计，如图 5-59。

图 5-59

图 5-59 “神话与传说”的主题系列立体花坛

（三）第三届国际立体花坛大赛

三年一届、源于加拿大蒙特利尔的国际立体花坛大赛，首次移师到中国上海举办，这是中国立体花坛艺术融入国际舞台的极好机遇。在认真总结前两届大赛宝贵经验的基础上，本届大赛在环境营造、布展规模和创作工艺等方面都有新的突破。本届国际立体花坛大赛的主题为“地球·家园”，以“讲述你所在城市的建筑、讲述你所在城市的动物、讲述你所在城市的艺术”为三个分主题。于9月15日在美丽的上海世纪公园开幕，11月30日闭幕。来自15个国家55座城市的80余件作品撩开神秘的面纱，闪亮登场，那一座座镶嵌在绿色空间多姿多彩的植物雕塑，给人以耳目一新的感觉。赛区分为3个部分：国际赛区（有24件作品）；国内赛区（有27件作品）；上海赛区（有31件作品）。

根据本届花坛大赛的主题可以将以上花坛作品归纳为5种类型。

建筑类：“圣母加德大教堂”（图5-60）、“鲁塔帕德教神殿”、“埃菲尔铁塔”（图5-61）、“亲临大厦”、“国会大厦”（图5-62）、“灯塔”、“五亭桥”（图5-63）、“南塘第一桥”、“文化之都”等。

图5-60　法国马赛——“圣母加德大教堂”

图5-61　法国巴黎——“埃菲尔铁塔”

动物类：“丝路驼韵”（图5-64）、“高原精灵藏羚羊”、“青蛙”（图5-65）、“北美驼鹿”、“华南虎”（图5-66）、“十鹿九回头”、“狐狸”（图5-67）、“白鹤南翔”等。

艺术类：“花中园”、“印记与节奏”、“京剧脸谱”（图5-68）、“阳光广场”、“彩虹鱼”、“风之舞”、“蒙特利尔大舞台”等。

综合类：“通向2008”、“高度与速度”、“弄堂风情”（图5-69）、“西关风情”、“翱翔”等。

其他类别：“湘女多情”（图5-70）、“盛装”（图5-71）、“国际象棋”、“台阶魔方”、“商道”（图5-72）、“千年等一回”（图5-73）、“知音”、“聚焦世博”（图5-74）等。

加拿大蒙特利尔“蒙特利尔大舞台”：在皇家山的红枫叶的映衬下欢庆的蒙特利尔人载歌载舞，沉醉在国际爵士乐节、电影节、欢乐节等节日的喜庆中，约请各国友人共同庆祝这一盛会。艺术家还用他们的音乐给蒙特利尔和魁北克省的作品配上了背景歌曲和背景爵士乐的旋律。作品塑造了12个不同的人物角色：满怀激情的艺术家们演奏着钢琴、小提琴、大

图 5-62　匈牙利布达佩斯——“国会大厦”

图 5-63　扬州——“五亭桥”

图 5-64　乌鲁木齐——“丝路驼韵”

图 5-65　上海　崇明——“青蛙”

提琴，萨克斯、吉它、黑管等；歌唱家们在专注演唱着；艺术体操明星们在表演着各种令人眼花缭乱的优美动作；摄影师繁忙穿梭其中在紧张工作；一条彩带翻飞其间。“蒙特利尔大舞台”的设计师们敢于迎难而上，利用娴熟的工艺来造就一群用花艺最难表现的写实人物角

图 5-66　“华南虎”

图 5-67　比利时娄克利斯特——“狐狸”

图 5-68　上海——“京剧脸谱”

图 5-69　上海——“弄堂风情”

色，营造出一幕热闹、喜庆、祥和而又令人振奋的异国风情的精彩舞台戏，体现出炉火纯青的花坛施工工艺。该花坛在选址上也别出心裁，巧妙地在水面上搭建舞台，与游人之间产生了更好的距离美，加上水面倒影，使舞台观赏效果更加完美；花坛在色彩搭配上效果也十分理想，尤其是红枫叶的色彩应用恰到好处（图 5-75）。

美国雷丁“西部牛仔”：历史悠久的雷丁每年举行牛仔骑术大赛，这一盛会吸引无数牛仔踊跃参与。作品传神再现这一运动中力量、速度与节奏之美。作品浓缩了西部牛仔们最惊

图 5-70　长沙——“湘女多情”

图 5-71　沈阳——“盛装”

图 5-72　太原——“商道”

图 5-73　杭州——“千年等一回”

图 5-74　上海园林集团——“聚焦世博”

心动魄、最经典、最具挑战力的高难动作的精彩瞬间的特写，4 个牛仔、4 匹势态各异的俊马和一头公牛，9 个角色的造型活灵活现、惟妙惟肖，动作逼真，有的后蹄飞扬，有的前面双蹄腾空，还有一牛仔从马背上飞身搏牛。作品展示了牛仔们艺高胆大的骑术，同时也体现美国雷丁人高超的立体花坛施工的工艺水平，对人、马和牛的结构造型把握的分寸恰到好处，使得作品精美传神，美轮美奂。作品规模不大，但施工技艺精湛，造型细腻，也能够很

图 5-75 “蒙特利尔大舞台”

好地突出地方特色，花坛在落地马蹄处设有喷雾设施，较好烘托现场竞技的逼真效果，给人们留下了深刻印象（图 5-76）。

图 5-76 “西部牛仔”

上海浦东新区“高度与速度”：小巨人与东方明珠电视塔争高——代表城市提升的高度；奥运冠军刘翔跨越世纪长河——代表中国发展的速度。设计虚实互补，别具风格。作品气势宏伟，主题鲜明，能给人耳目一新的感觉，也具有较强震撼力，能够代表上海现代化大都市欣欣向荣、蓬勃发展的形象。花坛在竖向高度的“跳”与横向速度的“奔跑”应用得很成功，让整个作品颇具动感，花坛虚实结合，使众多景物、人物融洽为一体。对“明珠塔”别出心裁的利用还能够挖掘出新意，实属难得（图 5-77）。

图 5-77 上海——“高度与速度”

北京市“通向2008”花坛：巧于因借皇家园林符号，利用现代园艺手法营造立体花坛，在入口镂空弯形门中融入了城垛、门钉及天坛祈年殿等形象符号，利用中轴线的花御道作为纽带连接主景——2008年北京奥运会会徽“中国印”，将历史与未来沟通在一起，展望北京的美好未来（图5-78）。

图5-78 北京——“通向2008”

武汉“知音”：花坛创意于俞伯牙与钟子期“高山流水”遇“知音”故事，作品气势宏大，人物栩栩如生，场景动人，其被称为“国际立体花坛大赛上最具文化韵味”的园林作品，占地300m^2、高10m，使用植物过40万株、钢材30多吨。作品用现代花艺来创作出典故——“高山流水”的精彩画面。作品能够很好处理前后景物的关系，不仅加大了景深，还使主景更加突出。作品的前景人物——俞伯牙与钟子期造型栩栩如生，脸部刻画线条刚劲有力、简洁明朗，表情也极为生动，颇具感染力；背景的高山造型细腻得体，高低错落，山石凹凸有致，有起有伏；山崖上的飞瀑动感十足，加上背景音乐的渲染，让游人仿佛体会到“一人静听，涕下如雨”的真正含义。该作品采用不同的植物，构造成高山、流水、人物、瓶子、古琴、文字及八幅小画。其中，人物面部制作难度最大（图5-79）。

图 5-79　武汉——知音

(四) 第四届国际立体花坛大赛

第四届国际立体花坛大赛于 2009 年 9 月 19 日至 11 月 23 日在日本滨松举办。日本滨松市于 2008 年 1 月开始诚邀世界各地参展这一国际性园艺盛典，本届大赛的宗旨在于出展单位介绍各自城市魅力、展示城市文化、加深各参展都市间的交流。目的：想通过本届滨松展会，增进发展两市间的经济、文化、产业方面的交流；培育融合着庭园艺术与园艺装饰技术的崭新文化；将起源于欧洲的花草罗列起的立体花卉造型作品与日本园林园艺相结合，创造一种面向 21 世纪的崭新园艺文化；活用充满生命力的雕刻——立体花坛，装扮亮丽都市景观（立体花坛作品会随时间推移显现出不同姿色和表情，因此可以称之为具有生命力的雕刻；立体花坛可最大限度地展现日本四季特征，利用花卉的自然属性，创造出人与自然和谐的都市景观）；以花草为媒、将新型的市民互动及造园园艺文化告诉世界；以市民为主体参与花坛创作和都市景观建设，其目的在于通过世界各地参展人士间的交流，展现一种崭新的文化，让世界了解日本独特的都市环境建设手法。

所有参赛作品思考理念应包含如下内容：一是要展示与“音乐之都——滨松”相适应的观点；再者是通过人类的想象力和大自然整体和谐演奏的交响曲，带给地球也带给生活在地球上的每一个人更大的幸福。

本届大赛传承前三届展会的成功经验，最大限度活用了 2004 年举办“滨名湖花博会”的成功运营手法。滨松展会圆满成功，更有力地促进了立体花坛的发展。

本届大赛的部分参赛作品见图 5-80～图 5-83。

图 5-80　北京参赛作品

图 5-81　日本少女

图 5-82 牧羊人和羊群

图 5-83 其他作品

二、2012 年“欣欣向荣”立体花坛

这组立体花坛位于北京市海淀区的路旁，下午拍摄时正在喷雾，引来路人的围观，不仅美化了环境，也让路人备觉凉爽。

翠绿的丛林中，小松鼠欢快地嬉戏着，花丛中引来了蜜蜂和蝴蝶，蘑菇为它们撑起了保护伞，畅享阳光雨露的滋润，表现了生活的欣欣向荣（图 5-84）。

三、2011 年“北京记忆”立体花坛

王府井路口——以老北京东单牌楼为主景，以儿童跳皮筋、跳绳、滚铁环等传统体育健身项目为配景，表达出对老北京传统文化的美好记忆（图 5-85）。

图 5-84　“欣欣向荣”立体花坛

图 5-85　“北京记忆”立体花坛

四、2011 年“走向辉煌”立体花坛

复兴门桥绿地——“走向辉煌”花坛。以北京标志性建筑为元素，展示出中国不断创造辉煌，走向复兴（图 5-86）。

图 5-86 “北京记忆”立体花坛

五、立体花坛施工实例

如植物栽植所述系统最开始是为当时的大型活动立体花坛而开发的，在国内外已经使用10年以上了。施工实例的大部分采用了草花，如中国昆明花博会上的花船。目前对高楼等建筑物的垂直绿化还缺少业绩。但是，其出色的功能经过长年使用得到了验证。通过把使用的植物换成绿化品种和盆与盆之间填充堆肥，使常设的绿化墙面很容易地就能够完成（图5-87）。

六、2009年青州中国第七届花卉博览会“万寿塔”

2009年，开封新潮菊花园艺造型有限公司承接中国第七届花博会最高建筑万寿塔的施工。此塔全身内层采用钢架结构，外层采用传统木质工艺结构。外侧采用五色草（红，黄，绿）等对“万寿塔”做整体立体装裱。立体花坛名为“万寿塔”，高20m，宽约6m，塔的6个角都会呈现由植物组成的不同字体“寿”字，与会标共同构成七博会青州展区的主景。该塔主要由菊花、五色草等植物组成，品种繁多，色彩丰富，仅菊花品种就达50多个，近200万株，用工多时近300余人在施工。“万寿塔”的建造将在七博会开幕前15天内完成，后期还要进行长达一个多月的维护管理。图5-88～图5-90是万寿塔制作过程。

七、长春市“鲤鱼”

在长春市东环城路与自由大路交会路口的西北角，在草地和鲜花中间，矗立着这条大“鲤鱼”。鲤鱼约6m高，鱼的周身以绿色草为主，鱼头用翠绿色草铺满，鱼嘴、鱼眼、鱼鳃的线条均用暗红色草区分，暗红色草还组成了鱼身上的片片鱼鳞，异常逼真。鱼尾卷翘，鱼尾以下的底座为波浪造型，用绿草做成阶梯形的海浪，层次感强烈，托起这条大鱼，形如“跃龙门”之势。鲤鱼背后是暗粉色楼房，它们衬托得绿色鲤鱼尤为突出、美丽（图5-91）。

图 5-87　立体花坛施工设施

据附近居民介绍说，花坛在端午节前建成，之前类似的造型在长春市区内没有见过。鱼头冲天，直立在街头，像鲤鱼从波浪中一跃而起，为这炎炎烈日增添了一丝清爽，也充满了神龙摆尾的傲气，十分有美感。

制作过程：先制造一个鲤鱼形状的钢结构骨架，然后在骨架外面披上“棉被”状的营养基质。这种营养基质相当于土壤，但比普通土壤有养分，能维持植物生长。营养基质被缝到钢架上，就有了鲤鱼的雏形。然后，工人们再用五色草往“棉被”营养基质上插，组合成或抽象或写意的艺术造型。

图 5-88　工人在栽植五色草

图 5-89　分为塔底、塔中、塔顶三部分同时制作

图 5-90　用塔吊将三部分合成

花坛的制作过程分为骨架搭建、草料（营养基质）制作、插草、缓苗、补草、修剪和现场安装。在制作基地制作完成后，再分块运到安装地。

八、切尔西花展

享誉国际的切尔西花展（ChelSea Flowershow）由英国皇家园艺协会举办，其首展开始

图 5-91　鲤鱼跃出波浪的造型十分美观

于 1862 年，于每年五月下旬举行，展期 5 天左右，是世界上历史最悠久的花展之一。虽说名称是花展，但其内容却还涵盖了有关园艺设计的方方面面。切尔西花展可以说是汇聚当今世界最前沿最时尚理念的园艺设计盛会，花展还是园艺设计相关产品的大型交易会。除了花卉品种、花艺、园艺材料之外，还有各式别出心裁、风格各异的庭园作品，总能吸引数以百计来自全球各地的园艺业者参与，同时也是英国王室成员、时尚名流聚会的社交场合。

一个多世纪以来，切尔西花展可说是世界园艺历史的缩影，参展的各种花卉与作品不仅反映了当时的时尚，也为园艺的发展走向提供了指示。

虽然切尔西花展不是以立体花坛展示为主，但它对立体花坛的新优花卉品种的推广及应用起到很大的作用，同时对立体花坛的创新理念也有着很大的影响。

（一）2011 年切尔西花展——B&Q 花园

原名 The B&Q Garden，这个花园是切尔西花展至今为止最高的花园，它的设计是为了鼓励个人和社区发展可持续的食物种植空间，提升城市绿色面积。B&Q 花园种植采用的方法之一是垂直的种植盒子，所有种植在这个园中的东西都是可以食用的。一个棚子里包括堆制肥料，雨水收集，热能烟囱，太阳能板和涡轮机等。种植策略既包括装饰性的，也有自然品种，设计展示出我们可食用植物的多样化品种，其中有种子、花朵，还有果实、根茎等等

图 5-92　B&Q 花园

(图5-92)。

(二) 2011 年切尔西花展——爱尔兰天空花园

切尔西花展上获得大型花园类人民选择奖的是爱尔兰天空花园，这个花园的设计灵感来源于获得奥斯卡奖的动画片绘制者 Richie Baneham，是他创造了阿凡达的视觉效果，这个花园就是一个飞行器，一个漂浮伊甸园或是一个发射台（图 5-93）。

图 5-93 爱尔兰天空花园

参考文献

[1] 张宝鑫. 城市立体绿化. 北京：中国林业出版社，2004.

[2] 王仙民. 立体绿化. 北京：中国建筑工业出版社，2010.

[3] 王仙民. 上海世博立体绿化. 武汉：华中科技大学出版社，2011.

[4] 付军. 城市立体绿化技术. 北京：化学工业出版社，2011.

[5] 陈相强. 城市道路绿化景观设计与施工. 北京：中国林业出版社，2005.

[6] 杨淑秋，李炳发. 道路系统绿化美化. 北京：中国林业出版社，2003.

[7] 林雪苹. 浅谈立体花坛造景中植物的应用. 福建热作科技，2007.

[8] 赵方莹，赵廷宁. 边坡绿化与生态防护技术. 北京：中国林业出版社，2009.

[9] 戴金水，张玉昌，王坤堂. 工程边坡与生物边坡. 沈阳：东北大学出版社，2008.

[10] 郭长庆，梁勇旗，魏进，张文胜. 公路边坡处治技术. 北京：中国建筑工业出版社，2007.

[11] 沈毅，晏晓林. 公路路域生态工程技术. 北京：人民交通出版社，2009.

[12] 毛子强，贺广民，黄生贵. 道路绿化景观设计. 北京：中国建筑工业出版社，2010.

[13] CJJ75—97 城市道路绿化规划与设计规范.

[14] 上海市河道绿化建设导则（沪水务［2008］1023 号）.

[15] DB440300/T18—2001 立交桥悬挂绿化技术规范.

[16] 邵侃，金龙哲. 对城市高架道路立体绿化的探讨. 城市管理与科技，2005，(06).

[17] 屈万英. 武汉城区高架道路空间布局环境影响分析. 绿色科技，2012，(01).

[18] 杨传明，高璐璐，张云志. 东北地区道路立体绿化中的景观配置. 黑龙江生态工程职业学院学报，2009，(07).

[19] 彭波，李文瑛，杜迁，戴经梁. 道路绿化美学在高速公路中应用. 长安大学学报，2002，(03).

[20] 陈瑾. 城市道路绿地垂直绿化的设计. 城市建设，2009，(27).

[21] 赵春水，刘健，谭春蕾. 道路景观垂直绿化——“绿墙”的应用. 城市，2008，(10).

[22] 周强. 上海高架道路的垂直绿化中爬山虎的应用. 安徽农学通报，2007，(13).

[23] 娄梅芳，张文杰. 城市灯杆花架式绿化初探. 河南职业技术师范学院学报，2000，(06).

[24] 马晓琳，赵方莹，郭莹莹. 北京市朝阳区立交桥立体绿化植物配置模式. 中国水土保持科学，2006，(12).

[25] 张为，于丽琦，王昕. 互通式立交的景观绿化设计. 辽宁交通科技，2005，(02).

[26] 夏本安，高速公路景观绿化设计研究. 中外公路，2004，(04).

[27] 罗建伟，大运高速公路立体绿化模式探讨. 科技情报开发与经济，2007，36.

[28] 廖平平，陈鑫. 挡土墙与环保绿化相结合的设计与研究. 科教创新，2009，09.

[29] 景峰，景巍. 现代园林中景观挡土墙的艺术表现形式探析. 城市建设理论研究，2011，21.

[30] 石富生. 试论城市河道绿化. 城市建设理论研究，2011，29.

[31] 吕超平. 浅谈小河道护岸绿化种植施工. 中华民居，2012，(03).

[32] 夏乐. 挡土墙绿化技术综合研究. 北方交通，2011，(10).